2014—2015

深层油气地质

学科发展报告

REPORT ON ADVANCES IN DEEP
PETROLEUM GEOLOGY DISCIPLINE

中国科学技术协会　主编
中国石油学会　编著

中国科学技术出版社
·北　京·

图书在版编目（CIP）数据

2014—2015深层油气地质学科发展报告 / 中国科学
技术协会主编; 中国石油学会编著 . —北京：中国科
学技术出版社, 2016.2

（中国科协学科发展研究系列报告）

ISBN 978-7-5046-7069-4

Ⅰ. ① 2… Ⅱ. ① 中… ② 中… Ⅲ. ① 深层开采—石油
天然气地质—学科发展—研究报告—中国—2014—2015
Ⅳ. ① TE3 ② P618.130.2

中国版本图书馆 CIP 数据核字（2016）第 025916 号

策划编辑	吕建华	许　慧
责任编辑	许　慧	王　菡
装帧设计	中文天地	
责任校对	何士如	
责任印制	张建农	

出　　版	中国科学技术出版社
发　　行	科学普及出版社发行部
地　　址	北京市海淀区中关村南大街16号
邮　　编	100081
发行电话	010-62103130
传　　真	010-62179148
网　　址	http://www.cspbooks.com.cn

开　　本	787mm×1092mm　1/16
字　　数	300千字
印　　张	13.5
版　　次	2016年4月第1版
印　　次	2016年4月第1次印刷
印　　刷	北京盛通印刷股份有限公司
书　　号	ISBN 978-7-5046-7069-4 / TE·27
定　　价	52.00元

2014—2015
深层油气地质学科发展报告

首席科学家　　赵文智

顾 问 组　　李德生　　翟光明　　胡见义　　戴金星　　金之钧　　高瑞祺

　　　　　　　顾家裕　　周抚生　　查　明　　赵化昆　　王清晨

编写专家　　胡素云　　邓运华　　庞雄奇　　罗晓容　　姚根顺　　张水昌

　　　　　　　何登发　　朱筱敏　　寿建峰　　张　研

编　　委　　（按姓氏笔画排序）

　　　　　　　王　鹏　　王飞宇　　王云鹏　　王铜山　　云金表　　文百红

　　　　　　　付晓飞　　付晓东　　冯庆付　　朱如凯　　刘文汇　　刘占国

　　　　　　　孙海涛　　李　宁　　李　忠　　李传新　　李秋芬　　杨　辉

　　　　　　　何　坤　　何金有　　邹伟宏　　汪文洋　　沈　扬　　沈安江

　　　　　　　张　斌　　张立宽　　张惠良　　周　波　　庞　宏　　郑晓东

　　　　　　　赵　霞　　钟大康　　姜　华　　姜福杰　　袁选俊　　徐兆辉

　　　　　　　徐建永　　翟秀芬　　潘　荣

学术秘书　　张占峰　　王　霞　　赵　霞　　王铜山

>>>> 序

党的十八届五中全会提出要发挥科技创新在全面创新中的引领作用,推动战略前沿领域创新突破,为经济社会发展提供持久动力。国家"十三五"规划也对科技创新进行了战略部署。

要在科技创新中赢得先机,明确科技发展的重点领域和方向,培育具有竞争新优势的战略支点和突破口十分重要。从 2006 年开始,中国科协所属全国学会发挥自身优势,聚集全国高质量学术资源和优秀人才队伍,持续开展学科发展研究,通过对相关学科在发展态势、学术影响、代表性成果、国际合作、人才队伍建设等方面的最新进展的梳理和分析以及与国外相关学科的比较,总结学科研究热点与重要进展,提出各学科领域的发展趋势和发展策略,引导学科结构优化调整,推动完善学科布局,促进学科交叉融合和均衡发展。至 2013 年,共有 104 个全国学会开展了 186 项学科发展研究,编辑出版系列学科发展报告 186 卷,先后有 1.8 万名专家学者参与了学科发展研讨,有 7000 余位专家执笔撰写学科发展报告。学科发展研究逐步得到国内外科学界的广泛关注,得到国家有关决策部门的高度重视,为国家超前规划科技创新战略布局、抢占科技发展制高点提供了重要参考。

2014 年,中国科协组织 33 个全国学会,分别就其相关学科或领域的发展状况进行系统研究,编写了 33 卷学科发展报告(2014—2015)以及 1 卷学科发展报告综合卷。从本次出版的学科发展报告可以看出,近几年来,我国在基础研究、应用研究和交叉学科研究方面取得了突出性的科研成果,国家科研投入不断增加,科研队伍不断优化和成长,学科结构正在逐步改善,学科的国际合作与交流加强,科技实力和水平不断提升。同时本次学科发展报告也揭示出我国学科发展存在一些问题,包括基础研究薄弱,缺乏重大原创性科研成果;公众理解科学程度不够,给科学决策和学科建设带来负面影响;科研成果转化存在体制机制障碍,创新资源配置碎片化和效率不高;学科制度的设计不能很好地满足学科多样性发展的需求;等等。急切需要从人才、经费、制度、平台、机制等多方面采取措施加以改善,以推动学科建设和科学研究的持续发展。

中国科协所属全国学会是我国科技团体的中坚力量,学科类别齐全,学术资源丰富,汇聚了跨学科、跨行业、跨地域的高层次科技人才。近年来,中国科协通过组织全国学会开展学科发展研究，逐步形成了相对稳定的研究、编撰和服务管理团队，具有开展学科发展研究的组织和人才优势。2014—2015学科发展研究报告凝聚着1200多位专家学者的心血。在这里我衷心感谢各有关学会的大力支持，衷心感谢各学科专家的积极参与，衷心感谢付出辛勤劳动的全体人员！同时希望中国科协及其所属全国学会紧紧围绕科技创新要求和国家经济社会发展需要，坚持不懈地开展学科研究，继续提高学科发展报告的质量，建立起我国学科发展研究的支撑体系，出成果、出思想、出人才，为我国科技创新夯实基础。

2016 年 3 月

面对竞争日益激烈、科技一日千里的国际大环境，能源短缺已成为制约我国经济与社会发展的关键因素。"解决能源短缺、推进能源独立、保障能源安全"是增强国家竞争能力、维持国民经济快速健康发展的第一要务。随着中浅层油气勘探程度的提高以及方法技术的进步，油气勘探向深层领域延伸已成必然。深层油气资源的接替直接关系到我国能源保障能力的提高。当前，及时开展我国深层油气地质学学科发展研究，可以快速推进深层油气产业发展，夯实资源基础，为国民经济健康发展提供保障，因而具有重要的学科理论意义和社会经济价值。

在这种形势下，2014年5月，中国科学技术协会适时地将深层油气地质学列为30个重点研究的学科之一，正式启动了2014—2015深层油气地质学科发展研究。在中国科学技术协会指导下，由中国石油学会石油地质专业委员会组织，成立了"2014—2015深层油气地质学科发展研究"项目组，由赵文智院士担任首席科学家，李德生院士、翟光明院士、胡见义院士、戴金星院士、金之钧院士、高瑞祺教授、顾家裕教授、周抚生副理事长、查明教授、赵化昆教授、王清晨教授担任顾问，赵文智院士担任主编，来自中石油、中石化、中海油、中科院及各大高校的50多名专家学者组成编写组。

编写组开展了广泛的文献调研和检索，搜集了大量数据资料，召开多次研讨交流会，制订编写提纲、细化任务分工、统一编写思路、规范编写体例，并就重大科学问题和学科进展广泛征集业内专家学者意见。经过1年的艰苦努力和扎实工作，为社会呈现出了一部系统、全面、具科学性和综合性的《2014—2015深层油气地质学科发展报告》。该报告以深层为主题，从分析我国深层油气特殊性和制约深层油气勘探的重大基础问题入手，系统总结了近5年来我国深层油气地质学学科发展现状，比较国内外学科进展，明确未来几年本学科发展趋势，并提出我国在该学科领域的发展策略和对策。同时，选择深层油气地质学6个二级学科（深层烃源岩地球化学、深层构造地质学、深层沉积地质学、深层油气储层地质学、深层油气成藏地质学、深层地球物理勘探技术），逐一分析其发展现状、对比国内外进展、明确发展趋势并提出发展对策。

本报告具体分工如下：综合报告由胡素云、邓运华、庞雄奇、罗晓容、姚根顺等撰写，胡素云定稿；深层烃源岩地球化学专题报告由张水昌、刘文汇、张斌、何坤、王云鹏、王飞宇等撰写；深层构造地质学专题报告由何登发、何金有、李传新等撰写；深层沉积地质学专题报告由朱筱敏、钟大康、张惠良、袁选俊、潘荣、孙海涛、朱世发等撰写；深层油气储层地质学专题报告由寿建峰、沈安江、朱如凯、李忠、刘占国、潘立银等撰写；深层油气成藏地质学专题报告由罗晓容、张立宽、付晓飞、周波、庞宏等撰写；深层地球物理勘探技术专题报告由张研、郑晓东、李宁、文百红、杨辉、董世泰、冯庆付等撰写。全书由胡素云、王铜山等统稿，赵文智定稿；翟秀芬等负责英文翻译和校对；张占峰、王霞、赵霞负责项目的组织、推进和日常管理。

需要指出的是，在编写过程中，编写组坚持立足国内、放眼国际的原则，全面掌握近5年来深层油气地质研究的相关成果，精心挑选在理论上有重大突破、技术上有重大创新、勘探上有重大发现且学术影响力大的优秀成果，特别是一些重大科技项目（国家"973"基础研究、国家重大专项、公司重大专项等）的成果，加以系统整理、认真消化、凝练总结。我们力求实现对深层油气地质学的当前成就进行高度概括和总结，对学科发展方向进行深入思考和展望。但受篇幅、资料来源、时间及知识水平的限制，本报告在内容上不可避免存在疏漏和瑕疵，诚望学界同仁批评指正。

中国石油学会

2015 年 10 月

>>>> 目录

ABSTRACTS IN ENGLISH

综合报告

深层油气地质科学发展现状
与发展前景

　　当今世界，科技发展突飞猛进、日新月异，科技竞争能力在综合国力竞争中的地位日益凸显。学科发展不仅是一个国家科技竞争能力的重要体现，也是推动科技进步的重要保障，更是实现科技创新的关键途径。中国科协及其所属全国学会，作为科学发展共同体，建立的学科发展研究及发布机制，是促进学科交叉融合、协调发展、整体提升科技创新能力的重大战略性举措。

　　当前，随着我国国民经济的快速发展，油气能源供给压力和能源安全风险日益加大。我国含油气盆地的深层拥有丰富的油气资源，加强深层油气地质学科研究，推动深层油气勘探发展，最大限度开发利用深层油气资源，是夯实我国国内油气资源供给基础地位，提升油气保障能力的关键。开展深层油气地质学学科发展研究，不仅具有重要的学科理论意义，更是具有重大的社会经济价值。

1　深层油气地质科学在油气工业可持续发展中的战略地位

　　油气地质科学是以现代石油和天然气地质理论为指导，以探索和重现地下地质体在漫长的地质历史中曾经发生过的油气生成、运移和聚集过程为主线，以最终确定油气资源潜力和现今的油气赋存部位为目标的一门应用科学。与国外相比，我国发育的含油气盆地多以叠合盆地为主，叠合盆地最大的特点，就是发育上、下两大沉积构造层，深层处于含油气盆地的下沉积构造层。前期的油气勘探工作主要集中在含油气盆地的上沉积构造层，即我们常说的中浅层。通过半个多世纪的油气地质研究与勘探实践，总结形成了以"陆相生油""源控论""复式油气聚集带"等为代表的具有中国特色的陆相油气地质理论，为中国石油工业的发展做出了重要贡献。随着油气勘探深度与范围的不断拓展，前期立足含油气盆地中浅层，总结形成的油气地质理论与认识，对指导成藏过程相对简单、成藏期相对偏晚的中浅层油气勘探实践行之有效，但要指导地层偏老、埋深偏大的深层油气勘探，就受到很大限制，因为叠合盆地的形成过程，不是数套沉积层序在剖面上的简单堆叠，而是叠合盆地的成盆过程使深、浅层序中的油气藏形成与分布出现很大差异与变化，致使深、浅层油气成藏过程与油气分布特征有很大不同，需要针对含油气盆地深层开展针对性的地质研究，推动深层油气勘探发展。深层油气地质学科的战略地位主要体现在以下四个方面：

（1）理论认识创新地位。与国外单旋回沉积盆地相比，中国的含油气盆地经历多旋回的构造－沉积演化以发育叠合盆地为基本特点，叠合盆地最大的特殊性就是它有深层以及多套沉积层序的叠置发育过程及相应的油气藏形成与分布，无论从油气的形成机制到油气成藏过程，还是从资源赋存状态到资源分布，都与国外具有一期成藏特点的单旋回含油气盆地有很大的不同，一些石油地质特征已经超出传统的经典石油地质理论认识范围。学科发展抓住制约叠合含油气盆地深层油气勘探的关键性科学技术问题，大胆探索，勇于实践，总结形成具有中国特色的叠合盆地深层油气勘探理论与方法，解决含油气盆地深层油气勘探面临的理论认识指导难题，不仅是油气地质学科的创新，更是传统石油地质理论认识的创新与发展。

（2）地质学科发展地位。与中浅层相比，地层偏老、埋深偏大、多期构造运动叠加改造、高温高压成藏背景、储层物性偏差是其基本特征。随着油气勘探发展，勘探家逐步认识到深层油气成藏的特殊性，围绕勘探面临的认识难题，开展了一系列探索性研究。但深层油气地质学科目前处于起步阶段，深层勘探面临多期构造过程叠加与原型盆地恢复、深部油气生成演化机制与源灶的有效性、深部有效储层形成机制与发育规模、深部复合成藏机制与油气富集规律等诸多基础学科难题。加强深层油气地质基础研究，提升基础地质创新能力，是有效解决制约深层勘探发展的关键基础地质难题的重要途径。

（3）油气工业发展地位。中国未来石油工业的发展，很大程度上取决于叠合盆地深层能否找到大中型油气田和发现大量新的油气储量。我国含油气盆地深层拥有丰富的油气资源，根据全国新一轮油气资源评价成果，陆上深层有石油资源量 $304 \times 10^8 t$，占陆上石油资源总量的28%，目前已探明石油储量 $26.9 \times 10^8 t$；有天然气资源量 $29.12 \times 10^{12} m^3$，占陆上天然气资源总量的52%，目前探明天然气储量 $2.5 \times 10^{12} m^3$。从深层石油、天然气资源探明程度看，石油、天然气资源探明率不高，未来勘探发现新储量的潜力很大。预计到2020年深层天然气储量占比将由目前的25%增加到60%、产量占比由目前的20%增加到53%，石油仍将持续保持稳定增长。总体看，陆上含油气盆地深层是未来油气工业发展的重要战略接替领域，必将为夯实国内油气供应基础地位做出重要贡献。

（4）科技人才培养地位。随着我国油气需求的持续攀升，开发利用深层油气资源已成为共识。但近期已有的勘探实践揭示，深层很多方面的石油地质特征已经超出传统的石油地质认识。针对含油气深层的油气地质研究，无论是国内还是国外，目前尚处探索之中。从中国独特的大地构造环境与成藏背景看，我国具备发展深层油气地质前缘学科的基础与条件，充分利用深层油气地质学科发展平台，瞄准制约深层勘探发展面临的关键基础地质问题，强化定方向、选人才、创条件三方面工作，长期坚持，精心培植同行认同、业内认同、社会认同、国际认同的深层油气地质大家，引领深层油气地质学科发展。

2 深层油气地质学科发展现状与主要进展

勘探实践表明，我国深层油气资源丰富，勘探潜力大。但深层多处于叠合盆地下沉积构造层，与处于上沉积构造层的中浅层相比，油气地质有其特殊性。主要表现在：①沉积地层偏老，主要为一套中、新生代陆相沉积层序之下叠置发育的海相－海陆过渡相的元古宙和古生代地层，地质历史时期经历了多期构造运动叠加改造，原型盆地分布与原始沉积相带展布不清；②沉积地层埋藏偏深，成岩作用时间长、程度高，储层原始孔隙不发育、质量总体偏差，规模优质储层成因机理与分布不清；③沉积地层多处于含油气盆地底层，烃源岩时代古老，热演化程度高，有机质赋存环境、有效烃源岩展布以及高演化阶段有机质成烃机制不清；④漫长的地质演化历史与高温高压条件下的成藏环境叠加复合，多元、多期供烃，多期成藏、多期调整，成藏过程复杂，气多油少等地质特点，给深层规模勘探、有效开发带来了诸多理论认识和工程技术难题。

2.1 深层的定义

关于深层的定义，国际上尚没有严格的标准，不同国家、不同机构对深层的定义并不相同。目前国际上大致将埋深大于 15000 英尺（4500m）的油气藏定义为深层油气藏。中国 2005 年全国矿产储量委员会颁发的《石油天然气储量计算规范》，将埋深 3500 ~ 4500m 定义为深层，大于 4500m 定义为超深层；中国钻井工程采用埋深介于 4500 ~ 6000m 为深层、大于 6000m 为超深层这一标准。本次研究基于我国东、西部地区温压场的变化以及勘探实践，提出深层既有深度含义，也是地层概念。本次研究，东部地区将埋深介于 3500 ~ 4500m 或前新生界地层定义为深层，大于 4500m 为超深层；西部地区将埋深介于 4500 ~ 6000m 或古生界以下地层定义为深层，大于 6000m 定义为超深层。按照这一深层定义，我国近年油气勘探获得的重要发现大多属于深－超深层范畴。

2.2 深层油气地质学发展现状

深层油气地质科学作为一门生产应用性极强的学科，它的形成与发展，是在大量石油和天然气勘探开发实践基础上发展起来的。总体看，伴随着我国深层油气勘探发展，深层油气地质学大致经历了早期萌芽、学科起步、学科兴起三大发展阶段。

2.2.1 早期萌芽阶段

20 世纪 80 年代前，中国石油工业在"陆相生油理论"和"源控论"指导下，油气勘探立足含油气盆地中浅层陆相地层，发现了松辽、渤海湾等一批大中型油气田，奠定了石油工业发展基础。深层油气勘探仅仅处于探索阶段，石油地质家们基于少量钻井资料，获得了一些宝贵的深层油气地质认识。一是松辽盆地松基6井钻探，确定了东部断陷盆地的深层发育生油岩系，具备生油条件；同时，钻探揭示井深4400m时地层温度高达151℃，可以规模生气。二是20世纪60年代四川盆地威远气田的发现，坚定了海相克拉通盆地古隆起区寻找大油气田的信心；女基井的成功钻探，证实深层海相地层可以发育有效储层；关基井于深部地层获得了蕴藏油气的重要信息，证实深层油气可以成藏。但受理论认识与勘探技术制约，深层油气勘探并未引起勘探家的重视。

2.2.2 学科起步阶段

1978年我国原油产量突破1亿吨，成为世界石油生产大国。20世纪80年代末，随着东部主力油田逐渐进入开发中后期，寻找新的油气资源接替成为油气地质工作者的研究重点。石油地质学家开始把目光"聚焦"到深层领域，并持续开展攻关研究。1983年大庆油田成立了深层勘探项目组；"九五"期间，原中国石油天然气集团公司针对东部地区深层勘探，设立了《中国东部深层石油地质综合研究与目标评价》项目。西部地区塔里木盆地沙参2井突破后，1989年开始了塔里木盆地石油勘探会战，目标层位锁定深层下古生界奥陶系和上古生界石炭系，先后发现了轮南、东河塘、塔中、哈德逊等优质整装油田，勘探实践证实塔里木盆地深层不仅发育海相碳酸盐岩优质储层，也发育海相碎屑岩优质储层，且都可以规模成藏。1998年引进并创新了断层相关褶皱理论，指导塔里木库车前陆盆地勘探，发现了克拉2大气田，并为近期库车前陆盆地深层天然气勘探的整体突破奠定了重要的理论基础。这一阶段，深层油气勘探潜力逐渐被勘探家重视，相关的理论认识得到较快发展，出现了一批代表性专著，如《塔里木盆地古生代海相油气田》《中国海相石油地质与叠合含油气盆地》等。但这一阶段针对深层的相关理论认识基本源于专家学者基于某一领域、某一方面的研究成果总结，缺乏系统、针对性的梳理、总结和升华，深层油气地质研究尚处探索之中，学科发展刚刚起步。

2.2.3 学科兴起阶段

进入21世纪以来，随着我国经济的快速发展，国家对能源需求日益扩大，油气对外依存度持续攀升。中浅层作为油气勘探开发的主力层系，经过数十年规模勘探开发，资源探明程度和储量动用程度较高，寻找大型油气田的难度加大，开辟新的勘探领域，夯实国内油气资源供给基础地位是必然选择。深层作为油气增储上产的重要接替领域，在油气工业发展中的地位日显重要，国家和各油公司都加大了深层油气地质研究和勘探生产的支持力度。

国家层面先后设立了"中国叠合盆地油气形成富集与分布预测""中国西部叠合盆地深部油气复合成藏机制与油气富集规律""中国海相碳酸盐岩层系油气富集机理与分布预测""中国早古生代海相碳酸盐岩层系大型油气田形成机理与分布规律""火山岩油气藏形成机制与分布规律"等多个"973"项目以及"大型油气田及煤层气开发"国家重大油气专项，各大油公司也配套设立了诸如"海相碳酸盐岩大油气田勘探开发关键技术"等重大科技项目，有力推动了深层油气地质学科发展。

这一阶段，从事油气地质研究的科技工作者相继提出了一系列对深层油气勘探有重要指导意义的理论认识。如烃源岩研究提出的有机质"接力成气"理论、高过成熟烃源岩"双峰式"式生烃理论模型、海相烃源岩多元生烃理论认识等。储层研究提出的顺层岩溶和层间岩溶作用是古老碳酸盐岩层系规模有效储层重要的成因机制，特定地质条件下深层碎屑岩发育异常高孔隙段和次生孔隙带、火山岩发育原生型和次生风化型两种类型有效储层等。油气成藏研究提出的递进埋藏与退火受热耦合，液态窗可以长期保持；烃源岩"双峰式"生烃演化、源灶的多期性、储层发育的多阶段性、油气多期成藏与晚期有效性，叠合盆地深层具有多个勘探"黄金带"；叠合盆地深层油气复合成藏机制以及海相层系油气成藏具有"源－盖控烃，斜坡－枢纽控聚"的成藏特征等，大大丰富了深层油气地质学科内涵。与此同时，针对深层油气勘探多部学术专著相继问世，其中代表性专著有《中国深盆气田》《中国东部深层石油地质》《深部流体活动及油气成藏效应》等。这些专著从不同角度，研究总结了我国深层油气发育地质条件、油气生成与演化、大中型油气田成藏模式与分布规律等。

2.3 深层油气地质科学主要进展

我国发育的含油气盆地以叠合盆地为主，叠合盆地最大的石油地质特点，是平面上多凹陷并列发育与剖面上多套不同类型的生油岩和多类型的储油层系的叠置与交叉，形成多变的生储盖组合，以及地质历史上多期、多阶段生烃、运移和成藏，因而叠合盆地的深、浅层序油气藏的形成与分布出现很大差异与变化。经过半个多世纪的探索与发展，我国在深层烃源岩地球化学特征、生烃演化过程模拟与资源潜力评价、盆地深层构造演化、深层沉积体系与规模储层成因分布、深层油气成藏机理与大油气田形成分布、深层油气勘探评价技术研发等方面都取得了原创性研究成果，为深层油气勘探的快速发展提供了有效的理论认识与评价技术支撑。

2.3.1 深层烃源岩研究新进展

与中浅层相比，深层烃源岩时代古老、热演化程度高是其基本特征。针对深层，经典的生烃理论至少面临两方面挑战：一是生烃理论模式没有给出生油窗之下高过成熟阶段天然气生成的确切来源与途径，仅仅是一概念模型；二是将缺氧条件（厌氧环境）作为判识烃源岩发育环境的独立指标，其与富有机碳沉积层之间的关联性弱。近年来，从事深层油气地质研究的地质学家和地球化学家，围绕深层古老烃源岩发育机制、油型干酪根高－过成熟阶段生气潜力、滞留烃源岩内分散有机质高－过成熟阶段生气潜力、深层－超深层烃源岩热演化过程中的有机－无机作用以及高过成熟阶段天然气成因判识方法等，开展了大量探索性研究，取得了四个方面的重要进展。

2.3.1.1 古老烃源岩发育机制

按照经典生烃理论，烃源岩发育环境受沉积或底水环境为厌氧条件及有机质生产力两种因素综合控制。近期通过华北、扬子、塔里木三大克拉通盆地下古生界－元古界海相层系高有机质丰度烃源岩发育机制研究，取得了四方面重要进展：①认识到大洋环流的形成和演变也是控制海相层系高有机质丰度烃源岩形成的主要因素，上生洋流富磷、富硅、富铁族元素等营养盐和富绿硫细菌极大地促进了有机质生产力、埋藏率的激增。②提出古老烃源岩的形成与大气中的中等含氧量、干热的气候、冰期－后冰期转换的气温快速转暖、冰川快速融化所导致的海平面快速上升等密切相关。③研究提出欠补偿盆地、蒸发泻湖、台缘斜坡和半闭塞－闭塞欠补偿海湾等，是高丰度烃源岩发育的有利环境，低无机物输入和低沉积速率，有利于高有机质丰度烃源岩形成。④通过华北地区中元古代下马岭组高有机质丰度烃源岩高分辨率精细研究，观察到长达数千万年时间尺度内与控制大气哈德里环流的热带位置变化和在较短时间尺度内轨道力控制的风型变化，联合影响了初级生产力的速率和微量元素的聚集，提出初级生产力和有机碳聚集可能也受米氏旋回对海洋循环控制的影响新认识。

2.3.1.2 深层不同气源母质裂解生气动力学与生气潜力

有机质生烃理论模式建立者 Tissot 认为，含氧、氮、硫等杂原子化合物是干酪根向油气转化的中间产物，但 Tissot 在建立的生烃模式中并没有对这一过程加以论述，其对生气潜力的贡献量也没用给出确切的答案。近期国内专家学者根据中国叠合含油气盆地的地质特点，开展了高过成熟烃源岩在高温高压、半开放体系中的生气母质类型、数量及其生气时机等研究，取得了三个方面重要进展：

（1）提出烃源岩内滞留分散液态烃是重要的成气母质类型新认识，建立了有机质成烃新模式，丰富发展了经典生烃理论模型。针对 Tissot 模式高过成熟阶段天然气物质来源、烃源岩中滞留液态烃对成藏贡献等科学问题，通过逼近地下环境的生排烃模拟实验和不同赋存状态有机质成气机理等研究，发现烃源岩中滞留烃数量高达 40% ~ 60%，最佳裂解成气期是 R_o 为 1.6% ~ 3.2%，生气量是等量干酪根的 4 倍，创建了有机质"接力成气"与古老烃源岩"双峰式"生烃新模式，明确了高－过成熟阶段天然气物质来源与生气比例，明确了源灶内滞留分散液态烃的生气潜力与晚期成藏地位。

（2）提出含油气盆地深层，发育有机质（干酪根）热裂解作用形成的干酪根型烃源灶、液态烃热裂解作用形成的液态烃裂解型烃源灶两种类型烃源灶，都可以规模供烃。针对深层源灶的规模性与有效性，通过大气田烃源条件的解剖与原油裂解动力学等研究，①发现原油不同组分裂解的温度和深度存在明显差异，含杂原子的非烃沥青质组分裂解温度明显低于芳烃和饱和烃，即轻质油或凝析油的热稳定性高于重质油和正常原油。②勘探研究表明，含油气盆地深层发育以有机质（干酪根）热裂解作用、早期聚集型古油藏和分散状态或尚未规模聚集呈"半聚半散"状态的液态烃晚期高温裂解两种类型气源灶，都是深层大型气田的重要气源。

（3）基于深层煤系烃源岩研究，创建了煤型有机质生气"双增加"模式。针对我国含油气盆地深层广泛发育煤系烃源岩的现实，基于大量样品分析，发现地质条件下煤系源岩有效生气结束界限（成熟度或深度）除与煤系源岩组成有关外，还与盆地的沉积埋藏与构造演化过程有关。通过不同成熟度煤岩热解实验，得出煤岩在高过成熟阶段仍具有一定的生气潜力，煤岩生气结束的成熟度界限至少可以达到 $R_0=5.0\%$（高于前人提出的 $R_0=2.5\%$）。煤岩最大生气量可达 300m³/tTOC，过成熟阶段的生气量约为 100m³/tTOC，与前期煤岩生气量认识比，生气量增加 1/3 ～ 1/2。煤系地层"双增加"模式的建立，为深层以煤系烃源岩为主力源灶的勘探评价研究提供了重要的理论认识基础。

2.3.1.3 深层烃源岩热演化过程中的有机 – 无机作用

深埋地下的烃源岩有机质生烃演化与油气生成是在极其复杂的地质环境中进行的，除有机质热解生烃、原油裂解生气外，深层高温高压环境下无机介质环境（如水、岩石矿物）同样会影响或参与油气生成过程。近年来，国内外油气地球化学家针对高温高压环境下有机质热解生烃、原油裂解生气以及油气生成过程中的有机 – 无机相互作用，开展了大量研究，取得三方面重要进展：

（1）硫酸盐热化学还原作用是地质条件下酸性天然气形成和聚集极为重要的有机 – 无机作用。针对中国深层海相碳酸盐岩发现的天然气普遍含硫化氢的现实，研究揭示硫酸盐热化学还原作用（TSR）常与原油热裂解相伴生，降低原油的热稳定性，促进二次裂解气的生成。同时，由于氧化还原反应除产生还原产物 H_2S 外，还有氧化产物 CO_2 和副产物固体沥青的生成。因此，硫酸盐发生 TSR 反应是导致海相碳酸盐岩层系含硫天然气形成的根本原因。

（2）黏土矿物对有机质热解生烃有重要影响。大量的地质观察及热解实验结果表明，黏土矿物中具有较大比表面和较多酸活性中心的蒙脱石在深埋成岩过程中，会发生结构及成分的转变，逐渐发生伊利石化。蒙脱石伊利石化早期的脱水作用、四面体取代（Al^{3+} 替代 Si^{4+}）的发生以及增加的层间电荷，都将导致矿物表面酸位增多。模拟实验揭示，黏土矿物尤其是蒙脱石的加入，会一定程度降低烃类或原油裂解反应的活化能，从而加速原油裂解气的生成。

（3）水的加入不仅为油气生成提供氢，并能改变有机质热演化途径。基于高压反应釜体系的实验结果表明，水会与有机分子发生反应提供氢，促进早期生成的沥青自由基发生加氢裂解生成小分子烃类；同时来源于水的氢也会在裂解反应发生前捕获有机分子自由基，从而抑制自由基链反应的进行，即水的存在能够提高原油和烃类的稳定性。基于限定体系（金管模拟装置）的实验结果发现，水的加入原油裂解生气的速率出现明显加快现象。

（4）放射性元素对油气生成有重要影响。近期基于油气分布与富含放射性元素层系密不可分的现实，通过机理研究与模拟实验，①提出放射性元素铀的存在促进有机质发育。一方面放射性铀的刺激与激化，导致生物个体体积增大；另一方面引起生物的勃发与繁盛。②提出放射性铀元素可能是油气形成的催化剂。研究表明，一是铀元素具有独特的配位性能，可使配位体形成配位化合物，具有良好的络合催化作用；二是模拟实验揭示，铀对外来氢的加入具有明显的促进作用，导致不饱和烃向饱和烃转化，促进长链烷烃断裂，增加低分子化合物的数量。

2.3.1.4 高过成熟阶段天然气成因判识技术

深层最大的特点是地层埋藏深度大、热演化程度高，烃类产物以气为主，高过成熟阶段天然气成因判识技术成为研究重点。近年来，基于中国含油气盆地的油气地质特点和深部天然气成因的复杂性，天然气地球化学家们开展了大量卓有成效的研究，取得了3个方面重要成果：

（1）建立了不同类型天然气成因判识图版。通过我国已发现大气田气源解剖研究，建立了以碳同位素为重要指标的天然气成因类型判识图版，成为天然气成因类型的判识标准。

（2）建立了分散型和聚集型液态烃裂解生气判识图版。模拟实验发现聚集型和分散型液态烃裂解所形成的天然气在轻烃组分上存在明显差异，分散型液态烃裂解产生的天然气富含环烷烃和芳香烃，而聚集型液态烃裂解产生的天然气富含正构烷烃，建立了环烷烃/（正己烷+正庚烷）、甲基环己烷/正庚烷、甲苯/正庚烷等参数判识图版，用于来源于液态烃裂解成因天然气判识。

（3）建立了天然气地球化学三元示踪体系。根据稳定同位素的母质继承效应、同位素热力学分馏效应、稀有气体氩同位素的年代积累效应、轻烃化合物有机分子继承效应及其形成过程的热动力分馏效应等原理，建立稳定同位素、稀有气体同位素和轻烃化合物三元示踪体系，用于确定天然气成因类型。

2.3.2 深层构造研究新进展

沉积盆地深层经历了浅埋到深埋的复杂过程，地质结构、构造变形、流体活动与资源矿产分布与中浅层有很大不同。近年来，广大专家学组围绕深层地质构造开展了大量探索性研究，在盆地深层地质结构与变形系统、盆地古构造形成演化过程、原型盆地恢复、大陆构造动力学机制及深层构造对油气系统控制作用等方面取得了重要进展。

2.3.2.1 叠合盆地类型与深层地质结构

中国大陆处于古亚洲洋构造域、特提斯构造域与环太平洋构造域复合作用范围内，经历了中–晚三叠世的主体拼合，以及后期的陆内演化发展阶段，形成独具特色的中国型沉积盆地。历经几代石油地质工作者的勘探实践与研究，逐步认识到我国发育的含油气盆地因构造与热体制变革，不同阶段的原型盆地发生叠合、地质结构相互叠加，盆地类型以叠合盆地为主。研究进展体现在：

（1）建立了叠合盆地分类方案。由于中国含油气盆地是古生代海相盆地与中、新生代陆相盆地相互叠加的结果，属两大类盆地系统，不同学者对盆地分类有不同观点。主流观点是：基于盆地性质与结构类型、盆地叠合样式，将叠合盆地划分为继承型叠合、延变型叠合、改造型叠合三大类6种类型。基于不同阶段盆地地质结构与演变机制研究，认识到不同阶段发育不同性质的原型盆地，同一时期可以多个不同性质的原型盆地复合，将叠合盆地划分为前陆型叠合、坳陷型叠合、断陷型叠合以及走滑型叠合4种类型。

（2）建立了深层构造叠加样式。研究发现，受全球构造旋回控制，我国发育的叠合盆地具有两种构造叠加样式：①裂解过程中拉张形成断陷盆地，拉张停止后逐渐发展成为克拉通内坳陷型盆地，沉积范围扩大，其后在汇聚过程中形成前陆盆地。②先形成前陆盆地，最后形成地堑、半地堑盆地，将前期挤压型盆地、克拉通内坳陷盆地掀斜、改造。

2.3.2.2 深层原型盆地恢复与构造－古地理重建

油气在盆地中从生成运移到聚集成藏受盆地演化制约。盆地的原型控制着生油岩有机质的丰度和体积，还控制着储盖组合等油气成藏要素。中国中晚元古代－三叠纪海相克拉通盆地主要发育在自成系统的塔里木、华北、杨子等克拉通沉降陆块之上及其边缘。这些盆地都具有多旋回发育特点，有些原型盆地被后一阶段盆地叠加，仍保存完整，具有较好的油气勘探前景；大陆边缘盆地在数次陆－陆碰撞中被卷入到褶皱造山带之下，盆地原型面貌全非，含油气远景较差。随着勘探工作的不断深入与发展，原型盆地作为沉积盆地演化过程中某一地质时期的阶段表现，逐渐被研究者重视。

（1）提出了原型盆地的概念。研究发现不同地质时期或阶段，盆地所处的构造沉积环境与热状态不同，盆地内的沉积充填、沉积机理、构造变形样式也有较大变化，从而有机质的赋存环境、堆积速率、保存条件不同，提出原型盆地恢复与构造－岩相古地理重建是揭示深层烃源岩、储集体、封盖层空间展布，评价油气成藏要素，确定油气赋存环境的重要方法。

（2）形成了原型盆地恢复与构造－古地理重建方法。从周缘构造环境、构造变形、构造沉降、古地理环境、沉降充填等方面，建立了以"组"为单元的原型盆地恢复方法，构建了原型盆地演化序列，研究了塔里木、四川等多旋回叠合盆地的形成演化过程。

（3）初步总结了原型盆地分布特征。基于全球沉积盆地原型在地质历史时期的分布研究，提出时代越新，原型盆地数量越多，其中被动陆缘、前陆、弧后及弧前盆地新生代最多，但裂谷盆地在中生代最广泛，内克拉通盆地晚古代最发育新认识。

2.3.2.3 深层构造变形系统与三维构造建模

深部地层经历多期构造运动的叠加改造，构造变形系统复杂，致使深层与中浅层比，不整合面、断裂系统与地质结构更为复杂。近期研究取得了重要成果。

（1）认识到岩石组成是控制层序构造变形的主要因素。由于大陆岩石圈垂向分层的流变学结构决定构造变形由深至浅由韧性、脆－韧性向韧－脆性、脆性过渡，因而沉积盆地及其下岩石圈的多层次滑脱的构造现象将从深部的韧性剪切与拆离滑脱向沉积盖层的脆性变形、多层滑脱变形逐渐过渡，从而出现多层次、多阶段、多类型滑脱变形现象。目前，已识别出大量滑脱构造，建立了滑脱构造变形模式。

（2）建立了古构造复原研究方法。即经过大量研究与探索，古构造复原方法方面。①三维构造复原方法，在地层层位模型、断裂模型基础上，建立三维地质体框架模型、实体模型，进而应用地质力学方法进行逐步复原，如前陆冲断带构造解析。②平面古构造恢复方法，即在不整合面精细研究基础上，借助井、震资料，应用三维盆地模拟技术，进行去压实校正、去褶皱、去断层恢复，进而复原不同地质时期不同地质界面的埋深状况，揭示隆坳格局以及构造轴线、构造高点变化等地质现象。

（3）初步形成了三维构造建模技术。利用野外地质露头资料、钻井资料以及高精度地震资料，恢复隆起演化历史，构建三维地质模型，实现了对古隆起形态、产状、内部构成以及前陆冲断片的精细刻画，为深层古老碳酸盐岩以及前陆冲断带勘探提供了重要的地质模式指导。

2.3.2.4　构造作用对深层油气藏形成与分布的控制特征

深部构造作用影响着盆地的热结构，控制着盆地的古地温场，进而影响流体压力场。因而深层构造作用对油气藏的形成与分布有重要控制作用。

（1）构造演化阶段与构造格局控制油气宏观分布。勘探研究表明，伸展期克拉通内拗陷的下斜坡、克拉通边缘，或断陷湖盆中心常发育优质烃源岩；聚敛期，则形成岩溶系统、构造或构造–岩性圈闭。形成的油气藏多分布在盆地相对较高的隆起及斜坡区、二级构造带的高部位。

（2）大型隆起背景控制克拉通盆地油气区域运聚与成藏。古隆起形成演化过程能为油气生成、运移、聚集创造有利条件，大型古隆起背景、大型网状供烃系统、规模化岩溶储集体以及区域优质盖层的有机配置，决定油气区域成藏与富集。

（3）不同类型盆地深层发育的油气藏类型不同。坳陷盆地的古隆起及其斜坡区是油气有利聚集区，构造相对平缓，以发育大型岩性地层油气藏为主；前陆盆地冲断构造发育，是前陆盆地深层油气聚集的重要类型；断陷盆地以构造或构造–岩性油气藏为主。

2.3.2.5　深层构造物理模拟与数值模拟技术

中国含油气盆地深层经历了前震旦纪原中国古陆形成，古生代原中国古陆解体至中国古大陆形成，中、新生代亚洲大陆南缘增生、西太平洋俯冲及陆内构造变形三大构造演化阶段，不同地质时期呈现不同的构造变形机制与构造样式，物理模拟与数值模拟技术成为深层构造研究主要方法技术。

（1）深层构造模拟量化概念越来越突出。随着研究工作的不断深入，构造物理模拟实验已经成为研究地质构造变形特征和动力学过程的一种有效的实验方法。目前的物理模拟实验尽可能用依据驱动力的作用形式和量值、位移量或应变率、构造行迹的几何参数等，半定量乃至定量给出应力–应变、应力–位移、深度–变形几何参数等一系列数值，使得在地质体中不可能连续测量的参数数值，在实验条件下成为现实，加快了构造地质科学研究由定性描述向半定量乃至定量分析发展。

（2）实验技术和材料有了新发展。近年来，随着许多新型实验装置或仪器相继问世，逐步解决了构造模拟实验中最为棘手的驱动载荷如何施加于实验模型上的问题。实验装置也由手动操作逐步变为自动控制、定量施力，并进行数据和图像的自动采集。同时，实验材料采用具有多种不同力学参数、相态、粒径的实验材料，并采用天然材料替代人工合成材料，缩短实验与实际地质条件之间的距离。

（3）构造数值模拟技术逐步成为构造演化、成因机制研究的重要手段。由于含油气盆地不同类型构造带的演化过程、成因机制研究难度较大，得出的结论往往争论较大。近期，构造物理模拟和应力场数值模拟相结合，开展构造成因研究，为局部构造演化过程、成因机制提供了重要证据；以三维古构造应力场数值模拟为基础，开展断层封闭性研究；采用流变模型，同时考虑温度场和应力场的影响、温度场变化对应力场的作用、不同类型岩石在延性状况下的软化等，开展与陆－陆碰撞作用相关的盆－山构造数值模拟研究，揭示了俯冲（逆冲扩展）和俯冲作用过程中盆地坳陷、山体抬升、莫霍面上抬和下坳等各种位移量和位移速率之间的耦合关系及沉降中心迁移规律。

2.3.3 深层沉积储层研究新进展

与中浅层相比，深部沉积地层经历了多期次构造运动的叠加与复合，地层古老、时代跨度大，成岩作用强、热演化程度高是其基本特征，深部沉积储层研究面临盆地原型与岩相古地理格局恢复、深埋地层多尺度层序地层格架与沉积体系建立、深层物质—能量传输机制与溶蚀－沉淀效应、深层流体－岩石作用与成储－成藏效应、深部储层保存机制等诸多挑战。近年来，深层沉积储层研究在区域岩相古地理、沉降体系的（源－渠－汇）分析方法、深水沉积模式与发育机制、细粒沉积与富有机质页岩发育模式、深部储层成因机制与发育模式、微生物白云岩储集层与岩溶储集层成因机制等方面取得了重要进展，为深层油气勘探发展做出了重要贡献。

2.3.3.1 深层沉积研究进展

2.3.3.1.1 岩相古地理研究

深层地层古老，埋藏演化历史长，恢复原型盆地的沉积面貌和古地理格局成为深层沉积研究面临的重大难题。近年来，通过不断探索与完善，采用沉积学与构造地质学相结合、野外观察与室内分析相结合的方法，应用沉积学理论、技术与方法较好地解决了岩相古地理恢复面临的技术难题。

（1）发展了古气候与岩相古地理研究方法。基于野外基础地质工作与室内分析，研究造山带剥蚀与沉积盆地沉积过程、地貌演化、物源以及气候与构造对古地貌的影响，根据沉积碎屑记录、多种元素及同位素组成、矿物与地球化学特征等信息，重建不同地质时期古气候与古地理环境。

（2）形成了集古生物地层、层序地层、露头－钻井－地震"三位一体"的岩相古地理重构技术。基于各种地质信息，创建了"原型盆地恢复，明确构造古地理格局；等时地层格局建立，确定编图单元；沉积地质学分析，建立沉积模型；地震沉积学分析，建立地震沉积模型；单因素图件编制，确定不同沉积体时空分布；岩相古地理编图，确定有利相带"的"六步法"岩相古地理重构技术流程，较好地解决了深层岩相古地理重建缺少方法技术的难题。

2.3.3.1.2 深层沉积体系研究

随着理论认识与沉积研究新技术、新方法的完善与发展，无论是深层碎屑岩沉积体系，还是碳酸盐岩沉积体系研究，都取得了对勘探发展有指导意义的重要成果。

2.3.3.1.2.1　碎屑岩沉积体系研究

深层深层碎屑岩沉积体系，包括冲积扇、扇三角洲、滩坝、深水重力流等沉积类型。

（1）冲积扇沉积体系。近期进展包括两个方面：①提出构造运动、气候、物源、山口起伏和基准面升降控制了冲积扇的发育与分布。通过大量实例解剖，发现构造抬升幅度控制冲积扇形态和规模；气候控制流域碎屑物质的数量及水动力条件，进而控制冲积扇沉积特征；基准面控制冲积扇发育形态，虽然基准面上升冲积扇厚度大、但面积小，基准面下降冲积扇向盆内发育、多期扇体叠加复合；地形起伏控制冲积扇形态及沉积特征，地形坡度陡冲积扇厚度大、沉积物粒度较粗，地形平缓冲积扇规模大、沉积物粒度相对较细。②基于冲积扇发育的构造背景、沉积学理论与实例解剖，建立了前陆盆地、断陷盆地和克拉通盆地冲积扇沉积发育模式。

（2）扇三角洲沉积体系。近年来，加强了扇三角洲的斜坡沉积作用研究，取得两方面进展：①研究提出扇三角洲前积层砾质舌状体是斜坡滑塌作用和侵蚀坑所致新认识。研究发现，大量斜坡物质以滑塌/滑坡形式错置，随着斜坡梯度的降低，块状流扩张和减速引发河道口外沉积物堆积形成砾质舌状体，是重要的油气储集体。②建立了陆架进积至斜坡坡折、堆叠于活动断层之上的扇三角洲沉积模式，为含油气盆地斜坡区勘探提供了重要的沉积模式指导。

（3）滩坝沉积体系。近期进展体现在：①开展滩坝沉积特征研究，将滩坝沉积划分为陆源碎屑滩坝、碳酸盐岩滩坝、砂质滩坝和生物碎屑滩坝、近岸滩坝和远岸滩坝等成因类型。②研究发现坳陷湖盆滩坝的形成受构造、古地貌、沉积水动力条件、古水深、古岸线、物源供给等多种因素综合控制，砂质滩坝多发育于宽缓滨浅湖背景，生物碎屑滩坝发育于陆源碎屑供应不足或物源区岩石为碳酸盐岩、或大量生物繁殖的较安静地区；断陷湖盆滩坝的形成受古地貌、古物源控制，物源控制滩坝砂体发育程度、同生断层活动控制物源方向、水动力条件控制滩坝砂体性质和分布。③建立了滩坝沉积模式，将完整的滩坝沉积体系划分为坝前微相、滩坝外侧缘微相、滩坝内侧缘微相、滩坝主体（或坝顶）微相、坝后微相五种沉积微相。

（4）深水重力流沉积体系。借鉴国外海洋深水砂质碎屑流沉积模式，通过露头观察、水槽实验以及岩心观察，研究发现斜坡区沉积砂体在重力作用下沿斜坡滑动面滑动，在斜坡低部位或湖盆中心区堆叠，形成平面上呈孤立舌状、叠加舌状和席状舌状体样式，剖面上呈孤立透镜状、叠加透镜状和侧向连续的砂体群，具有多层系叠加连片的分布特点，建立了湖盆中心或斜坡区砂质碎屑流沉积模式。

2.3.3.1.2.2　碳酸盐岩沉积体系研究

我国深层海相碳酸盐岩主要发育台地环境碳酸盐岩和滨岸 – 潮坪环境碳酸盐岩两大类沉积体系。

（1）台地环境碳酸盐岩沉积体系。①建立了碳酸盐岩台地沉积划分方案。根据台地边缘形态和特征差异，将碳酸盐岩台地相沉积划分为镶边型台地和缓坡两大沉积类型。②提出沉积斜坡坡度的差异导致高能相带分布样式不同。研究发现镶边型碳酸盐岩台地因斜坡坡度较陡,高能相带主要发育在台地边缘,通常形成礁或滩建造或者高能颗粒滩沉积,相带宽度较窄,但厚度较大;碳酸盐岩缓坡因坡度缓,高能相带主要发育于内缓坡环境中的近滨岸带及中缓坡区,相带宽度较大,但厚度较薄。③建立了碳酸盐岩台地及其台缘带沉积模式。根据台缘形态特征及三级层序的高频旋回叠置形式,建立了退积、加积和进积型缓坡和镶边台地沉积发育模式。④礁滩沉积取得重要进展。重点开展了礁滩体成因类型、发育特征与分布模式研究,逐步认识到我国海相碳酸盐岩以发育礁滩复合体为主,水动力条件、地貌形态和古气候是影响礁滩体发育的关键因素,提出了成因分类方案,建立了发育与分布模式,为深层碳酸盐岩勘探研究提供了重要的模式指导。

(2)滨岸-潮坪环境碳酸盐岩沉积体系。研究提出因气候条件的差异,不同地质条件下的滨岸-潮坪环境,碳酸盐岩沉积物组成、堆积样式和生物群落不同。蒸发潮坪蒸发物出现在潮上带,主要发育碳酸盐岩-蒸发岩沉积体系;潮间环境沉积物主要是灰岩,干旱气候条件下发育准同生白云岩;潮下环境以低能环境沉积物为主,发育颗粒泥岩、球粒灰岩等。

2.3.3.1.2.3 深层混积沉积体系研究

混积岩是指同层陆源碎屑与碳酸盐岩组分混合形成的一种岩石类型,属于碳酸盐岩和陆源碎屑岩之间的过渡类型,在我国分布较广。近年来,沉积学者针对混积岩的成因开展了大量探索性研究,提出混积岩的形成需要具备陆源碎屑和碳酸盐岩矿物同时输入或交替输入的物源或地理条件,混积沉积主要发育于滨海、滨浅湖环境,其次是浅海陆棚、陆表海环境。基于混积岩岩石学研究,初步建立了陆源碎屑、碳酸盐颗粒或灰泥、黏土三端元的混积岩分类方案,将我国发育的混积岩划分为陆源碎屑碳酸盐、陆源碎屑质碳酸盐、含碳酸盐陆源碎屑和碳酸盐质陆源碎屑四种类型混积岩。通过混积岩成因机理研究,提出混积岩的形成可能有事件突变沉积混合、相源渐变沉积混合、原地沉积混合、侵蚀再沉积混合、岩溶穿插再沉积混合四种成因机制。

2.3.3.1.2.4 深层细粒沉积体系研究

随着致密油气勘探开发的快速发展,国内外专家学者开始关注细粒沉积。近期我国细粒沉积研究集中在湖相沉积。通过研究,①研究发现湖平面变化、构造作用、沉积物源以及盆地底形控制细粒沉积的相带分布,湖盆中心以及广大的斜坡区是细粒沉积有利分布区。②提出页岩是湖相细粒沉积的主要岩石类型,湖相富有机质页岩形成于水体浮游生物生产力高、利于有机质保存和聚积的沉积环境。③建立了富有机质页岩有机质数量、类型与产油气率和油气性质关系图版。④基于沉积解剖研究,提出了陆相湖盆细粒沉积分类方案,建立了富有机质页岩发育模式,为致密油气勘探目的层选择和甜点区预测提供了重要的模式指导。

2.3.3.2 深层储层研究进展

近年来,我国陆上深层油气勘探在碎屑岩、碳酸盐岩和火山岩等类型储层获得重要发现,展示出深层良好的油气勘探前景。但勘探研究实践表明,深层成岩系统与中浅层比,成岩过程复杂、非线性延伸。深部储层研究面临物质－能量传输机制与溶蚀－沉淀效应、流体－岩石作用与成储－成藏效应、应力－应变机制与储层形成分布、成岩边界与储层量化预测等挑战。近期，以获得重要发现的储层类型为研究对象，以岩心观察、样品分析与模拟实验为手段，以规模有效储层成因机制与分布模式为重点，持续研究与攻关，深部储层研究取得重要进展。

2.3.3.2.1 深层碎屑岩储层研究

在储层岩石学研究基础上，结合野外露头与钻井资料、已发现油气藏解剖以及高温高压物理模拟实验，探究了盆地动力环境对碎屑岩储层的改造机制及效应。

（1）研究揭示深层发育优质碎屑岩储层，但时空分布复杂。深层碎屑岩储层孔隙度与中浅层相比，与深度并非呈线性减小，常出现"浅埋低孔与深埋高孔"现象，平面上储层物性变化也很大。初步研究认为，导致这一现象的原因，可能既与构成碎屑岩的物质基础有关，也与碎屑岩在埋藏成岩期所处的盆地动力环境及其经受的成岩改造机制与强度有关。

（2）研究发现，岩石成分和结构是深层碎屑岩优质储层发育的物质基础，盆地动力条件是关键因素。研究表明，储层岩石具有可溶性利于溶蚀作用规模发生，是碎屑岩溶蚀型储层发育的必要条件。建设性改造与储层成岩演化过程关系密切，大地构造背景、构造侧向挤压、异常高压、早期烃类充注、热循环流体对流、膏盐岩高导热效应、砂泥岩互层状况等因素对深层优质碎屑岩储层发育有重要影响。

（3）提出三类流体的溶蚀作用是深层碎屑岩溶蚀孔隙发育的主要机制。研究发现，碎屑岩储层溶蚀孔隙的形成主要受大气水、碱性水和腐殖酸三类流体的溶蚀作用控制，溶蚀作用发生的时间及储层原始孔隙不同，增孔效果也不相同。碱性水溶蚀发生于沉积期和成岩期，增孔效率高，可以形成大面积优质溶孔储层；腐殖酸溶蚀发生于早成岩期，溶蚀发生时砂岩的孔隙体积较大，流体置换率较高，也可以形成大面积优质溶孔储层；大气水溶蚀发生于后期地层抬升－剥蚀期，流体活动方式主要沿断裂纵向下渗和沿不整合面或暴露面顺层下渗，溶蚀规模受先存孔隙或裂缝发育程度控制。

（4）提出深层碎屑岩储层划分新方案。以叠合盆地深层碎屑岩规模储层成因机理研究为基础，结合油气藏解剖研究，根据储层成因机制将深层碎屑岩储层划分为低热成熟度型、溶蚀孔隙型、裂缝－孔隙型、高抗压－抗热型和高流体压力型等5种类型。

2.3.3.2.2 深层碳酸盐岩储层研究

随着深层海相碳酸盐岩勘探的持续突破发现，碳酸盐岩储层研究成为近期研究热点。近期，以地质研究为基础，结合高温高压物理模拟实验，开展了大量基础地质研究。

（1）提出古老碳酸盐岩储层物性，受沉积相带、白云石化及断裂、岩溶作用综合影响。基于碳酸盐岩储层形成的沉积基础、储层成岩作用与成孔（洞）作用、储层控制因素与规模储层形成分布等研究，将碳酸盐岩储层划分为沉积礁滩型、后生溶蚀－溶滤岩溶型、白云岩三大类，沉积礁滩型储层进一步划分为进积－加积型镶边台缘礁滩、台内缓坡型礁滩两种类型；后生溶蚀－溶滤岩溶型储层划分为层间岩溶、顺层岩溶和潜山（风化壳）岩溶三种类型；白云岩储层划分为岩溶型、埋藏－热液改造型两种类型。

（2）研究发现沉积型储层发育于三类沉积背景，成岩型储层形成条件复杂。通过碳酸盐岩规模储层主控因素与发育规律研究，认为沉积型储层主要发育于碳酸盐岩蒸发台地、缓坡及台地边缘三类沉积环境，礁滩相的沉积规模基本决定了储层发育规模。成岩改造型储层与埋藏期成岩改造过程与强度有关，规模储层受先存储层规模、表生期大气水与埋藏期热液等溶蚀规模及深埋期沉淀规模控制，储层发育控因复杂，分布规律有较大的不确定性。

（3）建立了三类储层发育与分布模式。基于岩溶储层成因机理与溶蚀实验，建立了斜坡区岩溶储层成因模式，提出顺层岩溶、层间岩溶作用，大型古隆起及其斜坡区发育大面积分布的规模岩溶储层。通过研究相对海平面变化，提出海平面下降对白云岩储层发育有重要控制作用，建立了地层层序与白云岩储层发育关系模式。基于岩相古地理与沉积储层分布研究，建立了礁滩储层发育与分布模式，提出碳酸盐岩镶边台地的台缘礁滩相、内缓坡颗粒滩相是规模优质储层发育的有利相带新认识。

（4）提出原始沉积物是碳酸盐岩储层发育的物质基础、利于溶蚀孔隙发育的表生与埋藏环境是重要条件新认识。研究发现无论是灰岩岩溶型储层，还是白云岩孔隙型储层，礁滩相沉积是碳酸盐岩储层主体原岩。溶蚀量定量模拟实验揭示，低温低压环境（类似表生环境）碳酸盐岩溶蚀量远大于高温高压环境（类似深埋环境）碳酸盐岩溶蚀量。大量解剖研究表明，碳酸盐岩三级及以上级别层系界面往往发育大量溶蚀孔洞，这与碳酸盐岩地层暴露（表生环境）并遭受大气淡水淋滤溶蚀有关。深埋环境下溶蚀流体主要是有机酸、TSR 和热液，局部有断裂渗入的大气水，局部发生溶蚀作用。深层规模碳酸盐岩储层，往往是多种建设性成岩作用叠加改造所致，优质储层发育不受埋深限制。

2.3.3.2.3 深层火山岩储层研究

随着松辽盆地深层以及准噶尔盆地石炭系火山岩获得一批重要发现，加强了深层火山岩储层研究，取得了重要成果认识。

（1）建立了火山岩成因模式。结合火山作用方式或喷发、搬运方式、火山岩分布特点，基于火山岩岩相和亚相分析，按照"岩性－组构－成因"划分标准，建立 6 相 10 亚相的火山岩岩相模式。

（2）提出了火山岩储层划分方案。我国深层发育的火山岩储层普遍经历了火山作用和后期成岩改造 2 大演化阶段，东部断陷盆地发育原生型火山岩储层，西部叠合盆地火山岩储层普遍经历了风化剥蚀，多为次生型火山岩储层，提出了原生型和次生风化型两类火山岩储集层分类方案。

（3）认识到火山岩储层储集空间复杂、非均质性强。根据成岩和改造阶段的不同，将火山岩储集空间划分为原生储集空间和次生储集空间两大类，进一步划分为原生孔隙、原生裂缝、次生孔隙、次生裂缝四类。由于火山岩储集空间的形成无论是火山作用阶段，还是后期成岩改造阶段，缝洞形成机制复杂，导致火山岩储集空间表现出很强的非均质性。

（4）提出火山岩储层质量取决于火山作用阶段孔洞的发育程度及深埋期胶接作用强度。解剖研究发现，火山岩岩性、喷发环境、成岩作用及构造破裂作用等是影响火山岩储层质量的关键，玄武岩和安山岩是火山岩储层的主要岩性类型，水上喷发的火山岩、经历风化和大气水溶蚀作用以及构造破裂作用的火山岩储集空间较发育，火山岩储集物性与埋深关系不大。

2.3.3.3 深层沉积与储层研究新技术、新方法

随着勘探工作的不断深入与发展，深层沉积储层研究手段已由传统沉积学和岩石学研究向多学科、多信息方向发展，沉积模式与高精度地球物理技术结合直观揭示与定量描述沉积储层空间展布。

（1）地震沉积学分析技术广泛用于沉积储层研究。按照地质、物探一体化的思路，采用地震沉积学分析方法技术，岩相古地貌刻画取得非常好的效果，形成了不同沉积体系沉积地貌刻画技术。同时，地震岩性学（90°相位化）分析技术在浊积扇、三角洲沉积体系的古地貌识别中发挥了重要作用。

（2）数值模拟技术广泛用于沉积相建模研究。随着数值模拟技术发展，逐步形成了基于两点统计、多点统计以及具体地质对象的沉积相建模方法，沉积相模型精度越来越高。

（3）数字露头研究技术取得长足发展。数字雷达、探地雷达、X 射线荧光光谱扫描、3DX 射线扫描、显微光谱等技术等广泛用于沉积储层研究，实现了沉积储层研究向微观、定量化方向发展工作目标。

（4）数字岩心分析技术广泛用于致密储层定量表征。应用场发射扫描电镜、双束扫描电镜及 CT 成像等高分辨率测试技术，解决了致密储层微米 – 纳米级多尺度孔隙、喉道识别与孔喉特征定量表征面临的技术难题。

（5）裂缝评价预测技术取得长足发展。通过裂缝密度、裂缝宽度、裂缝孔隙度等参数刻画，实现了对裂缝型、裂缝–孔隙型储层，特别是碳酸盐岩孔 – 洞 – 缝型储层的精心描述。

（6）碳酸盐岩储集层刻画技术有了新发展。采用古地貌刻画、地质 – 测井 – 地震一体化分析与储层建模、量化描述等技术，解决了不同类型碳酸盐岩储层预测评价与定量描述面临的技术难题。

2.3.4 深层油气成藏研究新进展

与中浅层相比，由于盆地结构、沉积组合、后续埋藏与构造变动历史、温压条件以及层系间构造运动性质与强度的不同，致使深层的温压场、有机质成烃过程与流体相态变化、储层成岩作用过程呈现出明显差异，油气生成、运移、聚集的动力学条件与机制、油气富集规律更具特殊性和复杂性。同时，由于埋藏深度大，资源的规模性与经济性成为制约勘探发展的关键。近年来，随着深层油气勘探持续突破发现，深 – 超深层油气成藏问题成为勘探家关注与研究热点。从事深层油气成藏研究的专家学者，在油气成藏条件、成藏机理与成藏模式、成藏门限与成藏过程、大油气田形成与分布等方面开展了大量卓有成效的研究工作，取得了一批对勘探生产有重要指导意义的理论认识成果。

2.3.4.1 深层油气成藏环境与条件

深层处于高温高压地质环境，目前钻井揭示的油气藏地层温度可达 150～230℃，远远超出传统干酪根晚期生油理论的液态烃生成的温度范围，致使深部油气成烃、成储、成藏环境与中浅层比具有明显的差异。近年来，围绕深层油气成藏环境与条件，开展了大量探索性研究，取得了对指导油气勘探实践有重要指导意义的成果认识：

（1）提出深层烃源岩具"双峰式"生烃特点，源灶类型多样，都可以规模供烃。基于烃源岩生烃演化历史分析与模拟实验，发现古老地层发育的烃源岩生烃过程充分，早期生油，晚期生气，具有"双峰式"生烃特点，建立了古老烃源岩"双峰式"生烃模式。基于油气藏解剖与烃源灶有效性分析，提出盆地深层发育有机质（干酪根）热降解作用以及滞留于烃源岩内分散液态烃和排出烃源岩后呈"半聚半散"型聚集的液态烃后期热裂解作用两类气源灶，都是形成深层大气田的重要气源。

（2）多期次的沉积构造演化，深部储层发育既有阶段性，也有规模性。研究发现，含油气盆地深层沉积地层，经历多期次构造抬升剥蚀与构造挤压，既发育大面积分布的碎屑岩和碳酸盐岩储层，也有局部分布的火山岩储层和变质岩储层，且每一类型储层历经多次期构造运动叠加改造，都有规模。

（3）盖层的封闭性与有效性控制深部油气藏的形成与富集。油气藏解剖研究表明，盖层质量控制油气的富集程度与分布。封盖有效性模拟实验揭示，盖层的封闭机制主要有毛细管封闭和水动力封闭两种，由于油－水界面张力和气－水界面张力随温度增加而降低的速率不同，不同类型盖层对油和气的封闭能力也不相同，膏盐岩盖层封闭能力最强，次为泥质岩，其他岩类封闭油气的能力相对较差。

（4）深层形成的油气可以跨构造期成藏。基于烃源岩埋藏受热演化历史分析，结合逼近地下环境（温、压共控）生烃模拟实验，提出"递进埋藏"和"退火受热"相耦合，深层部分古老烃源岩生排烃高峰延缓，生烃时间很长，油气可以跨越多个构造期成藏。基于油气成藏解剖研究，发现我国含油气盆地深层具有多期成藏、多期调整、晚期定型的特点，保存与构造破坏两大作用的抗衡决定晚期成藏的有效性，深层油气具有"多层段成藏、多层系富集"的成藏特点。

2.3.4.2 深层油气成藏过程与成藏模式

深层埋深偏大、地层温压条件偏高、成岩作用强烈、储层相对致密，由于有机质裂解、深部流体活动以及构造应力作用，造成源－储之间、油气藏之间的高压力差可能成为油气运移成藏的主要动力，成藏机制可能多种多样。近年来，围绕深层油气成藏过程与模式，开展了大量研究与探索。

（1）提出了深层油气成藏门限的概念。基于油气成藏机制与成藏动力学研究，发现盆地深层油气成藏存在自由流体动力场、局限流体动力场和束缚流体动力场三种类型的动力场，不同类型动力场地层内发育不同类型油气藏，油气分布特征各异。深层油气藏的形成受控于浮力成藏下限（储层孔隙度 10%～12%）、油气成藏底限（储层孔隙度 2%～4%）、油气生成底限（$R_o=3\% \sim 4\%$）三个控藏门限。

（2）提出了油气成藏与分布新认识、新观点。①研究提出继承性大型隆起背景，发育大型构造－岩性、构造－地层复合油气藏。②提出克拉通盆地油气成藏受"生烃坳陷、古隆起、不整合与岩溶、后期保存"等因素综合控制，古隆起及隆起斜坡区是油气富集主要场所。③提出源灶的多期性、烃源岩"双峰式"生烃演化过程、储层发育的多阶段性、油气多期成藏与晚期成藏的有效性，深层发育多个勘探"黄金带"，古隆起、古斜坡、古台缘与继承发育的断裂带控制了"黄金带"内主力油气藏分布。

（3）构建了深层油气成藏与分布模式。①基于西部大型叠合含油气盆地不同层次的构造体系对油气田（藏）形成与分布控制作用研究，建立了西部盆地深层六类扭动构造控油模式。②基于叠合盆地深层油气成藏与分布研究，建立了叠合盆地深层"多元复合－过程叠加"成藏模式。③基于叠合盆地斜坡和枢纽带油气藏形成与分布研究，提出经过构造活动调整改造的斜坡－枢纽构造部位是海相层系油气富集的主要场所，建立了斜坡－枢纽带油气成藏模式。④基于塔里木、四川、鄂尔多斯三大海相盆地碳酸盐岩成藏研究，建立了海相碳酸盐岩下侵式、扬程式和转接式三种成藏模式。

2.3.5　深层地球物理勘探技术新进展

深层隐含着地层古老、埋深大、高温高压等含义，资料资料采集面临地层压实程度高、物性差异小、地震反射能量弱，资料信噪比低的挑战；储层、流体预测面临地下构造多期改造、岩溶作用强烈、储层类型复杂、物性差、油气相态变化大等挑战。近年来，针对深层复杂构造、碳酸盐岩及火山岩等领域，开展了大量探索性研究，深层地球物理勘探技术有了长足发展。

2.3.5.1　重磁电勘探技术

近年来，针对深层复杂对象的重磁电勘探技术发展较快。

（1）实现了仪器设备的更新换代。随着技术发展，用于资料采集的仪器体积大大缩小，连续自动记录存储方式，观测精度大幅提高。目前从美国引进的 Lacoste D 型重力仪精度可达 $5 \sim 10\mu Gal$，精度较前期提高了数百倍；HC90 K 型氦光泵磁力仪精度可达 0.0025n T 以上，提高近 1000 倍。

（2）解释精度不断提高。为减少资料解释的多解性，定量反演中，注重约束反演、联合反演以及 3D 反演方法的综合，完善了重磁电资料处理解释系统，提高了数据处理能力，交互处理解释能力大大增强。同时，开发了重磁电资料综合处理解释软件，实现了重磁电与地震资料的联合处理解释，增强了重磁电资料地质解释的可靠性和准确性。

（3）形成了重磁电配套勘探技术系列。针对火山岩油气勘探，形成了重磁电震综合处理解释技术，在松辽、准噶尔和渤海湾等盆地深层火山岩勘探中发挥了积极作用。同时，针对西部山前复杂构造带，形成了三维重磁电震勘探配套技术，为中西部前陆冲断带复杂构造解释、浅层速度结构建模和深层构造联合交互反演提供了有效的技术手段。针对东部深潜山，开发了重磁电震资料综合处理解释技术。

2.3.5.2 地震勘探技术

深层地震勘探技术包括地震资料采集、处理、解释三个关键环节。近期进展体现在：

（1）形成了以大激发能量和长排列为核心的地震资料采集技术。针对深层地震反射能量弱和资料信噪比低的难题。①根据不同探测深度，利用大吨位可控震源加大下传能量，利用拓宽可控震源低频激发，获得了清晰的深部地质体图像。②通过增加排列长度加大地震采集观测孔径，提高了深层目标照明强度。③通过优化观测系统设计，提高了地下照明的均匀性和地下反射点的覆盖次数，为提高信噪比和偏移成像处理奠定了良好的资料基础。

（2）形成了以提高深层弱信号和速度建模精度为核心的叠前深度偏移成像技术。针对深层勘探对象普遍经历多期构造运动叠加改造，采集的地震数据干扰波发育，有效信号被背景噪音淹没的难题。①通过低频补偿提高深层反射能量，通过消除近地表噪音，压制层间多次波，剔除强屏蔽层影响，提高了深层弱信号强度，突出了深层有效信号。②采用波动方程数值解法，对地震数据进行空间偏移归位。③采用地震和地质一体化、地震和重磁电相结合的办法，提高深层速度建模精度。④偏移成像技术实现了叠前时间偏移向叠前深度偏移的延伸，并逐步各向异性深度偏移发展。

（3）形成了以高精度构造解释、复杂储层描述为核心的地震预测技术。①利用地震波运动学特征，采用三维可视化解释技术进行层位追踪，采用地震、地质一体化思路开展速度建模，提高了深层构造解释精度。②利用地震波动力学特征，采用古构造和古地貌恢复技术预测沉积相带，利用地震属性分析技术预测有利相带和储层非均质性，采用地震反演技术预测储层物性，采用 AVO 和吸收衰减技术检测储层流体性质，采用方位各向异性反演技术预测高孔渗砂岩储层发育带以及礁滩型、岩溶型和白云石化碳酸盐岩缝洞－孔缝储层发育区。

2.3.5.3 测井勘探技术

针对深层高温高压，储层类型与流体相态复杂、储层物性差的难题，通过研究探索，测井技术有利新发展。

（1）研发了适合深层高温高压环境的常规测井和成像测井仪器与装备。通过改善测井装备的耐温耐压性能，测井技术的适应性不断提高，可以满足 5000 ~ 6000m 以下深度（地温 150 ~ 170℃、地层压力 120 ~ 140MPa）条件下测井仪器需求，形成了适应超深超高压测井资料采集技术和工艺方案。

（2）发展了复杂岩性、储层物性与裂缝参数定量预测技术。以成像测井资料（电成像、核磁共振成像、阵列声波等）为基础，通过攻关逐步形成了岩性识别、沉积微相划分、缝洞参数定量评价、岩石力学分析等方法技术。

（3）完善了适合深层地质目标的流体识别与评价配套技术。经过多年攻关，形成了满足深层致密碎屑岩、复杂碳酸盐岩和火成岩储层含油气性识别与储层参数定量预测配套技术，包括裂缝型低孔渗砂岩储层有效性评价方法和流体识别技术、以成像测井为核心的碳酸盐岩储层有效性评价与流体定量识别技术组合、以成像测井和声波测井为基础的火山岩岩性和裂缝定量识别技术等。

总体看，近年攻关形成的以深层致密油气藏甜点预测、白云岩储层定量识别、碳酸盐岩油气藏缝洞雕刻为核心的地球物理配套勘探技术，较好地解决了含油气盆地深层油气勘探和开发面临的技术难题。深层地球物理勘探技术发展，为我国深层低孔渗碎屑岩、强非均质碳酸盐岩和火成岩三大勘探领域取得突破性进展提供了重要的技术保障。

3 国内外深层油气地质学发展比较

由于深层油气勘探成本高且风险大，国外主要采用了风险控制的思路，并未在深层领域全面开展规模勘探与开发。国外的深层油气地质研究基本上沿用了传统的油气勘探地质理论，更多关注了深层高温高压条件对油气运聚的影响，取得的成果并不系统。而我国深层油气地质学的发展相对较快，研究也较为系统深入，但各学科发展并不平衡。因此，从各方面逐一全面地进行国内外深层油气地质学对比将十分困难，而将国内外研究进展综合描述则更为现实。

3.1 深层烃源岩地球化学

我国在烃源岩地球化学的研究方面起步稍晚，但与国外研究水平不相上下。从概念的提出到机理的探索，再到理论的出现，都体现出了鲜明的中国特色。

3.1.1 生烃动力学

生烃动力学是研究油气生成机理的主要技术手段。国外学者在生烃动力学研究方面起步较早，早在20世纪70年代就已经建立了化学反应动力学模型，随后相继开展了大量生烃动力学研究，较早建立了组分生烃动力学模型，并研发了相应的模拟实验设备。我国生烃动力学研究起步于20世纪80年代，建立了总包反应模型、串联反应模型和平行一级反应数学模型，并应用于烃源岩生烃过程动态评价以及盆地热史恢复，取得了良好的应用效果。近年来，国内地球化学模拟实验技术快速发展，不但引入了黄金管模拟实验装置、MSSV等国外先进设备，还组建了生排烃一体化的模拟实验装置，生烃动力学研究不断取得新的突破，在生排烃模拟、有机质高过成熟阶段生烃机理等方面基本与国际研究同步。

3.1.2 生烃母质来源及天然气成因判识

生烃母质来源方面，国内外科学家研究几乎同步，但国内更具特色。国外学者关注液态烃裂解形成的产物的进一步裂解、干酪根形成的油和沥青后期裂解生气、干酪根在早期演化形成了富含杂原子的化合物在后期的生烃行为等问题。国内学者则从中国特殊的地质条件出发，更多地关注早期形成的烃类的赋存状态及其后期生气潜力。在天然气成因判识方面，由于中国含油气盆地地质条件和天然气成因的复杂性，国内学者远远走在了前列，早在20世纪70年代就建立了判识标准和图版，并指出煤型气是中国天然气的主体。目前，在组分和同位素判识模型基础上，还增加了轻烃比值、氢同位素等指标，判识方法更加丰富。相比而言，国外由于多数盆地油气类型较为单一，对天然气成因判识研究较少。随着页岩气等非常规油气成为勘探开发目标以来，人们应用干燥系数－乙烷碳同位素图版判断页岩气产能取得了良好的实效。

3.1.3 有机－无机相互作用

油气生成过程中的有机－无机相互作用是一项争议性较大的研究课题。国外众多学者开展了大量研究，取得了一些重大成果。针对水的作用，国外学者通过大量模拟实验，证实水参与了有机质的热演化生烃过程，为油气的生成提供氢源，影响油气的组成和同位素特征，并提出了水参与原油裂解反应的化学机。而国内研究则主要侧重于模拟实验，从化学反应机理上的解释仍然主要套用国外学者的观点。

3.2 深层构造地质学

与国外相比，我国深层构造地质研究尚处于起步阶段，需要借助于更多深部钻井、高精度的二维与三维地震资料进一步揭示深层地质结构与构造特征。我国深层沉积盆地经历了长期的复杂演化历史，对其复位、复原并再现其演化历史，需要活动的、整体的、动态的、层次的"构造观"，在四维尺度上高分辨率揭示深层盆地。叠合盆地是我国沉积盆地的重要特色，但我们对这类盆地的动力学演化的探索还有很大差距。

3.2.1 盆－山关系研究

盆地与造山带关系研究及其实例对比是世界范围地质学家共同感兴趣的话题。造山带是研究沉积盆地原型及大地构造背景和活动论古地理演化的重要窗口；世界上许多经典的造山带研究中都不可或缺地把相关盆地沉积记录及古地理重建纳入进来。在盆山关系研究方面，我国学者提出了富有特色的环青藏高原巨型盆－山体系的概念；在双指向造山带，如天山南北两侧及秦岭两侧等中西部盆山体系研究中已取得显著进展。

3.2.2 盆地模式研究

大多数盆地模型率先由国外学者所提出，但我国学者在叠合盆地模型研究方面具有独创性成果。历经三代石油地质工作者的共同努力，中国的"叠合盆地"研究从萌芽、建立到完善兴盛，建立了中国特色的"叠合含油气盆地论"。这一学说历经半个世纪的勘探实践检验，循环上升，已发现我国大型盆地的一系列油气田，为我国能源供给做出了巨大贡献。

3.2.3 盆地演化定量模拟

国外学者在地幔柱、岩石圈、壳－幔、盆地等不同尺度上开展了深部过程与浅表响应、流体参与、构造－沉积、构造应力与热等不同方面的数值模拟，在时间－空间格架下开展了多种精度的模拟，为盆地动力学演化研究提供了重要约束。而我国盆地具有块体小、陆内活动性强及多期次活动的特征，揭示盆地沉积充填与多期盆地构造作用的成因联系正是构造活动盆地或叠合盆地沉积地质演化及资源分布规律研究的关键。我国学者成功地将这一思想应用到解释塔里木盆地寒武－奥陶纪沉积充填与区域地球动力学转换、四川盆地龙门山前陆盆地动力学、渤海湾盆地南堡凹陷火山活动与裂陷旋回等研究中。

3.2.4 深层构造对油气分布的控制研究

前苏联及美国学者对大油气区、大油气田赋存的地质背景进行了长期探索，发现了被动大陆边缘、裂谷盆地、前陆盆地、走滑盆地等对油气富集具有重要控制作用。我国学者在松辽盆地的油气勘探实践中提出了"源控论"，在渤海湾盆地的油气勘探实践中提出了"复式油气聚集区（带）理论"，在中西部盆地的勘探中，提出与逐渐完善了"叠合盆地油气地质理论"，对于叠合盆地中下组合的油气勘探具有指引作用。我国含油气盆地大多经历了克拉通－前陆盆地叠合或克拉通－裂谷盆地叠合演化过程，不同阶段具不同的构造体制，导致多期构造的叠加与复合，海相叠合盆地油气成藏具有多源、多灶、多期成藏、多次调整的特点，形成了多个油气勘探的"黄金带"。

3.3 深层沉积地质学

与国外沉积学研究经历了两个多世纪的发展，在"将今论古"与古代典型实例解剖基础上，已经建立了相对完整的沉积学学科体系。中国以陆相沉积盆地产油著称，因此形成了世界先进水平的湖盆沉积学学科体系。我国碳酸盐岩沉积研究进展迅速，在引用国外基于现代沉积与中新生代碳酸盐岩沉积研究所建立的沉积模式基础上，探索建立了具有中国特色的小克拉通古老碳酸盐岩沉积模式。

3.3.1 碎屑岩沉积学

在碎屑岩沉积与岩相古地理方面，国外重点开展了海相、海陆过渡相沉积体系研究，已建立海相三角洲、河口湾、海底扇等经典沉积模式，指导了海相、海陆过渡相碎屑岩油气勘探。我国重点开展了陆相沉积研究，建立了冲积扇、河流、三角洲、水下扇、湖泊、沼泽等6大沉积体系及其典型沉积模式，以及陆相断陷、坳陷、前陆等3类原形盆地的沉积充填模式，有力地指导了我国油气勘探与开发。相对说来，河流、三角洲等传统碎屑岩沉积学已比较成熟，国内外已基本接轨。近期国内外主要在浅水三角洲沉积、深水重力流沉积以及细粒沉积等方面取得了新的进展。

3.3.2 碳酸盐岩沉积学

国外在大量现代沉积考察基础上，已建立了不同台地背景下碳酸盐岩沉积模式，明确了不同沉积相带的亚相与微相特征，系统分析了地质历史时期古生物生态学与生物礁演化特征。国内碳酸盐岩台地沉积模式与应用研究已基本与国际接轨，微生物碳酸盐岩是下一步攻关重点，目前在成因机理与分布规律研究方面与国际对比还存在较大差距。国内以层序或体系域为单元系统编制了四川、塔里木、鄂尔多斯盆地及中国南方的岩相古地理图，初步明确了不同时期沉积相带的平面展布特征；并结合我国碳酸盐岩沉积特点在碳酸盐岩岩石学分类、台地礁滩沉积模式与演化等方面取得了系列创新性成果，指出继承性发育的碳酸盐岩台地边缘、低倾斜度的缓坡古地貌背景和相对宽缓的开阔台地内水动力高能区控制了礁／滩体的规模分布。此外，越来越多的研究表明，四川、塔里木、鄂尔多斯、渤海湾等盆地的深部，发育古老海相微生物碳酸盐岩储层。

3.4 方法技术的发展对比

国外沉积学研究方法先进成熟，已经形成了包括现代沉积考察、数字露头与岩心、薄片鉴定、粒度分析、水槽模拟、数字正演\反演模拟、地震沉积学（包括地震属性分析）、测井岩性识别、测井相、沉积古环境恢复等方法技术体系。国内目前主要是在引进国外方法技术\软件基础上的开发应用，沉积学研究方法技术与国外有一定差距，特别是在现代考察、软件开发、数字模拟与物理模拟等方面。

3.5 深层储层地质学

国内外在深层油气储层地质学发展对比上有两方面的差异：①国外在碳酸盐岩储层成因研究方面总体保持优势，国内近期在碎屑岩储层成因研究方面有优势。国外通过持续、系统的储层实例剖析，提出诸多新的认识或学说，并总结出有普遍指导意义的地质模式，尤其碳酸盐岩储层成因机理及作用过程的研究领先于我国，如白云岩成因及其溶蚀-沉淀过程与机理、碳酸盐岩储层的地球化学成因判别等，而国内则总体处于跟踪研究层次；近期国内在碎屑岩储层成因研究方面有优势，深入探究了盆地动力环境与碎屑岩成岩关系，提出碎屑岩动力成岩学说，突破了传统埋藏成岩理论。②国外在流体-岩石作用研究方面总体处于领先地位，但国内近期也取得研究进展。国外进行了成岩过程中物质-能量迁移、流体-岩石作用行为及成岩效应的大量研究，并建立基于化学热动力学原理的流体-岩石反应模拟软件。国内也大量开展了流体-岩石作用研究，建立碳酸盐岩化学反应实验模型，近期通过高温高压溶解动力学物理模拟实验得出了含先存孔缝的碳酸盐岩的溶解速率并非随温压升高而增加以及岩石成分和孔隙类型控制溶蚀效果的新认识。

3.5.1 深层碳酸盐岩储层

在国外，碳酸盐岩储层成岩作用研究已经转向系统过程研究，盆地动力学及流体-岩石作用体系研究正在兴起，流体-岩石作用模拟走向深入。我国碳酸盐岩油气储层地质学在岩类学、化石岩石学、白云岩、生物礁、沉积后作用、沉积环境、沉积相及岩相古地理等方面取得了相当丰富的成果，且与生产实践结合密切，有效地促进了我国油气勘探和开发事业的发展。目前，我国的碳酸盐岩油气储层地质学在岩类学、沉积环境及沉积相的研究上，逐渐赶上了国外；在碳酸盐岩岩石学研究的基础上，开展定量岩相古地理学研究，定量地恢复各地质历史时期的岩相古地理，已超出了国外碳酸盐岩岩相学的研究范围，居国际领先地位。

3.5.2 深层碎屑岩储层

国外对碎屑岩储层的研究近期主要聚焦于非常规储层，突出储层微观孔喉结构类型、成因及其发育特征研究；相较于国外，国内近期深层碎屑岩储层被众多油气勘探家和沉积学家所关注，观察到诸多有悖于国外创立的传统埋藏成岩理论的地质现象，并取得不少成果认识。总体而言，近期国内碎屑岩储层研究进展要大于国外，主要有以下进展：①提出砂岩动力压实研究新思路，突破了传统压实理论，有助于深入认识深层砂岩储层发育规律及量化预测；②大量研究砂岩的溶蚀作用，指出大气水、腐殖酸和碱性水溶蚀是规模溶孔形成的重要机制，也是深层规模溶孔储层得以存在的基础；③提出成岩相的系统分类方案，建立基于热指标的成岩相数值模拟，总结典型盆地的成岩相分布特征；④探讨储层演化与油气成藏关系，指导了岩性油气藏勘探。

3.5.3 深层火山岩储层

国外侧重研究火山地质和岩石矿物学，而对油气储层实验分析技术研究相对较少。近年来，随着火山岩储层油气田的不断发现，国外开始重视火山岩储层发育机理方面的研究，提出了火山岩储层的孔隙度、渗透率取决于其原生岩石特征及后期成岩改造过程的新认识。国内对火山岩地质、储层及与油气成藏关系均有较多研究，其研究的深度和广度要大于国外。我国学者通过中国东、西部地区火山岩储层差异性研究，系统总结了中国火山岩储层特征、类型及其油气成藏形成机理、火山岩储层地质学内涵、研究核心及相关研究技术和方法、建立了火山岩储层成岩与孔隙演化模式。

3.6 深层成藏地质学

国外对深层油气很少开展系统的研究，而我国在深层油气勘探方面发现多、研究相对深入。与国外相比，我国深层成藏研究更多是在吸收国外新理论认识的基础上，分析和总结我国近年来在盆地深层油气勘探领域取得的重要突破，提出深层油气成藏总体认识，并探索深层条件下油气成藏机制、主控因素和富集模式。

3.6.1 深层成藏流体历史研究

国外早就认识到深层油气巨大的勘探潜力，并提出了一系列综合运用构造学、沉积学、地球化学方法的成藏流体历史研究的新方法。针对深部油气藏形成过程复杂、多期成藏－成岩作用交互发生的事实，近些年来的国际地质流体大会将沉积盆地和造山带流体流动和流体－岩石相互作用的定年列为一个重要主题，提出了根据化学再磁化作用确定与有机质成熟作用相关的烃源岩成岩过程的绝对年龄、运用放射性同位素（K–Ar）和稳定同位素（$\delta^{18}O$）并结合埋藏史分析确定断层排替和流体运动的时间、根据自生钾长石和伊利石 K–Ar 校正年龄确定水－岩相互作用的时间、运用沉积学和地球化学方法结合埋藏事件综合确定流体历史的一系列新方法。

3.6.2 深层油气成藏机制与过程研究

国外学者对深层油气成藏研究指出，盆地深层低渗储层油气藏之所以能够蕴藏如此丰富的油气量，主要原因在于：盆地深层条件下仍具有良好的油气生成和聚集条件，由此使得勘探范围明显扩大；盆地深层的油气性态及运聚散机理或过程与浅部或许不同，但油气成藏也并不一定需要苛刻的地质条件；盆地深层的覆盖条件良好，广泛存在的低渗含油气储层其本身就构成了良好的封闭条件，在后期遇到大的构造运动时，已聚集的油气不易散失。我国学者指出，深层高温高压条件引起流体相态特征、地层流体流动及其与地层岩石间关系发生很大的改变，有效的运移、聚集和保存的动力学能量配置也不一样；在较高温度压力条件下，地层流体的相态较为复杂，包括气态烃类、石油蒸气、液态石油、水蒸气和水等多种；油气藏中以油气混相和气相为主，仅有少量呈油相。由于高温高压条件，油气相互溶解，相变剧烈，形成大量凝析气藏；深部温压场条件下，流体体系还可能处于超 – 近临界状态，油气运聚的动力和阻力可能发生根本性的改变，从而导致成藏机理发生较大的变化。

3.6.3 深层油气成藏模式

与国外相比，我国在古老海相碳酸盐岩油气成藏模式研究方面成绩斐然，指出古隆起及其斜坡带、台缘带礁滩体、与蒸发岩共生的台内滩、深大断裂带控制深层大油气田形成与分布，主要发育 3 类成藏模式：①隆起斜坡区岩溶储层似层状大面积成藏模式，受隆起斜坡带区似层状岩溶储层控制，油气成藏经历了"浮力蓄能、裂缝疏导、洞 – 缝搭配控相、幕式充注、阶梯式运聚"过程，形成的油气藏以地层型油气藏为主，具有似层状大面积分布的特点；②古潜山风化壳岩溶储层倒灌式大面积成藏模式，受古潜山风化壳岩溶储层控制，上覆烃源岩形成的油气在源 – 储压力差作用下向下运移，形成的油气藏以地层型油气藏为主，具有沿侵蚀基准面呈薄层状大面积分布的特点；③礁滩储层大范围成藏模式，烃源岩形成的油气断层与不整合为运移通道，侧向运移、垂向运移并存，形成的油气藏以岩性油气藏为主，呈带状大范围分布。

3.7 深层地球物理勘探技术

我国地球物理勘探行业是发展较快、国际化程度较高的行业，基本上与国外技术发展同步。近年来，随着深层油气勘探工作量不断攀升，加大装备和针对性技术研究力度，针对深层的地球物理技术有了进一步发展，使探测深度能力和探测精度有了显著提高，形成了针对深层的重磁电、地震、测井技术系列，基本满足国内深层复杂构造、白云岩、火山岩等油气勘探需要。

3.7.1 重磁电技术对比

在仪器装备方面，我国磁法、电（磁）法观测仪器基本与国外保持同步发展，高精度重力观测仪器研制方面相对滞后，我国自主研发的高精度磁测仪器达到国际先进水平，而我国的高精度航空重力测量低于国际水平。技术应用方面，国外以海相地层油气勘探为主，通常地震勘探可以取得很好的应用效果；我国中西部地表和地下地质条件复杂，通过物探技术联合攻关，初步形成了针对复杂构造和复杂岩性的重磁电震联合采集和综合处理解释的勘探模式，已在深层油气勘探中发挥重要作用。

3.7.2 地震勘探技术对比

地震采集装备方面，我国自主研制的 ES109 新型地震数据采集记录系统填补了国内万道地震仪空白；地震采集方面，我国物探工作者通过优化激发和接收观测设计，实现了对地下目标均匀观测，"宽频带、宽方位、高密度"精细地震勘探技术得到推广应用，我国海上地震采集技术与国际相比存在较大差距；地震处理方面，国外开始应用基于波场传播理论预测面波，用减去法消除面波，这是值得重视的去噪方法，我国在技术应用方面总体与国外同行相近，在部分领域领先；地震解释方面，大致与国外同步，地震属性分析、地震相预测、地震反演和烃类检测等技术在国内得到广泛应用，特别是叠前地震反演技术在国内应用的广泛程度要高于国外。

3.7.3 测井技术发展对比

在电成像测井仪器方面，国外石油公司已经开发出高温高压指标为175℃/138MPa的深层测井仪器，我国中油测井公司推出高温高压指标达到175℃/140MPa的仪器，性能接近国外同类产品水平，但仪器稳定性有待进一步提高；在声波成像测井仪器方面，国外陆续开发出基于偶极横波的新一代成像测井仪，我国研发出的多极子阵列声波测井仪器MPAL与国外同类装备还存在差距；在测井处理解释软件方面，国外软件除了具备测井处理解释基本功能外，还可提供最好的信息提取和解释；国内研发的电成像处理解释软件根据国内测井处理解释需求，实现特色化定制和属地化定制，基本达到国际水平。

4 我国深层油气地质科学发展趋势与面临的主要问题

近年来，我国深层油气勘探以成藏理论认识为指导，以研发形成的关键技术为手段，通过不断探索，深层碳酸盐岩勘探获得了诸如塔里木盆地塔北南缘哈拉哈塘和塔中奥陶系鹰山组大面积岩溶储层、四川盆地川中古隆起震旦系–寒武系、鄂尔多斯盆地奥陶系中组合等一批重大突破与发现，深层碎屑岩勘探在塔里木盆地库车前陆盆地冲断带形成了万亿方勘探场面，深层火山岩勘探于松辽盆地深层、准噶尔盆地石炭系发现大气田，展示出深层具有巨大的油气勘探潜力。

但前期我国的油气勘探多集中在含油气盆地中浅层，深层油气勘探刚刚起步，针对深层油气地质研究很不完善，学科发展也很不均衡。总体看，无论是国内还是国外，深层油气勘探尚未形成可以直接指导勘探生产的理论认识，深层油气勘探面临的成盆、成烃、成储与成藏等关键基础地质问题与勘探评价技术尚处探索之中，亟须研究解决。

4.1 深层油气地质科学发展趋势

4.1.1 深层油气地质发展需求

4.1.1.1 保障国家油气供应安全的需要

我国油气供需形势日益严峻，原油对外依存度居高不下。据中国工程院预测，2020年中国的石油产量2.0～2.2亿吨；而2020年中国石油需求量将达到5.6～6.0亿吨，供求缺口不断扩大，届时石油对外依存度将超过60%。面对国际风云变幻，能源短缺成为制约我国经济与社会发展的直接原因，解决能源短缺、推进能源独立、保障能源安全成为保障国家建设、增强国家竞争力、维持国家社会经济可持续发展的第一要务。

中国能源形势面临前所未有的挑战，这就需要从根本上调整我国以煤为主的能源消费结构，提高电力、新能源在终端能源消费中的比重，加快发展清洁能源，提高天然气在国民经济中的能源占比。2013 年 1 月 1 日，国务院正式印发《能源发展"十二五"规划》，指出我国能源战略总目标是保障能源安全、保护生态环境、提高能源效率，构建具有中国特色安全、经济、高效、绿色的现代能源体系。由此可见，能源问题已经成为我国社会经济发展面临的重大战略问题。

深层拥有丰富的油气资源，是油气工业持续健康发展的重要战略接替领域。但深层处于叠合盆地下构造层，与上构造层中浅层比，油气地质条件与资源赋存特征有其特殊性，传统的石油地质学理论和勘探技术体系在深层油气勘探发展面临新的挑战。基于深层勘探生产需求，梳理研究难点与技术瓶颈，明晰研究方向，确定研究重点，形成有效解决深层勘探发展的学科体系，将深层油气地质认识转化为领域与方向、将深层油气资源转化为油气储量与产量，是解决我国油气供应安全的重要途径之一。

4.1.1.2　学科发展的需要

地质学是研究地球的物质组成、内部构造、外部特征之间相互作用和演变历史最大限度开发利用地下矿产资源的一门学科，是与数学、物理、化学和生物并列的自然科学五大基础学科之一。地质学的产生是人类社会对石油、煤炭、金属、非金属等矿产资源需求的结果。由地质学指导的矿产资源勘探是人类社会生存与发展的源泉。

作为现代地质学中一门应用分支学科，石油地质学的产生、发展和不断完善，始终与油气勘探实践紧密相连。油气勘探是人类认知地下油气资源的一项经济和社会活动，同样有其自身的发展规律。我国发育的含油气盆地以叠合盆地为主，叠合盆地最大的特点，长期的地质演化过程中形成深层和中浅层两大成藏系统。随着油气勘探工作的不断深入与发展、科技水平不断提高，许多大型沉积盆地的中浅层蕴藏的油气资源基本被发现，进一步勘探发现新储量的难度加大。要确保油气工业持续健康发展，勘探工作向深层领域延伸就成为必然选择。

随着对油气资源需求的不断增加，当前全球都加大了对深层油气的勘探开发力度，人们也逐渐把注意力转移到了含油气盆地的深层。在国外，很多国家在深层油气的勘探开发上已经取得了骄人的成绩。而我国的深层油气勘探主要开始于 20 世纪 70 年代对渤海盆地深层油气勘探工作，客观而言，起步相对较晚。因此，发展深层油气地质学，是中国油气勘探实践活动和学科发展的迫切需要。

4.1.2　深层油气地质学发展趋势

4.1.2.1　多学科交叉融合态势明显

近年来，其他基础学科，如物理学、化学、数学、生物学、天文学等学科的发展，为深层油气地质学的发展提供了重要的基础理论支撑。与地质学具有一定交叉性和融合性的学科，如地球物理、地球化学、海洋地质、同位素地质、实验地质、遥感地质等学科的发展为探测深层油气地质提供了更多直接的证据。科技进步所带来的技术手段的飞速发展和应用，如高分辨率与高精度的观测技术（包括地球物理、遥感、重磁等）、高灵敏度和高准确度的分析测试技术（包括微粒、微量、纳米级和超微量）、不同条件下的实验模拟技术（包括高温、高压等）、高性能计算机分析技术（包括数值模拟、数字化地球等）、极端条件下的钻井工程技术（包括深海大洋钻探、极地钻探等）等，则是实现深层油气地学发展的推动力。

深层油气地质学存在诸多未知领域，如高温高压条件下有机质生烃模式、高热演化程度有机质生烃量、深层有机与无机元素之间的相互作用、热液流体的作用、特殊岩性的孔渗变化规律、深部储层的水-盐反应规律、超临界状态流体研究等多个方面。以上领域的突破需求，将促进深层油气地质学及其下属分支学科的交叉发展，同时也有待于深层油气地球化学、深层构造地质学、深层沉积学、深层储层地质学、深层油气成藏等多学科联合攻关，也需要数学、物理学、化学、生物学、天文学等基础学科向深层油气地质学的进一步渗透。所以，多学科相互渗透、交叉融合发展，已经成为大势所趋。

4.1.2.2　学科研究从定向定量化发展

实验与模拟技术的进步将促使深层油气地质学不断走向定量化。定量化是科学的发展趋势之一，深层油气地质学也不例外：新的实验方法的产生、模拟技术的进一步改进等，可促进深层油气地质学不断走向定量化；随着深层钻探的不断开展，将有更多的岩石、油气等样品可供开展实验，可促进深层油气地质学不断走向定量化；随着工艺技术的进步、新的实验设备的出现，使得一些极端地质条件（如更高温压环境）也可以在实验室中进行模拟，可促进深层油气地质学不断走向定量化；随着计算机等技术的不断发展，一些超大数据的复杂地质条件计算机模型分析将陆续开展，也可促进深层油气地质学不断走向定量化。

4.1.2.3　学科发展更加紧结合我国深层油气地质特殊性

我国老一辈石油地质工作者曾经结合我国具体地质特点，提出了陆相生油理论。而深层油气地质学的发展也离不开中国深层油气地质的特殊性，主要包括：①很多盆地经历过多期构造运动叠加、改造。尤其是西部叠合盆地，深层盆地原型可能与浅层存在很大差异；②烃源岩发育时代多、类型丰富。从元古代到古生代、中生代、新生代地层，深层均有烃源岩发育；烃源岩发育环境包括海相、陆相及海陆过渡相；有机质来源既有低等水生生物，也有陆生高等植物；③储集层类型多样，孔隙发育机理不同。目前已发现的深部储层有以东部为代表的碎屑岩、以四川盆地为代表的碳酸盐岩、以大庆深层为代表的火成岩等多种类型，其储集空间类型、孔隙发育机理等各不相同。

只要紧密结合中国深层油气地质的特殊性，针对制约勘探突破发现与规模增储的关键地质问题和技术瓶颈，展开持续攻关，深层油气就一定会蓬勃发展、生机无限。

4.2　深层油气地质科学发展面临的主要问题

4.2.1　多期构造运动相互叠加，原型盆地恢复与油气成藏条件演化历史重建难

盆地是油气赋存的场所，盆地演化控制了油气藏形成的动力学条件和背景。深层处于

含油气盆地的下构造层，与盆地形成过程相对应的充填过程和层序的发育是盆地动力学过程的相应，受盆地构造作用、气候条件、物源体系变动等多种因素综合控制。其中，构造运动与演化是最重要的控制因素。尽管前期对于叠合盆地深部构造发育的大地构造背景、成因机制和地表与地下的耦合机制都有了一定程度的认识，但由于深层经历的构造运动期次多，不同期次的构造运动变动过程的恢复与叠合认识难度大，一些制约含油气盆地构造变动过程的恢复与叠合的基本构造问题尚处探索之中，如多期构造运动过程叠加与深部原型盆地恢复问题、多期构造过程叠加与深部地层埋藏历史恢复问题、多期构造过程叠加与深部温压场演化历史恢复问题、多期构造过程叠加与深部地层应力应变响应问题等，都有待于研究解决。不搞清深部原型盆地类型及展布、沉积充填历史与油气成藏条件演化过程，就不可能搞清深部油气藏的形成与分布。同时，我国晚期构造运动强烈，尤其是近代的喜马拉雅运动，不仅对早期形成的构造格局有着重大影响，更为重要的是对深部早期形成的油气藏进行再次的调整与改造。深层油气成藏研究，不考虑这些因素对深层油气藏的形成、演化和最终定型的影响，就不可能客观揭示深层现今的油气富集与分布规律，也就不可能选准有利勘探区与突破目标。

4.2.2 深部油气来源与演化历史复杂，资源潜力与有利勘探区预测难

按照经典生烃理论，油气是沉积盆地中的有机母质在适度的温度（60 ~ 135℃）和压力（埋深间于 1500 ~ 4500 米）条件下主要受热降解作用生成的。这一传统的生烃模式很难解释塔里木盆地目前在台盆区埋深 6000 米以下超深层仍然发现大量的液态石油和高温裂解天然气，四川盆地于埋藏 5000 米以下的震旦 – 寒武系发现高石梯 – 磨溪储量规模超万亿立方米大气田。近期研究认为，这些大型叠合盆地深层发现的大量液态石油与高温裂解气来源于盆地深部，至少提出了五种成因机制，包括烃源岩递进埋藏与退火受热耦合作用液态窗长期保存、烃源岩干酪根热裂解成因、原油裂解成因、烃源岩滞留液态烃"接力"生气、沥青热裂解成因等。目前的勘探实践揭示，叠合盆地深层发现的天然气往往是不同成因类型天然气在同一盆地并存，油气来源非常复杂。

基于我国叠合盆地深层时代老、演化程度偏高、高 – 过成熟阶段干酪根热裂解生气潜力有限的现实，从事油气地质研究的广大专家、学者，开展了大量探索性研究，在深层油气来源与成因方面取得了重要的成果认识。如提出的有机质"接力成气"模式，明确提出滞留源岩内分散可溶有机质是高演化阶段最重要的气源，并将其扩展到深部地质体评价。相当多的学者支持叠合盆地深层古油藏原油裂解成气观点，塔里木盆地塔中地区干酪根热裂解成因与原油裂解气的含量分别为 13.2% 和 86.8%，四川盆地发现的天然气主体来源于古油藏原油裂解气。目前的问题是，发生过原油裂解的古油藏的分布尚难确定，致使深层油气来源和相对贡献确定难度大，而这些又是深层资源潜力与领域、目标评价的基础。

4.2.3 深部规模优质成因机理复杂，有利勘探方向与目标优选评价难

随着国民经济对油气能源需求量的持续增加和油气勘探工作的不断深入，油气勘探领域向深层进军已大势所趋，开发深层油气资源已成为增加油气产量的重要途径之一。但在

环境上，深层温度高、盐度高、应力复杂、异常压力普遍。同时，成岩作用强烈，多已进入成岩晚期，储层质量与规模已经成为叠合盆地深层油气勘探的主要瓶颈之一。

近期的勘探实践表明，我国含油气盆地深层发育优质储层。四川盆地发现的普光气田，含气层下三叠统飞仙关鲕滩灰岩和上二叠统长兴组生物礁灰岩，埋深大于 5000 米的储层孔隙度最高达 27.9%，平均孔隙度接近 8%；发现的高石梯 - 磨溪大气田，含气层是震旦系灯影组和寒武系龙王庙组白云岩，溶蚀作用强烈，埋深 5000 米以下储层孔隙度最高可达 12.5%，平均孔隙度接近 6.5%。但深部储层埋藏深，储层物性的好坏受控于原始沉积相带和后期埋藏过程中的成岩演化、构造叠加和深部热流体综合作用。总体看，叠合盆地深层优质储层类型多样，优质储层形成既与原始的沉积岩相有关，也与后期的构造变动（包括期次、强弱、形式）有关，还与深部高温高压作用和热流体活动有关。深部储层因埋藏较深、演化历史长，成因机制多变，有效储层形成机理难以把控，发育模式构建难，分布预测难度大。要成功预测深部规模有效储层，需要解决两个方面的科学问题：①地质 - 地球物理一体化预测评价技术，要在搞清深部有效储层的基本类型、不同类型有效储层主控因素与成因机制的基础上，建立发育分布模式，研发深部裂隙介质的探测技术，发展薄互层砂岩、碳酸盐岩礁滩体、火山岩储层地质 - 地球物理预测与烃类检测技术，解决深部储层成因机理、发育模式与分布预测面临的地质认识与技术难题。②优质储层控制面临的基础地质问题，包括裂缝和溶洞型储层的成因机制的研究涉及多期构造变动和多期流体活动及其关联性、地质分析与成因模拟相结合的技术思路与方法、裂缝与溶蚀孔洞分布特征及两者的共生性和关联性、高温高压条件下流体 - 岩石作用机制等。

4.2.4 深部油气成藏过程复杂，复合成藏机制与油气富集规律把控难度大

含油气盆地深层因埋藏深，经历的演化历史长，与中浅层相比，成藏机制与成藏过程差异较大。首先，从成藏条件看，中浅层地层温度低、压力低，储层物性条件相对较好，油气运聚主要受浮力控制，盖层条件是形成油气藏必不可缺的地质要素；而深层地层温度偏高、流体压力偏大，储层相对致密，油气运聚受多种动力条件控制，盖层条件对成藏控制作用相对弱化。从成藏过程看，中浅层油气成藏期相对较晚，成藏过程相对简单；深部地层成藏作用往往是中浅层成藏和深部成藏作用的叠加与复合，既有埋藏过程中多源成藏作用的叠加与复合，也有多期、多阶段成藏过程的叠加与复合，更有多动力成藏过程的叠加与复合，成藏条件、成藏过程、成藏动力机制复杂多样。从油气分布看，中浅层油气分布主要受常规烃源灶、有利构造带、区域盖层和有利相带四大地质要素的匹配关系控制；而深部地层油气成藏，除受这些地质要素控制外，还受深部裂解烃源灶、构造背景、深部次生孔隙发育带以及规模有效储层等更多地质要素控制。

总体看，深层油气成藏虽然在某种程度上有着与中浅层油气成藏相似的规律，但在油气成藏的温度条件、压力条件、储集岩成岩阶段与演化，以及成藏动力学机制与成藏过程存在着较大差别。搞清深部油气复合成藏机制和富集规律，需要解决三方面的科学问题：①深层大油气田成藏条件与成藏背景面临的基础地质问题，包括烃源灶的规模性、有效性

与成藏贡献，优质储层的形成、演化与成藏期成藏演化过程的关系，高温高压条件下油气聚集运聚机制与成藏下限等；②深层油气成藏与分布问题，包括深部与中浅层油气成藏的动力学边界条件判识、深部和中浅层油气成藏过程的叠加与复合、深部油气富集主控因素与分布模式等；③深部油气分布预测评价技术，包括深部成藏动力学机制与成藏过程模拟技术、油气成藏与分布建模技术、油气层识别与描述技术、油气检测技术以及地质 – 测井 – 地球物理一体化预测评价技术等。

5 深层油气地质学发展思路与重点发展方向

5.1 发展思路与发展目标

5.1.1 发展思路

我国含油气盆地深层勘探领域广阔，资源潜力大，具备发现大中型油气田的物质基础，是我国油气资源战略接替，实现"二次创业"的重要领域。但中国含油气盆地经历了多旋回构造运动的叠加与改造，导致不同地区、不同盆地深层油气勘探一些深层次的基础地质问题尚未解决，勘探评价技术尚未形成，严重制约了深层油气勘探开发进程。深层油气地质学发展需要做到三个结合：①学科发展与国民经济和社会发展需求相结合，以最大限度开发利用深层油气资源为己任，以基础地质学科发展带动深层油气地质理论认识发展。②基础地质研究与勘探生产需求相结合，围绕深层油气勘探需求，以解决深层勘探面临的基础地质难题为立足点，加强基础地质攻关研究，创新地质认识，为勘探发展提供有效的理论认识支撑。③学科研究与勘探实践相结合，以"多期构造活动背景下深层油气聚散机理与富集规律"核心科学问题为着眼点，突出构造演化这一主线，把握烃源岩、储层、保存有效性三大重点，理论创新与勘探实践、区域评价与目标评价、地质研究与评价技术有机结合，实现学科研究、生产应用、勘探部署一体化发展。

深层油气地质学发展思路是：着眼学科发展的实用性、突出学科发展的原创性、推动学科发展的系统性，推动深层油气勘探持续稳定发展，提升深层油气勘探整体效益。

（1）着眼学科发展的实用性。着眼实用性就是要立足深层油气成藏是多种地质要素的叠加与复合的现实，以深层油气勘探需求为立足点，以构造演化对深部地层油气成藏的影响为主线，以油气成藏条件与成藏过程恢复为重点，着力解决多源、多期、多阶段成藏地质条件演变与成藏动力机制面临的关键性认识难题，夯实深层油气地质学科发展基础。

（2）突出学科发展的原创性。地质研究与油气勘探相辅相成，地质认识的突破是油气勘探突破的关键。深层油气地质学科的原创性主要体现在，针对叠合盆地深层油气勘探面临的"多期构造过程叠加与深部油气生成演化、深层有效储层形成机制与分布模式、深部油气复合成藏机制与富集规律"三大世界油气地质研究领域前缘学术难题，充分调动和发挥广大油气地质学家的积极性和创造性，组建产 – 学 – 研一体化攻关研究团队，针对具有牵动性、辐射性和革命性的勘探理论与评价技术联合攻关，创新深层油气成藏理论认识，创建深层勘探评价技术，特别是核心学科问题的解决拥有自主知识产权，解决深层油气勘探面临的理论认识与评价技术难题。

（3）推动学科发展的系统性。深层油气勘探是一项巨大的系统工程，涉及油气勘探的方方面面。尽管世界上已发现的油气田（藏）有着基本相似的成藏背景与条件，但由于深埋地下的地质体所处的地质背景千变万化，致使成藏背景与成藏机制差异巨大，形成的油气田（藏）既有共性，更有差异性，需要从事油气地质研究的专家、学者发挥各自的专业优势，立足具体研究对象，总结提炼成藏共性规律，剖析凝练成藏个性特征，并将共性规律、个性特点与评价方法有机集成，系统构建深层油气地质理论认识与评价技术体系，解决深层油气勘探面临的理论认识与评价技术难题，推动深层油气地质学科发展。

（4）推动深层油气勘探持续稳定发展。深层油气地质学科发展的着眼点是要解决深层油气勘探面临的重大科学问题，要通过深层高温高压环境油气生成与演化机制研究，为深层油气勘探提供地质依据；通过深埋环境下有效储层成因机制与发育模式研究，为深层油气勘探提供有利方向与目标支撑；通过深埋条件下多源、多阶段、多动力成藏过程研究，建立油气成藏与分布模式，为深层油气勘探提供理论认识指导；研发集地质－测井－地球物理一体化预测评价技术，通过精心评价明确深层油气勘探潜力和有利领域，为深层油气规模勘探、储量快速增长提供领域和目标保障。

（5）提升深层油气勘探整体效益。通过深层油气地质学科发展，解决制约深层油气勘探面临的关键科学问题，为深层油气勘探明确勘探方向、选准勘探领域、优选突破目标提供有效的理论认识指导与评价技术支撑，最大限度降低勘探风险，提升钻探目标成功率与勘探效益，推动深层油气勘探发展。

5.1.2 发展目标

总体原则是以推动深层勘探持续有效发展带动学科发展，以学科发展支撑深层油气勘探持续有效发展。总体发展目标是，以国家、教育部和油公司重点实验室建设为基础，依托国家油气专项、油公司重大科技专项以及油气田企业重大科技项目，立足大型叠合含油气盆地，通过创新深层油气地质认识，发展深层勘探评价技术，构建深层油气地质理论认识和评价技术体系，为实现深层油气勘探战略突破、规模增加油气储量、提高深层油气产量占比提供有效的理论认识指导与评价技术支撑，推动深层油气勘探持续有效发展。

深层油气地质研究以高温高压条件下烃源岩生排烃机理与不同类型烃源灶的规模性和有效性、高温高压条件下成岩机制与规模优质储层成因机制、叠合盆地深层油气复合成藏机制、高温高压条件下油气成藏下限与烃类保存机制、深层大油气田形成条件与分布模式为重点，通过 5～10 年努力，创建深层油气勘探理论认识，解决深层油气勘探领域、勘探方向与目标优选评价面临的理论认识难题；深层油气勘探评价技术以油气富集与分布特征为基础，本着地质－测井－地球物理一体化评价思路与原则，消化吸收前期研究成果，创新发展针对性评价技术，解决深部油气资源潜力与资源经济性、有利储层与分布、有利勘探领域与目标优选评价面临的技术难题。

5.2 深层油气地质学重点发展方向

基于上述分析，未来 5 ~ 10 年，我国深层油气地质学科发展方向如下：

5.2.1 深层油气构造地质学

尽管我国含油气盆地构造研究，实现了从简单盆地形态描述性分类发展到地球动力学过程分析、引入大地构造理论有效解释了盆地形成与分布规律、构造样式分析有效预测了油气圈闭与油气藏类型、地质、地球物理资料相结合开展原型盆地恢复等，但基于中国独特的地域和独特的构造环境。①缺乏我国独创、同时又得到国内外普遍认同的盆地构造理论、概念和模式；②盆地构造研究技术方法和试验手段相对薄弱，描述性分析多，提出的假说、模式和概念得不到试验和探测数据的支持，限制了理论和方法的创新。针对含油气盆地构造研究存在的不足和中国含油气盆地的独有特征，深层油气构造地质重点研究领域主要集中在以下几个方面：

（1）盆地形成演化的地球动力学过程和原型盆地恢复方法技术。中国含油气盆地以叠合盆地为主，随着勘探发展深层将成为油气勘探增储的重要接替领域，搞清盆地演化动力学机制，恢复成盆历史，搞清原始盆地古构造背景与岩相古地理格局，是深层油气勘探评价的关键，也是深层油气构造地质学科研究重点。具体内容包括：叠合盆地在不同演化阶段盆地原型及沉积相带恢复、叠合盆地多期次变形和改造过程、叠合盆地关键构造变革期的确定及其对盆地转型的影响、叠合盆地多层次变形的叠加与改造、叠合盆地古构造应力场分析以及温压场的演变过程等。

（2）盆 - 山耦合和深 - 浅部耦合关系研究。以盆地和造山带构造、层序、石油地质基础研究和大陆岩石圈结构构造探测为基础，通过对造山带构造、沉积层系研究，揭示盆山耦合过程和动力学特征及其对成盆、成烃和成藏的影响；研究盆地和造山带大陆岩石圈结构和动力学机制，获得深部岩石圈结构的空间展布状态，建立盆山耦合的地球动力学模型。

（3）深层各级各类构造的三维精细描述和盆地构造模拟技术。在借鉴国外相关盆地构造研究相关方法技术基础上消化吸收，创新发展盆地构造模拟技术；以地质、地球物理、构造模拟等资料的综合分析为基础，以断层相关褶皱等理论认识为指导，开展盆地构造三维精细结构解释，建立逼近地下环境的不同构造性质、不同构造单元地质体的构造变形机制与构造模型等。

（4）温度场、压力场和应力场的耦合作用研究。为揭示盆地构造压力场、地温场和压力场对油气藏形成与演化的影响，以地质、地震、钻井资料为基础，以分析测试以及数值模拟方法技术为手段，研究不同期次构造变形的几何学与运动学特征，恢复埋藏历史及构造叠加过程，确定关键构造变革期；开展岩石物性、岩石力学、古温标与压力等参数分析，建立不同构造层构造物理模型与数学模型；以构建构造数值模拟方法为手段，恢复不同构造变革期的古构造应力场与古温度场，建立多期叠加过程的构造应力场、地温场与压力场模型，研究其耦合作用特征。

5.2.2 深层烃源岩地球化学

深层古老地层的生烃潜力问题，既是地球化学家致力探究的基础地质问题，也是油气勘探家们关注的热点问题。近年来，烃源岩研究尽管在古老烃源岩物质组成、生烃机理及判识、生烃潜力评价等方面开展了大量卓有成效的研究工作，将"单峰"式生烃模式完善为"双峰"式生烃模式、创建了有机质"接力成气"和煤系源岩"双增加"成烃模式；认识到古老地层发育有机质（干酪根）热裂解作用形成的常规烃源灶和古油藏、烃源岩内滞留液态烃裂解形成气源灶两类烃源灶，都可以规模供烃等众多创新性成果，但深层因地层古老、埋藏深、温压场演变历史复杂，烃源岩的物质组成、生烃机理、烃类保存、流体与岩石物理化学性质一直处于探索之中，还有众多的基础地质问题尚未解决。深层烃源岩地球化学重点研究领域主要集中在以下几个方面：

（1）前寒武系古老烃源岩发育机制与时空分布：以分析测试与模拟方法技术为手段，以有机分子化石和同位素分析资料为基础，确定古老烃源岩有机质物质组成；以古海洋氧化进程及海洋化学结构、富硫水体、最低含氧带研究为基础，重建古海洋有机质储库的形成与演化历史；以冰期－间冰期旋回期沉积物的精细解剖为基础，研究不同海洋环境下的生态群落构成及演变历史，分析不同生烃母质类型生物对初级生产力和成烃的贡献，明确古海洋化学结构天文、地质及气候事件对初级生产力和烃源岩发育的控制作用，建立古老烃源岩发育模式，评价生烃潜力。

（2）高温高压环境有机质赋存方式和生排烃机理研究：运用热模拟实验数据和实际样品的对比、原位镜下鉴定与化学降解方法，以矿物表面物理化学性质及其与油气水相互作用机理研究认识为基础，以揭示古老烃源岩高－过成熟阶段不同类型有机质的赋存状态及其生气途径与生气潜力为目标，重点开展地质条件下油气排驱滞留机理及其控制因素、原油／分散液态烃（残留烃）裂解过程中沥青质的生成／裂解动力学、原油沥青质／固体沥青和重烃气的再生气潜力及其地球化学表征、烃类保存下限等研究，探究在不同温压条件下多烃源、多阶段生烃演化过程及生烃潜力，构建不同类型有机质生气模式和预测模型，评价天然气资源潜力和工业保持下限。

（3）超临界条件下有机－无机复合生气机理。选取富有机质烃源岩中与有机质密切共生的无机元素（U、Fe、Mo、Ni、V、Cr等），开展超临界条件下烷烃及非烃类物质在矿物表面吸附作用下无机分子－有机质反应动力学模拟实验和原位检测实验，运用量子化学计算单体化合物与无机介质发生有机－无机反应的能垒、反应过程及同位素分馏效应，获取超临界状态下不同产物生成的动力学参数，地质推演得到典型含油气盆地不同水－岩－有机质体系油气和不同产物的演化特征；明确影响深层有机质生烃演化的主要无机介质条件及其作用机制，建立有机－无机复合生烃定量评价模式和表征参数体系。

（4）多期构造叠加与深部油气生成演化研究。根据中国独特的构造环境，以不同期次构造演变特征为基础，研究构造过程叠加对温压场演化、应力与应变响应、高温压条下油气生成与演化影响；以高温高压条件下物理模拟实验为基础，研究不同来源的天然气成因机制、油气相态转化机制与潜力；以生标绝对定量对比和岩石包裹体单体烃碳同位素分析为基础，研究不同来源天然气对成藏贡献，建立不同成因类型油气来源判识方法。

5.2.3 深层沉积地质学

针对深层沉积地质学研究，前期以跨重大构造期沉积盆地的岩相古地理与浅水三角洲砂体发育模式为基础，初步构建了深水沉积砂体分布、碳酸盐岩沉积、富有机质页岩沉积等沉积新模式，形成了地震沉积学分析、遥感沉积学分析、数值模拟沉积相建模、数字露头研究等新技术、新方法，为深层沉积学理论发展和工业化应用提供了重要基础。但基于中国独特的小克拉通盆地特性，目前普遍采用国外基于现代沉积与中新生代碳酸盐岩沉积研究认识建立沉积模式，缺乏基于我国实际地质条件、同时又为国内外普遍认同的沉积学理论和模式。针对含油气盆地深层沉积体系研究存在的不足，深层沉积体系重点研究领域主要集中在以下几个方面：

（1）重大构造期、重大事件沉积岩相古地理研究。将沉积学与构造地质学相结合，应用沉积学理论、技术与方法，通过地层与岩性对比、沉积结构构造、物源分析、重矿物分析、古环境分析、同位素年代学和旋回地层学等分析，从沉积碎屑纪录、多种元素同位素、矿物和地球化学特征等多方面信息入手，重建不同历史时期的古气候与古地理格局，解决全球性烃源岩与红层分布、不同级次层序界面分布、湖 – 海平面响应等基础地质问题。

（2）陆相盆地沉积动力学机制研究。根据中国构造背景特点，应用源 – 渠 – 汇沉积体系分析方法，分析盆地构造、古气候、古水文、古地貌特征，研究造山带剥蚀与沉积盆地的沉积过程、地貌演化、物源以及气候对沉积体的影响；分析单向水流、多相水流对砂体分布的影响，建立多维变化不同沉积体系模式。

（3）碳酸盐岩微地块沉积模式研究：根据中国小克拉通盆地发育特点，通过典型碳酸盐岩沉积体系分析，研究古老大型碳酸盐岩地质体的建造和破坏过程，建立小克拉通盆地碳酸盐岩沉积模式；研究大面积分布白云岩与微生物岩成因，解决白云石成因机理与分布预测难题。

（4）细粒与混积沉积体系研究。细粒与混积岩岩性复杂，研究方法不系统，需创新建立细粒与混积岩研究方法体系；通过海、陆相典型细粒、混积岩沉积岩石学、地层古生物、元素地球化学等分析，研究细粒、混积沉积的地球化学与生物过程，建立统一的岩性分类体系；通过沉积物理模值模拟，明确细粒、混积岩沉积动力学机理，明确富有机质页岩分布规律。

（5）多尺度地质建模与标准化研究。深层油气田勘探开发实践对精细地质模型的建立提出了新的需求，沉积体构型和内部结构解剖成为储集体描述的重点。通过对沉积露头和密井网区资料的精细解剖，与现代沉积进行对比分析，并通过水槽实验加以验证，得到不同尺度沉积体构型的分布规律和地质统计学描述参数数据，建立标准模型，用于指导深层油气勘探评价预测。

5.2.4 深层储层地质学

深层储集层在埋藏过程中通常经历了较长的地质历史时期，多次成岩事件叠加使储集层发育控制因素更加复杂。前期针对深层碎屑岩、碳酸盐岩、火山岩、变质岩等类型储集层，从深层储层岩石学特征、埋藏压实作用效应、孔隙保存、溶蚀改造作用等方面进行了分析研究，在成因机理与储层评价预测方面取得了一些新认识。但对于不同地质背景、不同岩性的储集层，各种因素对孔隙影响程度差异很大，确定不同地质背景、不同岩性储集层保孔、增孔主控因素是深层储集层研究的核心问题。针对深层储层地质研究存在的不足，深层储层地质重点研究领域主要集中在以下几个方面：

（1）深层温度场、压力场、流体体、应力场的耦合作用与成岩演化研究。为揭示深层温度场、压力差、应力场、流体场对储层孔、洞、缝发育与演化的影响，以岩矿、地球化学、同位素等分析测试，研究不同成岩期次温度、压力、应力、流体演化对储层发育的影响作用，通过成岩物理数值模拟方法，正演储层演化过程中上述"四场"演化规律，建立多期次成岩演化叠加过程模型。

（2）深层碳酸盐岩有效储层形成保持机制与规模有效储层分布评价预测研究。通过分析深层碳酸盐岩储层储集空间（孔、洞、缝）成因类型，建立不同古气候 – 古海洋环境碳酸盐岩储层发育模式；探讨深层 – 超深层白云岩成因与构造 – 热流体改造机制和深埋岩溶型碳酸盐岩有效储集体发育机理与主控因素，研究深层碳酸盐岩储层裂缝成因机理，建立多尺度动态叠合过程碳酸盐岩储层发育模式，评价预测规模有效储集体分布。

（3）深层碎屑岩有效储层形成保持机制与规模有效储层分布评价预测。通过分析深层碎屑岩储层孔隙成因类型与非均质性（微裂缝、微纳米孔等），探讨深部成岩过程与孔隙发育保持机理（原生孔与正常压实作用、欠压实与油气早期进入、沉积相/速率、溶蚀作用等），开展深部储层演化成岩物理模拟，明确深层有效储层形成机制及储层物性下限，评价预测规模有效储集体分布。

（4）深层有效火山岩、变质岩储层形成保持机制与规模有效储层分布评价预测。深层火山岩、变质岩储层岩性、岩相复杂，储层空间展布与内部结构更复杂，孔、洞、缝发育，储渗组合类型多，储渗能力差异大。通过分析火山岩、变质岩储层发育的构造环境，建立储层岩性 – 岩相特征及地质模式，明确储层储集空间成因类型及其非均质性特征，探讨火山（变质）作用、热液蚀变、后期溶蚀改造等作用对孔隙形成和演化特征的控制作用，建立不同类型储层发育模式，评价预测规模有效储集体分布。

5.2.5 深层油气成藏地质学

尽管针对不同地质背景和油气藏类型地质特征，提出了典型断块油气藏、冲断带复杂构造油气藏、岩性地层油气藏、碳酸盐岩油气藏、非常规油气藏等油气藏成藏模式，总结了典型油气藏的分布规律与控制因素，形成了断陷盆地复式油气带、岩性地层油气藏大面积成藏等理论认识。但深层油气藏处于高温高压环境，目前缺乏针对这种高温高压下流体的赋存、岩石力学性质的定量化描述和数学模型，深层油气成藏机制与成藏模式有待深化、油气富集与分布模式有待完善。针对深层油气成藏研究存在的不足，深层油气成藏地质学重点研究领域主要集中在以下几个方面：

（1）深层流体物理性质与岩石力学性质。以深层油气藏流体温度、压力、应力、盖层类型等油气藏基础资料为约束，以高温高压 PVT 实验、三轴应力岩石力学实验为手段，重点研究：深层油气水 PVT 特征；不同尺度孔隙结构中高温高压油气赋存状态及其数学模型；高温高压下岩石力学性质及其控制下的盖层封闭完整性变化。

（2）深层油气成藏机制与成藏下限。以典型油气藏解剖为基础，通过高温高压下油气充注实验、盖层突破实验、盖层破裂实验，结合流体动力学数值模拟，研究油气充注和运移机制、油气的封闭机制、油气保存机制，确定油气成藏下限，建立不同充注条件下深部储层含油气性预测模型。

（3）跨构造期深层油气藏成藏过程与模式。针对我国深层油气藏跨构造期成藏、多期改造特点，通过储层沥青分布解析、流体包裹体分析，结合圈闭古构造演化，研究油气藏成藏期次、时间，厘定古油气水界面，恢复古油气藏的分布范围，建立不同地质背景下深层油气藏成藏模式。

（4）深层油气分布规律与控制因素。通过典型含油气盆地深层油气藏形成的构造环境、烃源岩特征与演化、储层发育特征、储盖组合、油气藏类型等地质分析，在油气成藏机制和成藏过程研究基础上，揭示深层油气分布规律，明确深层油气分布的主控因素，预测深层油气的资源潜力。

5.2.6　深层地球物理勘探技术

随着勘探发展，地球物理勘探技术已经成为研究地下地质构造、沉积体系、储集层与油气圈闭空间展布的重要手段，为油气勘探发展做出了重要贡献。但我国含油气盆地深层多期构造、多类型目标叠加复合，尽管前期针对深层地质目标的特殊性开展了大量攻关研究，但技术发展一是存在基础相对薄弱，以跟随为主，基于中国具体地质条件的技术创新性不够；二是攻关形成的有效技术应用局限，技术有形化建设相对滞后；三是相对落后的精密仪器设计与生产水平制约着高精度的探测技术发展等。例如，耐高温高压的测井装置、高灵敏度的重磁电采集仪器等。针对深层地球物理勘探技术存在的不足，重点研究领域主要集中在以下几个方面：

5.2.6.1　地震勘探技术

针对深层油气勘探开发具有高风险、高难度、高投入的特点，地震勘探技术强化资料采集、处理和解释一体化，提高资料信噪比和成像精度，为优质储层预测、裂缝检测、含油气性识别奠定基础。为此，未来深层地震勘探重点发展以下 5 方面关键技术：

（1）宽频数字化地震采集技术。发展适应"两宽一高"采集的地震装备与软件，包括低畸变、宽频带的可控震源，全频段数字检波器，超大道数（50～100 万道）全数字地震仪（无线或节点），新一代开放式地震采集软件系统等。

（2）高精度保幅地震成像技术。重点发展适应宽频带、宽方位和高密度地震采集数据的各类叠前偏移成像和参数反演技术，包括全波形地震反演技术，着重提高计算的效率和精度，深化复杂地区速度建模技术，发展与之配套的各类叠前多域去噪、真振幅恢复、高分辨率处理、各向异性速度分析等技术。

（3）复杂储层定量预测技术。以岩石物理实验为基础，建立次生灰岩、白云岩、火山岩、致密砂岩和裂缝储层等复杂储层岩石物理模型；结合跨频带岩石物理分析技术，发展叠前弹性参数、各向异性参数、流体特征参数和脆性参数反演技术，定量刻画储层和流体特征，预测地质"甜点"和工程"甜点"，形成岩石建模 – 地震反演 – 储层定量描述的一体化技术和软件。

（4）智能地震储层综合解释技术。以地震大数据为基础，综合利用地震数据、地震属性数据和地震反演数据，发展智能地震综合预测技术，包括地震数据挖掘和地震特征挖掘技术，提高深层储层和流体定量预测能力；基于地震、地质、测井、油藏工程信息，发展油藏综合描述和动静态建模技术，为深层复杂区的井位优选提供支持。

（5）推进产学研一体化，加大对具有自主知识产权的国产地震采集、处理和解释软件研发和推广应用的支持力度。

5.2.6.2　非地震勘探技术

随着勘探深度的不断拓展，地震勘探获得有效资料信息的难度不断加大，地震勘探技术与非地震勘探技术的结合成为解决深层地质结构、构建地质模型的有效途径。基于我国目前深层勘探面临的挑战，未来重点发展重、磁、电、震综合勘探技术：

（1）重磁电震一体化综合采集技术。以深层勘探地质需求为导向，以解决地质结构、地质建模为目标，本着地震与非地震勘探技术优势互补、最大限度提高资料质量与精度的原则，研究技术参数，建立综合地球物理资料采集技术流程和技术规范，加强重磁电震一体化综合采集技术攻关。

（2）高精度非地震勘探技术研发。重点加强高精度航空重力测量技术、海洋可控源电磁勘探技术攻关，为我国深部地质和海洋地质研究提供经济快捷和品质优良的基础物探资料。

（3）重磁电震联合反演技术研究。重点研发具有独立知识产权的重磁电震联合反演理论方法、综合处理解释系统，构建先进高效的多参数联合反演解释软件平台，解决联合反演面临的技术难题。

（4）发展三维重磁电勘探技术。研发三维重磁电数据采集技术，提高资料采集的品质和精度；考虑地面条件影响，研发真三维重磁电处理解释系统，提高资料分辨率。

5.2.6.3　地球物理测井技术

埋深大、多期构造叠加、储层物性差、高温高压是深层油气勘探的基本特点。复杂的地下环境，一方面对测井仪器电子元器件性能提出更高要求；另一方面高覆压条件下岩石物理机理及储层参数不清，现有的测井方法技术不适用。未来深层测井技术重点发展以下技术：

（1）测井仪器与装备。以提高电子元器件耐温、耐压水平为目标，研发适合高温高压环境的测井成像仪器和装备；以高覆压条件下岩石物理机理及储层参数建模为基础，构建不同物理参数的地质模型；以勘探生产需求为导向，研发高温高压随钻成像测井仪。

（2）复杂岩性和复杂储层测井处理解释技术。以发展储层参数定量提取和流体性质定量识别为目标，创新发展复杂碎屑岩储层、白云岩储层、火山岩与变质岩储层有效性评价与测井流体识别技术，完善碳酸盐岩缝洞型储层测井成像综合评价与流体识别技术。

（3）测井软件平台建设。大力支持拥有自主知识产权的国产测井软件的研发、集成和推广应用，提高自主创新能力，确保测井处理平台要向综合化、网络化、可视化方向发展，测井解释软件从单井解释向多井解释发展。

6 对策与建议

6.1 加强国家级重点实验室建设，强化试验模拟手段和能力

在涉及当前和今后一段时期深层油气发展领域和学科方向，新建与重组相结合，建成与国家深层油气勘探科技需求相适应的国家级重点实验室体系，形成重点突出、布局合理、规模适度、技术先进、运行高效、良性发展的科研实验平台，成为国家深层科研和管理决策的重要支撑。切实加强重点实验室的自主创新能力建设，根据国家能源需求、深层油气发展规划和科技发展规划等，结合重点实验室特点，定期制定重点实验室发展规划。积极开展科学研究，及时攻克深层油气勘探中所急需的重大科技难题。加强学科建设，及时调整学科发展方向，提高学科发展水平。大力引进和培养科研领军型人才，多渠道培养中青年科技人才，形成一支结构合理的人才队伍。利用各种经费渠道，加强科研基础设施建设，配备先进的科学实验仪器和设备。

与此同时，大力推行重点实验室的精细化管理。按照"开放、流动、联合、竞争"的总体要求，各重点实验室要进一步加强日常管理和制度建设。从人员管理、经费使用、仪器设备使用、学术活动、对外开放与合作、国际交流、年度报告、定期评估、奖惩办法等方面制定详细的规章制度，实现重点实验室管理的制度化和规范化。加强学术建设，充分发挥学术委员会在把握重点实验室定位、目标和学术方向中的作用。也要注意，切实做好知识产权保护工作，对实验室产生的专利、版权以及实验数据资料等科研成果实施产权保护，增强科研人员凝聚力和持续投入动力。构建有利于科技创新的文化环境，倡导拼搏进取、自觉奉献、求真务实、勇于创新的敬业精神和科学精神。活跃学术气氛，倡导学术自由，努力形成宽松和谐、健康向上的创新文化氛围。

6.2 理清思路，明确重点，选准突破方向

近年来，随着我国油气勘探不断向深层－超深层拓展，在含油气盆地构造演化机制与成盆背景以及深层油气生成与保存条件、规模储层发育机制与分布模式、勘探潜力与目标区评价优选、勘探工程技术等方面取得了一系列创新性成果，为深层油气勘探突破发现提供了重要的理论认识指导与勘探技术支持。但我国的前期油气勘探主要集中在含油气盆地中浅层，深层勘探刚刚起步。

从地质认识看，深层因地层古老，埋藏演化历史、烃源岩演化历史与成藏历史长，过程复杂，资源潜力与成藏机理认识不清；深部储层类型多样，成因复杂，规模有效储层发

育主控因素与分布规律不明；油气勘探方向、勘探目标刻画、深层有效储集层裂缝与溶蚀孔洞成因机制及评价预测、深部高温高压环境与低孔渗介质条件及多种运聚动力导致的成藏理论问题等都有待深入研究。从技术需求看，深层埋深大，地震资料信噪比和分辨率普遍偏低，勘探目标成像精度不够，针对性的深层－超深层地震预测技术、流体评价技术需要发展和完善，解决勘探发展面临的关键基础地质问题与勘探评价技术难题是深层油气地质学发展的着力点。

未来深层油气地质学科发展必须本着"区域约束、局部细化、认识引领"的工作原则，开展针对性研究，逐步发展、逐步完善，最终实现学科发展。所谓区域约束，就是以满足学科发展的系统性为基本要求，按深层构造地质学、烃源岩地球化学、沉积地质学、储层地质学、油气成藏地质学以及深层地球物理勘探技术六个方面开展研究，最终形成深层油气地质学科；所谓局部细化，就是以满足勘探生产需求为基础原则，梳理深层勘探面临的关键基础地质问题与技术瓶颈，开展针对性研究，解决深层勘探发展面临的认识与技术难题；所谓认识引领，就是通过强化基础工作，创新地质认识，引领勘探发展，真正发挥深层油气地质学在勘探实践中的指导作用。

6.3 加强产、学、研联合攻关，整合优势力量、实施重点突破

随着经济社会的快速发展，推动产业结构升级、提高自主创新能力已经成为创新型国家建设的重要任务。随着科技、人才竞争的加剧和国家自主创新战略的实施，面对新形势、新任务，生产单位、高等院校和研究院所共同搭建起更加稳固的产学研合作平台，强化了各自的特色优势，利于整合各自优势力量，最终实现重点难点突破。

对于油田生产单位而言，为了保障国家油气战略安全和经济平稳发展，肩负着重要的生产任务。面对复杂的地下环境和越来越深的勘探层系，生产单位面临着勘探开发难度大、矛盾多、资源接替、持续稳产形势严峻等多种挑战。这些挑战成为了科技创新，特别是深层油气地质研究创新的试验田。

从发展历史来看，石油与地质类行业特色高校原属行业办学，后因管理体制的变化，行业特色高校从行业中分离出来。行业特色高校与行业在发展中保持了密切的血脉联系，具有产学研结合的天然基础。行业特色高校进一步发挥出了行业科技创新和高层次人才培养基地的作用，促进了行业可持续发展和区域创新体系的建立。

目前石油和地质类院校都设立有各大石油石化公司建立的科研中心，成为学校与企业良好的结合点，进一步推进学校与各油田生产单位建立紧密、全面、稳定的合作关系。通过加强合作研究，逐步向跨学科的联合攻关课题拓展，促进学科交叉和产生创新成果。

研究院所包括基础理论类科研院所和油公司企业下辖的研究院两大类，前者侧重于基础理论研究，所关注的问题具有很好的科研前瞻性，可以引领深层油气地质各学科的发展，例如，深层烃源岩、深层储层、深层烃类保存条件等；后者则往往更贴近实际生产，解决油田一线面临的实际问题，诸如深层油气资源潜力、勘探技术与开发手段等。所掌握

的科学技术也更加实用化，更注重科技向生产力的转化，重视技术有形化。两类科研院所各有侧重、优势互补。

强化产、学、研之间的沟通，进行联合攻关，有利于整合各自的优势，解决深层油气地质学科发展和成果应用等所面临的实际问题。

6.4　加强地球物理与钻测井等技术系列的研发，强化深层油气钻探能力

对于深层油气地质而言，以地球物理和钻测井为代表的技术就犹如耳朵和眼睛，是探测深层油气的必备工具。随着油气勘探的逐步发展，深层油气已经成为今后发展的必然趋势，深层的温度和压力都是前所未有的，这给地球物理和钻测井技术带来了极大挑战。

针对深层油气勘探面临的目的层埋藏深、断层倾角陡、岩性复杂、储层孔洞缝发育、非均质性强、地层温度高、多压力系统等特点，应该加强对三维地震处理解释、钻井、储层评价及储层改造技术等攻关研究，力争在地震储层预测与烃类检测、快速钻完井、储层与流体测井评价、储层有效改造等方面，形成有效的深层油气勘探配套技术。

针对深层油气储层地震预测技术应加强以下几方面的攻关：高分辨率保幅处理技术、地震相识别技术、地震叠前、叠后储层量化预测技术、烃类检测技术。测井评价与流体识别技术方面的攻关包括：岩性及储层识别技术、储层参数计算方法、流体性质识别技术等。

在钻完井等开发和工程技术方面，应该针对深层油气地质特点，研发相应的关键技术。钻完井技术包括欠平衡钻井技术、空气钻井、PDC+ 螺杆配套技术、水平井、大斜度井钻井技术、"三高"气井完井及评价技术等。与此同时，针对深层储层要开展储层改造测试技术的研究。这些技术包括大型压裂、分层压裂及分段压裂技术、新型酸液体系研制与应用等。

6.5　加强人才培养，推动理论技术进步

展望未来，实现能源工业的可持续发展，必须大力加强深层油气资源勘探和开发利用。我国具有独特和复杂的地质演化历史，深层地质条件极其复杂，存在各种复杂且丰富的石油地质现象。一方面，这有利于形成和发展具有国际前沿水平的深层油气地质理论和技术体系；另一方面，这也要求我国石油地质工作者要具备更高的科技水平、更高的理论素养，在深层油气地质理论研究和技术发展方面更上一层楼。因此，深层油气地质学人才的培养亟须学科的发展，同时这些专业人才的涌现又能反过来促进学科的发展。人才的培养与技术的进步联手合璧，才能在深层油气地质学学科发展和勘探实践上产生丰硕的成果。

── 参考文献 ──

[1] 孙龙德，邹才能，朱如凯，等. 中国深层油气形成、分布与潜力分析 [J]. 石油勘探与开发，2013，40
　　（6）：641–649.

［2］孙龙德，撒利明，董世泰. 中国未来油气新领域与物探技术对策［J］. 2013, 48（2）: 317-325.

［3］白国平，曹斌风. 全球深层油气藏及其分布规律［J］. 石油与天然气地质，35（1）: 19-25.

［4］王宇，苏劲，王凯，等. 全球深层油气分布特征及聚集规律［J］. 天然气地球科学，2012, 23（3）: 526-534.

［5］朱光有，张水昌. 中国深层油气成藏条件和勘探潜力［J］. 石油学报，2009, 30（6）: 793-802.

［6］赵文智，汪泽成，张水昌，等. 中国叠合盆地深层海相油气成藏条件与富集区带［J］. 科学通报，2007, 52（增刊1）: 9-18.

［7］庞雄奇. 中国西部叠合盆地深部油气勘探面临的重大挑战及其研究方法与意义［J］. 石油与天然气地质，2010, 31（5）: 517-534.

［8］赵文智，张光亚，王红军，等. 中国叠合含油气盆地石油地质基本特征与研究方法［J］. 石油勘探与开发，2003, 30（2）: 1-8.

［9］马永生，蔡勋育，赵培荣，等. 深层超深层碳酸盐岩优质储层发育机理和"三元控储"模式－以四川普光气田为例［J］. 地质学报，2011, 84（8）: 1087-1094.

［10］赵文智，沈安江，胡素云，等. 中国碳酸盐岩储集层大型化发育的地质条件与分布特征［J］. 石油勘探与开发，2012, 39（1）: 1-12.

［11］马永生，蔡勋育，赵培荣，等. 深层、超深层碳酸盐岩油气储层形成机理研究综述［J］. 地学前缘，2011, 18（4）: 181-192.

［12］赵文智，胡素云，刘伟，等. 再论中国陆上深层海相碳酸盐岩油气地质特征与勘探前景［J］. 天然气工业，34（4）: 1-9.

［13］康玉柱. 中国油气地质新理论的建立［J］. 地质学报，2010, 84（9）: 1231-1273.

［14］康玉柱，孟敏莹，康志宏，等. 中国塔里木盆地塔河大油田［M］. 乌鲁木齐：新疆科学技术出版社，2004.

［15］康玉柱，黄有元，张忠先，等. 塔里木盆地古生代海相油气田［M］. 武汉：中周地质大学出版社，1992.

［16］康玉柱. 塔里木盆地塔河油田的发现与勘探［J］. 海相油气地质，2005, 10（4）: 31-38.

［17］贾承造，魏国齐，李本亮. 中国中西部小型克拉通盆地群的叠合复合性质及其含油气系统［J］. 高校地质学报，2005, 11（4）: 479-482.

［18］贾承造，魏国齐. 塔里木盆地构造特征与含油气性［J］. 科学通报，2002, 74（增刊）1-7.

［19］贾承造，宋岩，魏国齐，等. 中国中西部前陆盆地的地质特征及油气聚集［J］. 北京：地学前缘中国地质大学（北京），北京大学. 2015, 12（3）: 1-11.

［20］金之钧. 中国典型叠合盆地及其油气成藏研究新进展（之一）－叠合盆地划分与研究方法.

［21］金之钧，胡文瑄，张刘平，等. 深部流体活动及油气成藏效应［M］. 北京：科学出版社，2007.

［22］金之钧，张一伟，王捷，等. 油气成藏机理与分布规律［M］. 北京：石油工业出版社，2003.

［23］金之钧，张刘平，杨雷，等. 沉积盆地深部流体的地球化学特征及油气成藏效应初探［J］. 地球科学－中国地质大学学报，2002, 27（6）: 659-665.

［24］马永生，傅强，郭彤楼. 川东北地区普光气田长兴－飞仙关气藏成藏模式与成藏过程［J］. 石油实验地质，2010, 2005, 27.

［25］赵文智，刘文汇，等. 高效天然气藏形成分布与凝析低效气藏经济开发的基础研究［M］. 北京：科学出版社，2008年1月，10-27.

［26］赵文智，邹才能，汪泽成，等. 富油气凹陷"满凹含油"论－内涵与意义［J］. 石油勘探与开发，2004, 31（2）: 5-13.

［27］赵文智，汪泽成，胡素云，等. 中国陆上三大克拉通盆地海相碳酸盐岩油气藏大型化成藏条件与特征［J］. 石油学报，2012, 33（增2）: 1-9.

［28］赵文智，胡素云，王红军，等. 中国中低丰度油气资源大型化成藏与分布［J］. 石油勘探与开发，2013, 40（1）: 1-12.

[29] 赵文智，王红军，卞从胜. 我国低孔渗储层天然气资源大型化成藏特征与分布规律 [J]. 中国工程科学，2012，14（6）31-38.

[30] 赵文智，王兆云，张水昌，等. 不同地质环境下原油裂解生气条件 [J]. 中国科学（D编）：地球科学，2007，37（增）63-68.

[31] 赵文智，沈安江，潘文庆，等. 碳酸盐岩岩溶储层类型研究及对勘探的指导意义 – 以塔里木盆地岩溶储层为例 [J]. 岩石学报，2013，9.

[32] 孙龙德，李曰俊. 塔里木盆地轮南低凸起：一个复式油气聚集区 [J]. 地质科学，39（2）：296-304.

[33] 杜金虎，邹才能，徐春春，等. 川中古隆起龙王庙组特大型气田战略发现与理论技术创新 [J]. 石油勘探与开发，2014，41（3）：268-277.

[34] 周新源，杨海军，胡剑风，等. 塔里木盆地东河塘海相砂岩油田勘探与发现 [J]. 海相油气地质，2010，15（1）：73-78.

[35] 周新源，杨海军，蔡振忠，等. 塔里木盆地哈得逊海相砂岩油田的勘探与发现 [J]. 海相油气地质，2007，12（4）：54-58.

[36] 钟大康，朱筱敏，王红军. 中国深层优质碎屑岩储层特征与形成机理分析 [J]. 中国科学D辑：地球科学，2008 年，第 38 卷增刊Ⅰ：11~18.

[37] 王涛. 中国深盆气田 [M]. 北京：石油工业出版社，2002.

[38] 田克勤，于志海，冯明，等. 渤海湾盆地下第三系深层油气地质与勘探 [M]. 石油工业出版社，2002.

[39] 傅诚德. 鄂尔多斯深盆气研究，2001.

[40] 谯汉生，方朝亮，牛嘉玉，等. 中国东部深层石油地质 [M]. 石油工业出版社，2002.

[41] 谯汉生，李峰. 深层石油地质与勘探 [J]. 勘探家. 2000，5（4）：10-15.

[42] 庞雄奇，罗晓容，姜振学，等. 中国西部复杂叠合盆地油气成藏研究进展与问题 [J]. 地球科学进展，2007，22（9）：879 ~ 885.

[43] 庞雄奇，周新源，姜振学，等. 叠合盆地油气形成、演化与预测评价 [J]. 地质学报，2012，86（1）：1-103.

[44] 梁狄刚，郭彤楼，陈建平，等. 中国南方海相生烃成藏研究的若干新进展（一）：南方四套区域性海相烃源岩的分布 [J]. 海相油气地质，2008，13（2）：1-16.

[45] 刘文汇，等. 塔里木盆地深层气 [M]. 北京：科学出版社，2007.

[46] 刘文汇，王杰，腾格尔，等. 中国海相层系多元生烃及其示踪技术 [J]. 石油学报，2012，33（增加）：115-122.

[47] 刘文汇，张建勇，范明，等. 叠合盆地天然气的重要来源 – 分散可溶有机质 [J]. 石油试验地质，2007，29（1）1-6.

[48] 刘文汇，张殿伟. 中国深层天然气形成及保存条件探讨 [J]. 中国地质，2006：33（5）：937-941.

[49] 刘文汇，张殿伟，高波，等. 天然气来源的多种途径及其意义 [J]. 石油与天然气地质，2005，26（4）：393-401.

[50] 王云鹏，田静，卢家烂，等. 利用生排烃动力学研究海相及煤系烃源岩的残留烃及其裂解成气特征 [J]. 海相油气地质，2008，13（4）：44-48.

[51] 王兆云，赵文智，张水昌，等. 深层海相天然气成因与塔里木盆地古生界油裂解气资源 [J]. 沉积学报. 2009，27（1）：153-160.

[52] 袁政文，许化政，王伯顺，等. 阿尔伯达深盆气研究 [M]. 北京：石油工业出版社. 1996.

[53] 王成，邵红梅，洪淑新，等. 松辽盆地北部深层碎屑岩储层物性下限及与微观特征的关系 [J]. 大庆石油地质与开发，2007，26（5）.

[54] 王艳忠，操应长. 车镇凹陷古近系深层碎屑岩有效储层物性下限及控制因素 [J]. 沉积学报，2010，28（4）：752-759.

[55] 王璞珺，吴河勇，庞颜明，等. 松辽盆地火山岩相：相序、相模式与储层物性的定量关系 [J]. 吉林大学学报（地球科学版），2006，36（5）.

［56］郑伦举，秦建中，何生，等．地层孔隙热压生排烃模拟实验初步研究［J］．石油试验地质，2009, 31（3）：297-302.

［57］马中良，郑伦举，李志明．烃源岩有限空间温压共控生排烃模拟实验研究［J］．沉积学报．2012, 30（5）：955-962.

［58］陈中红，张守春，查明．压力对原油裂解成气影响的对比模拟实验［J］．中国石油大学学报（自然科学版）．2012, 36.6.

［59］郑伦举，何生，秦建中．近临界特性的地层水及其对烃源岩生排烃过程的影响［J］．地球科学－中国地质大学学报．2011, 36（1）：83-90.

［60］张守春，张林晔，查明．压力抑制条件下生烃定量模拟实验研究以渤海湾盆地济阳坳陷为例［J］．石油实验地质．2008, 30（5）：522-526.

［61］郝芳，姜建群，邹华耀．超压对有机质热演化的差异抑制作用及层次［J］．中国科学（D辑）地球科学，2004, 34（5）：443-451.

［62］寿建峰，郑兴平，斯春松，等．中国叠合盆地深层有利碎屑岩储层的基本类型［J］．中国石油勘探，2006,（1）：11-16.

［63］沈安江，潘文庆，郑兴平，等．塔里木盆地下古生界岩溶型储层类型及特征［J］．海相油气地质，2010, 15（2）：20-29.

［64］王传远，杜建国，段毅，等．岩石圈深部温压条件下芳烃的演化特征［J］．中国科学D辑，2007, 37（5）：644-648.

［65］朱光有，张水昌．中国深层油气成藏条件与勘探潜力［J］．石油学报，2009, 30（6）：793-802.

［66］赵海玲，刘振文，李剑，等．火成岩油气储层的岩石学特征及研究方向［J］．石油与天然气地质，2004, 26, 609-613.

［67］帅燕华，张水昌，罗攀，等．地层水促进原油裂解成气的模拟实验证据［J］．中国科学，2012, 57（30）：2857-2863.

［68］岳长涛，李术元，凌瑞枫．川东北地区过成熟烃源岩催化加氢热解研究［J］．石油试验地质,2011,33(5).

［69］吴亮亮，廖玉宏，方允鑫，等．不同成熟度烃源岩的催化加氢热解与索氏抽提在生物标志物特征上的对比［J］．科学通报，2012, 57（32）：3067-3077.

［70］张水昌，胡国艺，米敬奎，等．三种成因天然气生成时限与生成量及其对深部油气资源预测的影响［J］．石油学报．2013, 34（1）：41-49.

［71］陈建平，赵文智，王招明．海相干酪根天然气生成成熟度上限与生气潜力极限探讨－以塔里木盆地研究为例［J］．科学通报，2007, 52（增刊Ⅰ）：95-100.

［72］肖芝华，胡国艺，钟宁宁，等．塔里木盆地煤系烃源岩产气率变化特征［J］．西南石油大学学报：自然科学版，2009, 31（1）：9-13.

［73］胡国艺，魏志平，肖芝华，等．腐殖煤干酪根裂解气主生气成熟度上限探讨［J］．沉积学报，2006, 24（4）：585-588.

［74］郭占谦．中国原油的地球化学特征－兼论中国原油的有机与无机来源地质［J］．地球化学，2001, 29（4）：7-13.

［75］孟庆强．深部流体活动区天然气中微量氢气的地球化学特征及其地质意义［J］．中国石油大学（北京），2009.

［76］杨雷，金之钧．深部流体中氢的油气成藏效应初探［J］．地学前缘，2001, 8（4）：337-341.

［77］胡文瑄，金之钧，姚素平，等．太平洋中部锰结核及洋底软泥中发现低成熟烃类［J］．科学通报，2002, 47（1）：68-73.

［78］戚厚发．天然气储层物性下限及深层气勘探：问题的探讨［R］．天然气工业，1989.

［79］何登发，李德生，童晓光，等．中国多旋回叠合盆地立体勘探论［J］．石油学报，2010.

［80］徐旺，王文彦，张清．我国近年来石油地质理论新进展刍议［J］．中国石油勘探，2003, 8（2）18-33.

专题报告

深层烃源岩地球化学学科发展研究

烃源岩是指在天然条件下曾经生成和排出过烃类并已形成工业性油气聚集的细粒沉积岩。深层地质条件下的烃源岩，普遍经历了漫长而复杂的演化过程，成熟度高，且有机质赋存形式多样。深层烃源岩不仅包括富含有机质的泥页岩，还包括早期生成的以不同形式赋存在地质体中的烃类，因此也有学者将深层烃源岩称为"烃源灶"。

油气地球化学是研究烃源岩的主要手段，主要应用有机化学和地质学知识研究地质体中有机质的时空分布、化学组成、结构和性质及其经历的地球化学作用过程。在深层烃源岩研究中，除传统的烃源岩评价和生烃动力学研究外，更加注重有机质在高温高压条件下的演化机制和成烃规律。

1 在深层油气地质学科中的地位和作用

1.1 深层油气地球化学的特殊性

与中浅层相比，深层油气所处的温压条件、流体性质和相态等都发生了重大变化，深层油气地球化学研究具明显的特殊性，表现在三个方面：

（1）高温高压地质条件下化学反应更加活跃，对油气的生成和保存产生了重要的影响。中浅层勘探对象主要是油，天然气多以伴生湿气的形式存在；而到了深层，则主要是天然气和凝析油。由于油气的生成和保存是一系列化学反应的结果，常规石油地质条件下难以发生的化学反应，在高温高压条件就可以发生，反应速率也会大大加快。根据国内学者对深层的定义，中浅层油气勘探对应的地层温度一般小于150℃；而深层条件下油藏温度会超过160℃，烃源岩地层温度甚至会超过200℃。在这种条件下，不仅较大分子量的烃类和非烃类化合物大量裂解，分子量较小的轻烃甚至包括乙烷在内的重烃气体也会发生裂解，使得烃类组分更加单一。如果存在其他作用机制，还可能出现较多的非烃类气体，

如 CO_2、H_2S 等。造成地层温度升高的原因，除埋藏深度外，还有其他要素，如板块碰撞所产生的地球应力可使碰撞带温度迅速升高，在较短的时间内可提高数十度，大大加速了液态烃的裂解。此外，深部热流也是地层温度迅速上升的一种重要机制。

（2）有机质经历了复杂的生烃历史，存在多种类型的气源灶。经典的油气生成模式中，干酪根－油－气是一个连续过程，Tissot 生烃模式明确了石油形成的门限和阶段，但对天然气形成阶段的划分、特别是对深层天然气生成的物质基础，还缺乏明确论述。我国中西部叠合盆地生烃史研究表明，烃源岩早期以形成液态烃为主，部分液态烃可能由于构造抬升而逸散破坏，多数则以不同的形式赋存在地质体中，在后期进一步埋藏条件下受到高温作用发生裂解，成为深层天然气的主要来源。早期液态烃的赋存形式包括：滞留在烃源岩中、呈分散状态分布在运移路径中的分散烃以及聚集在储集层中的古油藏。由于不同赋存形式的烃类组分存在差异，其裂解生气的温度、生气数量以及生成天然气的聚集效率都有较大差异。其中，古油藏烃类组分含量最高，单位质量液态烃裂解生气量最大，且聚集效率最高，可形成大型天然气藏。但古油藏易遭受调整甚至破坏，在地质体中的规模受古构造圈闭及其保存条件控制。而呈分散状态赋存在烃源岩和储层中的液态烃数量庞大，且基本不受构造活动影响而得以较好地保存，其晚期裂解成气潜力巨大，是深层天然气不可忽视的来源。

（3）有机－无机相互作用更为频繁。经典的石油地质学认为油气都是有机成因的，但是在深层高温高压条件下，流体性质发生了重大变化，水－岩－烃相互作用可能性大大增加，天然气成因更加多样化，除有机成因外，还存在无机成因。有机－无机相互作用有多种表现形式，既可以直接参与反应，为天然气的生成提供氢源，也可以作为催化剂加速烃类气体生成，黏土矿物、金属矿物以及铀等放射性元素都是可能的催化剂。地层中的水无处不在，大量的实验室研究已经表明，水能够为油气的生成提供氢源，增加天然气产率。在高温条件下，地质体中的 CO_2 和 H_2 还可能发生费托合成反应（Fischer–Tropsch），形成 CH_4 等烃类气体。在深大断裂存在的地区，幔源流体对深部天然气的形成具有极其重要的影响。幔源流体不仅为地质体提供了高温条件，加速了各类化学反应，而且地幔流体中富含 CO_2、H_2 等气体，为费托合成反应提供了物质基础。此外，热液流体还可能影响油气的运移和聚集。

1.2 深层烃源岩地球化学研究的地位和作用

油气生成是石油地质研究的首要内容。近年来，挪威科学家根据全球在产油田数据，提出了"油气勘探黄金地带理论"，认为世界上 90% 以上的油气都储藏在温度为 60 ～ 120℃范围内，在此范围之外，尤其是温度高于 120℃区域，找到石油和天然气的概率很小。但是，随着国内外深层油气勘探不断有新的发现，这种认识正受到挑战。我国叠合盆地"多勘探黄金带"理论认识的提出，系统论述了烃源灶多期、多阶段发育以及古老烃源岩"双峰式"生烃机理，揭示了油气发现呈多期、多阶段的规律，为寻找深部油气资源、指导深层油气勘探提供了重要理论依据。

深层烃源岩地球化学的研究，是"多勘探黄金带"理论的重要组成部分，从三方面回答深层油气形成的问题：

（1）揭示深层烃源岩分布、规模及生油气潜力，回答"深层有无油气"的问题。尽管深层油气勘探在国内外都取得了突破性进展，但是目前尚处于早期探索阶段，还面临着资源潜力不清、勘探前景不明等现实问题，"摸清家底"仍然是当前最为迫切的任务。根据有机生油理论，油气是有机质在漫长的地质历史时期经过一定程度的热演化过程而形成的，富含有机质的烃源岩是形成油气的物质基础。无论是深层还是中浅层，规模烃源岩的发育都是形成大型油气田的首要前提条件。而到了深层，烃源岩总体处于高－过成熟演化阶段，其早期生成的烃类的有效保存和后期生烃潜力都是需要重点关注的对象。因此要研究深层油气资源潜力，烃源岩是最为关键的地质因素，没有良好的烃源条件，油气只能是无源之水、无本之木。大量研究已经证实，中国中西部叠合盆地烃源岩具有类型多样性和分布规模性特征，发育海相、海陆过渡相和陆相三类烃源岩，纵向上叠置，横向上连片，分布范围广，规模大，这无疑大大增加了深层油气勘探的信心。

（2）探索深层油气成因机制，回答"深层油气从哪里来"的问题。中国陆上深层油气主要富集在两类沉积盆地，一类是具有强烈逆冲推覆背景的前陆盆地，多发育中生代煤系烃源岩，以煤型气为主；另一类是古老的克拉通盆地，多发育古生代－前寒武纪海相烃源岩，以油型气为主。据英国石油公司的统计结果，截止 2013 年底，全世界天然气大部分是油型气，煤成气探明储量和产量分别只占探明储量和产量的 32.3% 和 27.8%，而根据国内学者统计结果，中国陆上天然气主要是煤型气，占 70% 以上；探明储量超过 1.0×10^{11} m^3 的 12 大气田中有 9 个是煤成气田，与世界其他地区天然气的构成有明显的不同。由于煤型气和油型气在生气母质构成、生气途径、生气量等方面都存在显著差异，有效识别这两类油气、明确不同类型有机质生气时限和生气量是揭示资源潜力的关键所在。

（3）明确深层油气资源前景，回答"深层油气有多少"的问题。根据美国地质调查局（USGS）2000 年资源评价结果，全球深层天然气可采资源量约为 23.6 万亿立方米，占天然气总可采资源量（138 亿立方米）的 17%。其中，亚太地区深层天然气资源量仅为 1.06 万亿立方米，不足世界深层天然气资源量的 5%。但是，最近在中国四川盆地川中地区发现了寒武系－震旦系海相大型整装气田，天然气来自液态烃裂解，2014 年提交探明储量 4404 亿立方米，初步预测地质资源量可达 5 万亿立方米；在塔里木盆地库车拗陷克深构造带发现了万亿方储量规模的天然气藏，主要为煤型气。这些重大发现意味着深层天然气资源潜力可能远远超出预期，无论是煤型气还是油型气，都可形成大规模天然气聚集。深层烃源岩地球化学研究在科学评价深层油气资源、寻找新的规模储量分布区等方面发挥重大作用。

因此，深层烃源岩地球化学研究，是确定深层油气资源潜力、明确深层勘探前景的重要研究课题之一，是深层油气地质学科发展的基础，是建立深层油气地质理论体系的关键环节。

2 深层烃源岩和油气生成发展现状与进展

早期的烃源岩地球化学研究主要侧重于生烃潜力静态要素评价，即有机质丰度、类型和成熟度评价。随着生烃动力学和模拟实验技术的发展，烃源岩评价逐渐走向动态评价，人们除了关注烃源岩现今的状态外，更加关注其在地质历史时期的成烃演化过程。但是到了深层，随着生排滞烃过程的发生，以及温压、围岩介质条件的改变，生成油气的物质基础、生排烃机理、产物类型等都发生了深刻的变化，油气地球化学研究内容更加丰富，领域更加广阔。

进入 21 世纪以来，地质学家和地球化学家围绕着古老烃源岩发育机制、干酪根在高 – 过成熟阶段的生气潜力、液态烃特别是残留在烃源岩中分散有机质在高 – 过成熟阶段的生气潜力、深层 – 超深层有机 – 无机作用下液态原油的裂解生气潜力等，开展了探索性研究，取得了重要进展。

2.1 烃源灶发育的规模性

中国陆上深层油气主要来自煤系和海相烃源岩，表现为常规干酪根和液态烃裂解两大类烃源灶，源灶发育具规模性，为深层油气提供了充足的来源。

2.1.1 煤系烃源岩

煤系烃源岩主要分布在具有逆冲推覆背景的前陆盆地中，其形成与分布主要受到古构造、古地理、古气候和古植物等多重因素的制约，其中地质历史时期潮湿气候带的变迁、构造 – 沉积环境的变化等是控制聚煤场所发生、展布和持续时间的重要因素。由于聚煤作用因素和含煤性的差异，我国煤系的空间分布呈现东北、华北、西北、西南和华南五大聚煤区的格局。从煤系烃源岩的面积、聚煤量以及煤成气勘探前景来看，重要的煤系主要有西北侏罗系煤系、华北石炭二叠系煤系、东北 – 内蒙古上侏罗 – 下白垩统煤系、西南二叠系和上三叠统煤系、南方二叠系煤系以及沿海古近系煤系。其中，西北侏罗系在塔里木盆地、准噶尔盆地、柴达木盆地、吐哈盆地等地区广泛发育，聚煤古地理条件主要是陆相沼泽环境，聚煤量可达 2×10^{12}t，是库车拗陷、准噶尔盆地南缘等地区深层天然气的主要来源；而西南二叠系和上三叠统煤系则主要分布在四川盆地以及云南、贵州等地区，聚煤古地理条件主要是海陆过渡环境，是四川盆地及周缘深层天然气的重要来源。

中国深层煤系烃源岩不仅厚度大，而且埋藏深，有机质成熟度高，气源充足，具备形成大型煤型气田的物质基础。煤系烃源岩的空间分布规模较大，暗色泥岩厚度一般在 300 米以上，煤层厚度一般在 20 米以上。如塔里木盆地库车拗陷三叠 – 侏罗系暗色泥岩厚度一般在 300 ～ 500 米，煤系地层厚度一般在 20 ～ 30 米，其中阳霞煤矿和克孜勒努尔煤矿煤层厚度分别达到 48 米和 68 米；煤系地层烃源岩成熟度较高，总体处于高过成熟演化阶段，镜质体反射率一般在 2.0% 左右，最高可达 3.0% 以上。四川盆地三叠系须家河组煤系地层也十分发育，暗色泥岩厚度平均厚度 230 米，煤层厚度一般在 3 米以上；有机质成熟度较高，川西前陆区镜质体反射率均在 1.3% 以上，川西北可达 2.0% 以上。煤系烃源岩的生气强度一般在 10 亿立方米 / 平方千米，最高可达 40 亿立方米 / 平方千米。

2.1.2 海相烃源岩

海相烃源岩，主要分布在中西部小型克拉通盆地内，这套地层总体地层时代老，多数发育在元古界 – 下古生界。近年来人们对这套古老烃源岩的发育机制开展了深入研究，取得了突破进展：一是系统研究了古生代海相高有机质丰度烃源岩的发育机制，认为烃源岩的形成与大气中的中等含氧量、干热的气候、冰期—冰后期之交的气温快速转暖、冰川迅速融化所导致的海平面快速上升等密切相关；二是指出优质烃源岩仅发育在被动大陆边缘背景下的裂谷、克拉通内裂谷、克拉通内坳陷盆地和克拉通边缘坳陷盆地，欠补偿盆地、蒸发潟湖、台缘斜坡（灰泥丘）和半闭塞—闭塞欠补偿海湾是高丰度烃源岩发育的有利环境，且低无机物输入和低的沉积速率有利于高有机质丰度烃源岩形成。

塔里木、四川、鄂尔多斯三大克拉通盆地均发育海相烃源岩。塔里木盆地主要发育寒武系 – 下奥陶系和中 – 上奥陶系两套优质的烃源岩：寒武系 – 下奥陶统烃源岩发育于欠补偿盆地环境，分布范围广、厚度大、有机质丰度高、类型好，是优质的生油岩，但由于成熟度高，目前已经达到高 – 过成熟演化阶段，以生气为主；中上奥陶统则以台缘斜坡环境为主，成熟度适中，目前总体处于生油阶段，是塔里木盆地塔北隆起原油的主要来源。四川盆地则自下而上依次发育了震旦系、寒武系、奥陶系、志留系、二叠系等多套海相烃源岩，有机质丰度高、成熟度高，目前均已达到高 – 过成熟演化阶段，以生气为主。川中地区发现的安岳大气田，天然气即来自于震旦 – 寒武系烃源岩，为早期古油藏与"半聚半散"液态烃裂解的产物。而志留系龙马溪组优质烃源岩，不仅是川东地区天然气的主要来源，同时还成为目前页岩气勘探和开发的主要对象。鄂尔多斯盆地奥陶系马家沟组也发育一套潜在的烃源岩，有机质成熟度高，以成气为主，但所采集的样品有机质丰度总体不高，这套烃源岩的分布规模及对气藏的贡献，目前还存在一定的争议。

随着勘探深度的进一步加大，人们越来越多地关注元古界烃源岩的发育机制。与显生宙相比，处于前寒武纪的隐生宙，无论是生物种类、数量都有着明显的不同。前寒武纪发生的两次氧气大爆发，为生物的演化与繁盛提供了大气条件。前寒武纪，生物类型以原核生物为主，细菌是主要的生烃母质，同时在新元古界也存在部分真核生物的贡献。中新元古界细菌尽管体积微小，但数量巨大，同样也可以形成优质的烃源岩。如华北地区中元古代下马岭组有机质含量很高，纵向上看，中上段有机碳含量（TOC）一般在 2% ~ 5%，下段 TOC 值最高可达 20% 以上。

2.2 烃源灶演化的多期性

中浅层油气一般直接来自于干酪根，而深层油气则存在多种类型的烃源灶，除干酪根外，早期形成的液态烃同样具有重要的成烃作用。对于中国中西部叠合盆地而言，由于构造演化的阶段性，烃源灶的演化也表现出明显的多期性。

2.2.1 干酪根的热演化

烃源岩干酪根类型可分为三类：Ⅰ型（通常为湖相有机质）、Ⅱ型（通常为海相有机质）和Ⅲ型（通常为煤系有机质）。不同类型干酪根生烃时限和动力学存在差异，Ⅰ型和Ⅱ型有机质以生油为主，称为油型干酪根，Ⅲ型有机质以生气为主，称为煤型干酪根。

（1）油型干酪根。

20世纪70年代针对油型干酪根建立的有机质成烃演化模式（图1），给出了"生油窗"的概念，以及在"生油窗"范围，不同类型有机质演化的动力学行为以及生成油气量，这是"黄金带"理论的重要基础。该模式表明：油型干酪根生油主要发生在低熟－成熟阶段，同时也具有一定的生气潜力，初次裂解气（原油伴生气）略晚于原油生成阶段（图1）。

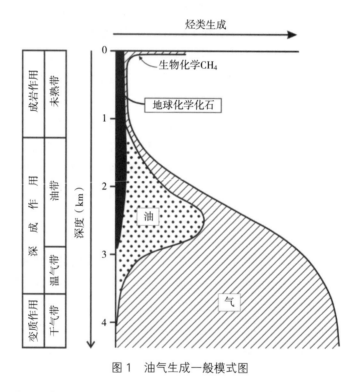

图1 油气生成一般模式图

深层地质条件下，油型干酪根往往经历了完整的生油气阶段，干酪根生烃充分。四川盆地和塔里木盆地不同成熟度海相烃源岩全过程生烃模拟实验表明：在生油结束阶段（~1.3%R_o），海相有机质仍具有一定的初次裂解生气潜力，其主生气期在0.7%R_o~2.0%R_o，生气下限可延伸至3.0%R_o。因此，油型干酪根以生油为主，生气为辅，主生气期略晚于主生油期，在深层高过成熟演化阶段，仍具有一定的生气潜力。

（2）煤型干酪根。

近年来，在煤系干酪根生气时限和生气量方面取得了新的进展。以往研究认为，煤生气的结束界限大约为2.0%R_o或3.0%R_o。随着世界煤成气产量的不断增加，以及一些埋藏深度超过 7000 米煤成气藏的发现和一些煤生气机理的模拟实验研究，人们开始重新审视煤成气的上限问题。

新近研究表明，煤系烃源岩生气成熟度上限可持续到 5.0%R_o 以上。理论上讲，随着热演化程度的增高，有机质的生烃可延续到石墨化阶段，存在生气"死亡线"。但在实际地质条件下，生气"死亡线"往往难以界定，因为地质条件下煤的有效生气结束界限（成熟度或深度）除了与煤系源岩本身的组成有关外，还与盆地的沉积埋藏过程以及构造演化过程有密切关系。煤的演化过程是碳元素不断富集、氢元素不断减少的过程，煤成气的生成过程就是支链从芳香结构上断裂，生成烃类气体（煤成气），同时芳香结构进一步缩聚的过程。因此，从理论上讲，只要煤中含有氢元素，就还有生气能力。地质样品统计发现，煤在成熟度达到 5.5%R_o 时，氢含量还有 1.6% ~ 1.8%，H/C 原子比为 0.2；煤在不同演化阶段的氢含量变化速率存在差异。泥炭到超无烟煤阶段，H/C 原子比从 1.0 以上降低到 0.2 左右。泥岩到褐煤阶段，煤中 H/C 原子比变化比较慢，而从褐煤到无烟煤阶段 H/C 原子比迅速降低，说明煤生气主要是从褐煤阶段开始。大量煤岩样品的元素分析发现，在 2.5%R_o 时煤岩仍具有较高的 H/C 值，显示其仍然存在一定的生气潜力，结束生气的时限大约在 5.5%R_o。

煤系烃源岩在深层条件下仍具较好的生气潜力，高过成熟阶段生气量占总生气量的 30% 以上。高温模拟实验也证实，煤在高于 600 ℃时甲烷的产率还会不断增加，主要是由于先前生成的烃类与干酪根大分子的再聚合作用形成一种更为稳定的物质。不同成熟度煤岩的热解实验表明，在 2.5%R_o 之后煤的生气量可占总产气量的 30% 以上。煤岩的最大生气量可达 300 m^3/t 煤，过成熟阶段的生气量约为 100 m^3/t 煤，比过去提出的生气量提高了 1/3 到 1/2（图 2）。

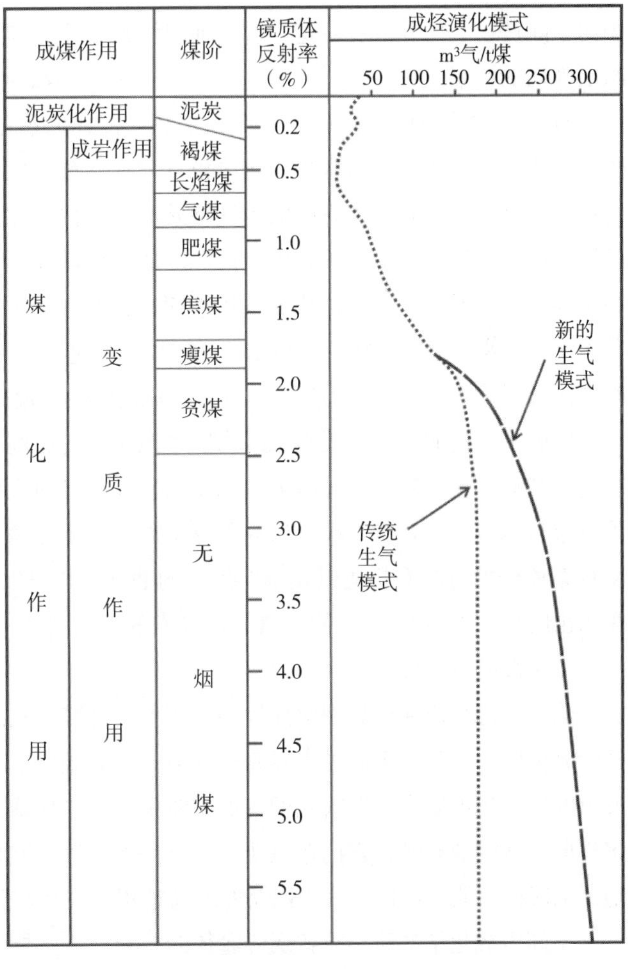

图 2　煤演化及成气潜力

目前，塔里木盆地库车拗陷煤系烃源岩总体达到过成熟演化阶段，R_o 一般超过 2.0%，最高可达 3.0% 以上，根据新的生气模式，库车拗陷煤系烃源岩生气量可达 300 万亿立方米，比以前计算结果提高 30%；四川盆地三叠系须家河组煤系烃源岩 R_o 一般在 1.5% 以上，川西地区最高可达 4.0% 以上，据此计算的生气量可达 390 万亿立方米，比以前计算的结果提高 35%。

2.2.2 液态烃的热演化

深层早期生成的液态烃，在漫长的盆地演化过程中，部分遭受破坏，也有部分以古油藏或滞留烃的形式赋存在地质体中，后期再次受到热力学作用进一步裂解成气，成为新的气源灶。但是，不同赋存形式的烃类，由于其组成的差异，其裂解生气时限、生气量等都存在明显差异。

（1）烃源岩内残留液态烃裂解气。

早在 20 世纪初期，人们在油页岩干馏实验中就发现，干酪根生油实际上经历了干酪根→中间产物→油气的复杂过程，含氧、氮、硫等杂原子化合物是干酪根向油气转化过程中的中间产物，但并没有对这一过程加以详细论述，其对生气的贡献量究竟多大，并没有给出确切的答案。

有机质"接力成气"和"双峰式生烃"模式的建立，有效推动了这一科学问题的解决。21 世纪初，国内学者根据中国含油气盆地深层的地质特点，系统研究了高过成熟烃源岩在高温高压、半开放体系中的生气母质类型、数量及其生气时限，深入探讨了高过成熟阶段天然气物质来源、烃源岩中滞留烃的成藏贡献等科学问题，通过逼近地下环境排烃模拟实验和不同赋存状态有机质成气机理研究，发现烃源岩中滞留烃数量高达 40% ~ 60%，其裂解成气期（最佳时机为 1.6%R_o ~ 3.2%R_o）晚于干酪根，产气量是等量干酪根的 4 倍，晚期成藏潜力巨大。"接力成气"和"双峰式生烃"模式对深层天然气勘探的重要意义在于：明确了高过成熟阶段天然气的物质来源与生气比例，肯定了源灶内滞留烃生气潜力的晚期性和规模性，确立了源内天然气（页岩气）晚期成藏地位，改变了深层天然气资源评价参数与总量。国外学者在其后的研究中也进一步证实了晚期生气机理，认为干酪根、含 NSO 杂原子的可溶有机质以及早期生成的油气，均可以是高 - 过成熟阶段天然气的来源。需指出的是，美国 Barrnet 页岩气勘探开发的成功实例，是该理论认识科学性的有力佐证。

（2）源外液态烃裂解气。

除了烃源岩内滞留烃裂解成气外，源外多种赋存状态的液态烃裂解气在深层勘探中同样十分重要。尤其是中国古生界海相盆地，普遍经历了多期演化、多期成藏等过程，早期形成的液态烃可以多种形式赋存在地质体中，既包括聚集型的油藏，也包括分散状或"半聚半散"状的液态烃，它们在晚期高温条件下裂解，成为重要的气源，并形成了塔里木盆地深部凝析气藏、和田河气田以及四川盆地川中安岳震旦 – 寒武系大型气藏。

不同组成化学性质和裂解反应途径的差异，势必导致它们在原油裂解过程中表现出不同的热稳定性，也决定了不同组成的原油的裂解门限温度。动力学计算结果表明，轻质油或凝析油的热稳定性要高于重质原油和正常原油，地质推演发现正常原油裂解的温度门限在 180 ~ 190℃。蜡含量高的原油，其裂解的平均活化能要高于硫含量高的原油。相对来说，轻质组分（C_{6-14} 饱和烃和芳烃）的热稳定性明显高于重烃（C_{14+} 饱和烃和芳烃）和重质组分（非烃沥青质）。显然，原油不同组分裂解的温度和深度存在差异，含杂原子的非烃沥青质组分裂解的温度明显要低于芳烃和饱和烃，轻烃（C_{6-14}）的热稳定性要高于重质组分。在较高的地温（> 220℃）条件下，重烃气体（C_{2+} 气体）会发生裂解；甲烷的热稳定性较高，裂解对应的地质温度要高于 350℃。结合海相有机质的生油气和原油裂解动力学以及排烃模式，建立了油型有机质油气生成的全过程演化模式（图 3）。

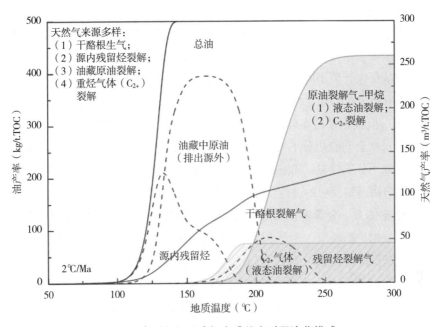

图 3　油型有机质油气生成的全过程演化模式

　　显然，海相天然气存在多种成因类型，包括干酪根裂解、源内残留烃裂解和源外（油藏）原油裂解。其中，古油藏裂解生气数量最大，但是由于其严格受到古构造、古圈闭的保存条件所限，后期裂解生气潜力因地质条件差异变化较大。相对而言，源内残留烃由于具有更高的重质组分含量，裂解温度要明显低于源外原油，但由于其数量巨大，且不易受到构造活动影响而得以较好地保存，也是深层天然气不可忽视的重要来源。干酪根尽管生气总量也很高，但由于大量生气时间总体较早，对深层天然气的贡献可能不如液态烃重要。

2.3　无机作用在深层油气生成中的重要性

　　有机质的生烃演化和油气的生成是在复杂的地质环境中进行的，在深层高温高压条件下，无机作用更为重要和普遍。大量的地质观察和模拟实验的结果表明，除了有机质和原油本身的化学组成以及生油岩和油藏的温压条件外，无机介质环境，比如水、矿物等也会影响甚至是参与油气的生成过程，尤其是在深层高温高压环境下，这种作用过程会更加明显。近年来，国内外地球化学家们针对有机质的热解生烃、原油的裂解生气以及油气生成过程中的有机–无机相互作用，在实验室开展了大量更为细致和深入的工作，促进了对各种类型有机质热成熟过程中生成油气的特征、潜力、动力学和机制以及油气生成的控制因素等方面的认识，较合理地解释了沉积盆地中原油或特征化合物的组成和分布特征、天然气组成和同位素演化规律，为含油气盆地油气相态分布预测和资源潜力评价提供了重要依据。

2.3.1 直接参与的化学反应

（1）水的作用。

水参与了有机质的热演化过程，并为油气的生成提供氢源，影响油气的组成和同位素特征。同时，水可以作为重要的排烃介质，有利于液态油的初次排驱。水参与生油反应的机理包括自由基反应、碳正离子反应以及水与烯烃的加成反应。而关于水究竟是提高还是降低了原油或有机分子的稳定性，不同的实验条件得到的结论也不尽相同。

基于高压反应釜体系的实验结果表明，水的存在会抑制液态烃的裂解，从而使天然气生成量降低：水会与有机分子发生反应提供氢，促进早期生成的沥青自由基在 β 位发生加氢裂解生成小分子烃类；同时来源于水的氢也会在裂解反应发生前捕获有机分子自由基，从而抑制自由基链反应的进行，即水的存在能提高原油和烃类的稳定性。

而基于限定体系（金管模拟装置）的实验结果却发现，在有水体系中，原油裂解生气速率出现明显加快的现象，主要原因在于水与有机分子发生了歧化反应，使得原油的裂解过程从自由基反应向碳正离子反应转化，从而加速了原油裂解生气过程。由于实验室模拟过程中，尽可能避免水达到超临界状态，模拟温度一般低于水的临界温度，即不超过373℃，为低温热模拟实验，原油裂解成气转化率较低，最大仅为30%。在高温高压高成熟度条件下，水究竟如何参与原油裂解反应、反应途径是什么、参与的程度有多大，还有待进一步深入探讨。

除参与生烃反应外，水的临界或超临界状态也会影响烃类生成的化学反应。在深层高温高压条件下，地层水会处于近临界甚至超临界状态，从而具有与常态流体截然不同的物理化学性质。如地层水在近临界状态下具有良好的传质性与流动性、有机反应的酸碱催化性和有机物质的溶解性等许多独特的理化性质。加之，地层水的供氢和水热、生烃增压作用等深部高温高压环境中所特有的一些地质作用，都影响到深部生排烃效益及其运聚成藏过程，而常规状态下地质流体尤其是地层水不会发生类似的行为，特别是盆地深部高温高压条件下油气运聚机制并不一定以常规条件下的浮力作用为基础，而必须考虑到多元的动力场和复杂的流体相态，在近临界—临界环境中油气水混溶是可能的。

（2）硫酸盐热化学还原作用。

硫酸盐热化学还原作用（Thermal–sulfate–reduction，TSR），即地层水中特殊的硫酸盐结构氧化烃类或原油的过程，是导致地质条件下酸性（含 H_2S）天然气形成和聚集的重要有机－无机作用。含硫化氢天然气在中国典型海相含油气盆地均有分布，且主要来源于TSR作用。TSR作用常与原油的热裂解相伴生，由于该反应的活化能要明显低于烃类裂解的自由基链反应，因此TSR反应会降低原油的热稳定性，促进二次裂解气的生成。同时，由于氧化还原反应除了产生还原产物H_2S外，还生成氧化产物CO_2和副产物固体沥青等，有机碳源的消耗很可能对最终二次裂解气产量也存在影响，因此受到全球地球化学家和勘探家的高度关注。

国内外学者针对TSR的反应机理做了大量的研究，提出了TSR反应的两个主要阶段：启动阶段（也称为引发阶段）和H_2S的自催化阶段。启动阶段是硫酸盐直接氧化烃类的过程，由于往往需要克服较高的能垒，因此被认为是TSR作用的快速反应。通过黄金管模拟实验同原位激光拉曼技术相结合，证实了模拟实验的高温条件下（＞300℃）和地质温度条件下（＜250℃）TSR反应的氧化剂分别为HSO_4^-和接触离子对（Contact ion rair，CIP）。同时，TSR反应的速率受控于氧化还原反应的动力学参数以及地层水中活性硫酸盐的浓度；不稳定含硫化合物的含量很大程度上决定了原油发生TSR反应的温度门限，这种温度差异可以达到50℃。

基于液态油TSR反应的动力学参数和地层水中活性硫酸盐浓度的预测模型，可以推演得到不同地层水条件下TSR的转化率。Mg^{2+}含量较低的地层水中活性硫酸盐浓度相对较低，TSR反应启动的难度相对较大，门限温度高于180℃。当地层水中含有较高的Mg^{2+}时，直接氧化剂CIP的含量也较高，TSR反应在140℃左右就能开始发生，原油裂解成气门限亦随之降低。

2.3.2 催化作用

（1）黏土矿物催化作用。

无机矿物在生油岩和储集层中普遍存在，它们对有机质的热解生烃可能存在的影响很早便引起了地球化学家的关注。大量的地质观察及热解实验的结果都表明，具有较大比表面和较多酸活性中心的蒙脱石常显示出较好的催化性能，其他黏土矿物（包括伊利石和高岭石）的催化作用则很微弱，而碳酸盐甚至表现出一定的抑制作用。

蒙脱石之所以对原油的裂解能表现出一定的催化效果，主要是由于黏土矿物表面存在大量具催化活性的酸位，这包括能催化羧酸的脱羧基反应的Lewis（L）酸位以及促进烃类裂解的Brønsted（B）酸位。模拟实验研究表明，黏土矿物尤其是蒙脱石的加入，会一定程度降低烃类或原油裂解反应的活化能，从而加速原油裂解气的生成；原油的裂解速率与黏土矿物表面的B酸位强度呈明显的正相关，与L酸位强度关系不大。有蒙脱石存在的热解体系中异构产物相对含量的明显增加，也证实催化作用主要归因于B酸位提供H^+，从而促进烃类或原油的碳正离子裂解反应。

地层中唯一具催化活性的蒙脱石矿物在埋深成岩过程中，会发生结构及成分的转变，逐渐发生伊利石化。相对于具可膨胀层和更多表面活性酸位的蒙脱石来说，层间不含或含很少量B酸位的伊利石的催化活性通常很低，因此在成岩过程中，随着蒙脱石的伊利石化，其催化活性似乎应降低。实际上，在蒙脱石伊利石化早期，脱水作用、四面体取代（Al^{3+} 替代 Si^{4+}）的发生以及增加的层间电荷，都将导致矿物表面 B 酸位的增多，因此早期形成的无序的或有序的 R1 型伊 / 蒙混层相对纯的蒙脱石往往具有更高的催化活性。对于进入高度有序的伊 / 蒙混层（R3 型）以及伊利石矿物来说，其对原油或烃类裂解的催化作用则十分微弱甚至不具有催化作用。

由此可见，黏土矿物催化主要发生在生油阶段，而到了深层，由于成岩作用相对较强、蒙脱石含量大大降低，其表面的 B 酸位几乎耗尽，黏土矿物的催化作用大大减弱，对液态烃裂解生气的贡献远不如中浅层重要。

（2）过渡金属催化作用。

尽管一直以来过渡金属及其氧化物在工业上被广泛用作有机物加氢、裂解、合成及氧化等反应的催化剂，但直到近年来，地球化学家们才开始把它们的催化作用同地下的油气生成过程联系起来。过渡金属催化生烃的认识提出了一系列事实，否定了单纯的石油裂解或者干酪根裂解生气的观点：在那些似乎只应该有天然气存在的足够深的地层中，发现了稳定存在的油藏；几乎所有的裂解实验得到的气体产物中的甲烷含量都远小于它在天然气中的含量；小分子烃（比如丙烷）低温裂解反应的速率常数非常常大，然而它们在天然气中却很少见。过渡金属作为催化剂的生气模拟实验发现，过渡金属催化作用产生的气体，无论是在组分（主要是甲烷含量）上还是在碳同位素组成上，较之单独的高温裂解气，都更类似于地质条件下的天然气。在加拿大西部沉积盆地发现了低温热成因天然气藏的事实，也一定程度上支持了这一认识。之后更有学者研究指出，过渡金属镍和铁对煤层中可能存在的生甲烷气反应具有显著的促进作用，上述反应的催化剂是零价态的金属而不是其氧化态，金属的催化活性会由于水的加入而降低。

尽管过渡金属在裂解生烃（主要是气态烃）过程中的催化性能在实验室已经得到了很好证实，但是这种催化作用在地质条件下的可行性目前仍然受到了地球化学家们的质疑。有学者指出，聚集在气藏中的天然气的组分分布并不能等价于其生成时的组分分布，很多因素或者地质过程都可能影响到天然气中的甲烷含量：天然气生成机理、烃源岩所含有机质化学成分、热应力或热成熟作用、运移过程中的分馏作用、气油相的分离作用、TSR 和生物降解作用等。也就是说将气藏中聚集的天然气的同位素和组分分布状况简单看成是由其形成机理单独控制的假设是不可靠的，而天然气的过渡金属催化成因的结论正是基于这个假设得出的，因此，天然气是通过过渡金属催化作用生成的观点仍值得商榷。而部分研究更是否定了过渡金属催化生烃的可能性，有学者选用富含不同过渡金属的烃源岩样品分别进行有水热解实验，在对气体产物进行定量分析和反应速率常数计算之后发现，岩石中含有的过渡金属对甲烷的生成或富集并没有促进效果，这可能是由于金属在地表下的存在形式不合适或者充填于岩石中的沥青引起了金属的活性位中毒。

总之，过渡金属催化作用尽管在炼化工业取得了广泛应用，在地球化学界也有一定影响，但目前仍不被多数学者接受，人们更相信天然气的生成是在高温热力作用下形成的。

要弄清过渡金属在天然气生成过程中的作用，仍旧需要大量更加全面且深入的工作。

（3）铀在油气生成中的作用。

近年来，人们注意到铀矿的分布与油气存在密不可分的关系。一方面，铀可能促进有机质的发育。辐射的刺激和激发可能导致生物体积增大，甚至在某些情况下引起生物的勃发与繁盛。研究表明，在地表之下 2.8 千米的岩石中发现的细菌自组织团体在地下生存的时间是数百万年，其生存不是依靠光合作用，而是通过铀的放射作用从水分子中分解的氧来维持其自身的生存和繁衍。这一过程中，放射性使得微生物得以生存，为烃源岩的形成提供了物质基础，同时，所产生的氢元素还可以和地质体中的碳元素结合，有可能形成油气。另一方面，铀还可能是油气形成的催化剂。由于铀具有独特的配位性能，能使许多配位体形成配位化合物，具有良好的络合催化及氧化还原摧毁特性。在地下深处，由于铀元素可将水分解成氢和氧，这些具有较高活性的 H^+ 和 OH^-，易于与碳结合形成烃类，这些外来的氢参与了成烃演化过程，增加了 CO_2 和 CH_4 的产率。模拟实验也证实，铀对外来氢的加入具有明显的促进作用，导致产物中不饱和烃向饱和烃转化，促进长链烷烃断裂，提高低分子量化合物的数量。此外，由于放射性元素衰变过程中所产生的热量，可能促进有机质的热裂解，提高有机质的成熟度，在四川盆地铀、钍、钾元素高的地区，有机质成熟度也较高。

应该说，铀在油气生成中的作用还处于探索阶段，尤其是对生源以细菌为主的元古界古老烃源岩的发育的影响以及对高温高压条件下水分解并形成烃类过程的催化作用，还有待进一步深化研究。

3 国内外深层烃源岩地球化学发展对比

总的来看，我国烃源岩地球化学的研究虽然起步稍晚，但与国外研究水平不相上下。国外的研究，从概念的提出到机理的探索，再到理论的出现，主要是在 20 世纪 70 ~ 80 年代；而我国主要是从 80 年代开始，直到 21 世纪初还在持续研究。

生烃动力学是研究油气生成机理的主要技术手段，而阿仑尼乌斯方程是生烃动力学的理论基础。国外学者在生烃动力学研究方面起步较早，早在 70 年代就已经建立了化学反应动力学模型，随后法国石油研究院（IFP）、德国波茨坦地学研究中心（GFZ）、美国加州能源环境研究院（PEER）等科研机构以及各大石油公司，相继开展了大量生烃动力学研究，同时还建立了组分生烃动力学模型，并研发了相应的模拟实验设备如黄金管模拟装置、小体积密封模拟装置（micro scale sealed vessel，MSSV）等。我国生烃动力学研究起步较晚，于 20 世纪 80 年代开始部分机理的研究，建立了总包反应模型、串联反应模型和平行一级反应数学模型，并应用于烃源岩生烃过程动态评价以及盆地热史恢复，取得了良好的应用效果。进入 21 世纪以来，随着国内地球化学重点实验室建设投入逐渐加大，模拟实验技术快速发展，黄金管模拟实验装置、MSSV 等国外先进设备也引入国内实验室，并组建了生排烃一体化的模拟实验装置，生烃动力学研究不断取得新的突破，在生排烃模拟、有机质高过成熟阶段生烃机理等方面基本与国际研究同步。

生烃母质来源方面，国内外科学家研究几乎同步，国内更具特色。国外学者关注液态烃裂解产物的进一步裂解、干酪根形成的油和沥青后期裂解生气、干酪根早期演化形成的富含杂原子的化合物在后期的生烃行为等问题。国内学者则从中国特殊的地质条件出发，更多地关注早期形成的烃类的赋存状态及其后期生气潜力，如烃源岩内的滞留烃、运移路径上的"半聚半散"液态烃晚期裂解生气潜力，不同组成、不同赋存状态的液态烃的裂解生气时限和生气量等。

油气生成过程中的有机 – 无机相互作用是一项争议性较大的研究课题。国外众多学者开展了大量研究，取得了一些重大成果。针对水的作用，国外学者通过大量模拟实验，证实水参与了有机质的热演化生烃过程，为油气的生成提供氢源，影响油气的组成和同位素特征，并提出了水参与原油裂解反应的化学机制。而国内研究则主要侧重于模拟实验，从化学反应机理上的解释仍然主要套用国外学者的观点。

在天然气成因判识方面，由于中国含油气盆地地质条件和天然气成因的复杂性，国内学者远远走在了前列，戴金星院士等早在20世纪70年代就已开展了大量研究，建立了判识标准和图版，并指出煤型气是中国天然气的主体。目前，在组分和同位素判识模型基础上，还增加了轻烃比值、氢同位素等指标，判识方法更加丰富。相比而言，国外由于多数盆地油气类型较为单一，对天然气成因判识研究较少。随着页岩气等非常规油气成为勘探开发目标以来，人们应用干燥系数 – 乙烷碳同位素图版判断页岩气产能取得了良好的实效。

4　深层烃源岩地球化学发展趋势与对策

深层古老地层的生烃潜力，既是地球化学家致力探究的基础地质问题，也是油气勘探家们关注的热点问题。尽管近年来烃源岩研究在古老烃源岩物质组成、生烃机理及判识、生烃潜力评价等方面取得了卓有成效的进展，但由于深层地层古老、埋藏深、温压场演变历史复杂，烃源岩的物质组成、生烃机理、流体相态、流体与岩石物理化学性质及其相互作用机理一直处于探索之中，深层烃源岩地球化学研究还面临诸多理论问题。

4.1　烃源岩地球化学发展趋势

4.1.1　烃源岩生烃潜力

研究对象从显生宙烃源岩发展到隐生宙烃源岩。传统烃源岩地球化学针对的是寒武纪以来的烃源岩，研究方法是基于丰度、类型和成熟度评价，结合盆地模拟方法，评价生烃潜力。而隐生宙原始生物群落、有机质发育环境和保存条件都与显生宙有着明显的差异，除了研究其有机质"三要素"外，更需要关注有机质的原始组成及发育环境，即古生物、古构造、古气候、古海洋环境等。勘探实践已经证明，烃源岩的发育与大陆开裂密切相关，华南震旦–寒武系裂陷槽内发育了优质的震旦–寒武系烃源岩，为四川盆地中部安岳大气田提供了充足的气源。因此，开展中新元古界–下古生界原型盆地恢复、古裂陷槽发育位置刻画，将有助于揭示有利的烃源岩发育区，为寻找新的大型古老气田奠定基础。已有的研究表明，间冰期是烃源岩发育的重要时期，尤其是间冰期早期，有机质丰度最高。因此，结合古气候研究成果，寻找间冰期初期发育的黑色泥岩，极有可能发现优质烃源岩。

研究方法上，传统的地球化学方法将难以满足古老烃源岩评价需求，今后的研究将更多地综合应用有机岩石学、古生物学等方法研究有机质的生物构成及其在地质体中的赋存状态，并结合无机元素及同位素组成，研究古环境对有机质发育与保存的作用。

4.1.2 生烃动力学反应机理

研究内容从有机化学反应发展到有机–无机复合作用机制。传统研究主要关注有机质在热应力作用下的化学反应，该反应复合阿伦尼乌斯方程，即化学反应的速率主要受时间控制。而在深部条件下，由于存在高温高压，无机反应将扮演重要的角色，其中最为重要的是水的作用。水参与原油裂解成气反应，目前更多的证据来自实验室，受到温度和时间的限制，一般反应程度都不高。四川盆地震旦系天然气碳同位素重于寒武系天然气，表明震旦系天然气成熟度更高；而震旦系天然气氢同位素却明显偏轻，与碳同位素表现出相反的趋势。这一现象可以从水参与了液态烃裂解反应导致氢同位素分馏来获得解释，这也是来自勘探实践的直接证据。此外，硫酸盐热还原反应也在某些地区尤其是膏岩分布区发挥了重要的作用，该反应不仅可以加速原油的裂解，还可以影响到储层的储集性能。黏土矿物和金属的催化机理还不清楚，包括无机元素（如 U、Fe、Mo、Ni、V、Cr 等）与有机质的共生机理、无机元素促进有机生产力的作用机理、无机元素在高温高压超临界条件下有机质成烃演化过程中的作用机制与效果等，还需要在实验室加大系统全面的研究。

研究方法上，需要在传统的生烃动力学模型基础上，增加有机—无机相互作用的反应，在烃类生成时间和数量上，与新的反应机制一致。

4.1.3 油气资源潜力评价

评价对象将从地质资源整体性评价发展到资源的规模性和可采性评价。中浅层油气资源评价侧重于地质资源的总体认识，以生烃动力学和油气聚集条件分析为基础，以圈闭为目标，所计算出来的结果通常是地质体中的油气资源量。而深层油气地质资源前景如何还存在疑问，在评价方法和思路上需要进一步探索。过去十多年页岩油气勘探的重大进展积累了大量页岩勘探层地球化学数据，这些数据表明源岩中不仅有吸附态油，也有游离油，游离油存在于烃源岩无机和有机孔隙中，而吸附油主要存在于有机质中，这些数据表明烃源岩存的游离态油和天然气可能比前人认识要多，即页岩勘探层中存在更多的滞留烃，这些烃类在深层高温下裂解生气。以前认为天然气成藏是生成和散失的运、聚动平衡关系，目前保存的天然气藏仅是烃源岩最晚期排出天然气，实际上大多数深层天然气剖析指示主体呈现累积成藏，说明至少对于深层气藏形成过程中天然气的散失量明显高估。由于深层条件中气–水表面张力是油–水表面张力的三倍，实际上深层条件下天然气运移的阻力可能与油接近甚至比油更难运移，深层条件下天然气的资源潜力和规模主要取决于源岩灶的生气量，深层天然气资源潜力可能大大超过预期。

但是，由于深层储层致密化程度较高，油气资源丰度总体偏低，受到石油工程技术的制约，油气开采难度更大。因此，科学合理评价油气可采性、寻找高丰度的优质油气资源是深层油气地球化学发展的重要方向，研究有利的源灶与储层匹配关系、评价优选天然气有利聚集区是深层重要内容。

4.2　对策与建议

深层烃源岩由于处于地下高温高压条件下，流体相态、流体与岩石物理化学性质都发生了重大的变化，与中浅层存在明显的差异，常规研究方法难以揭示深层油气生成规律。由于埋藏深度大，样品采集更加困难，对以地质样品分析为基础的地球化学研究来说非常不利。要解决上述问题，有以下四方面对策和建议：

（1）设置课题专门开展元古界烃源岩发育机制研究。①恢复古构造背景，寻找有利烃源岩发育区；②分析古海洋、古气候条件，重建冰期–间冰期沉积旋回特征以及水体中氧气和营养物质来源，评价不同地质历史时期生物发育程度；③研究黑色岩系发育沉积环境、生物类型等，探讨有机质空间分布和生烃潜力。

（2）以实验室模拟为基础，开展高温高压条件下油气生成过程中的有机–无机相互作用。模拟不同条件下水参与的化学反应，并结合量子化学计算结果，分析水的油气生成过程中的作用机理及贡献；查明地质体中无机元素与有机质的共生关系，并模拟过渡金属元素对烃类裂解的催化效应；研究深部地质体中碳源和氢源以及所处的温压条件、介质环境，探讨费托合成反应的可能性及对深部天然气成藏的贡献。

（3）针对叠合盆地多期演化、多期成藏的特点，解剖关键地质历史时期的烃源灶空间分布规律，研究不同类型烃源灶的规模及相互转化过程；研究不同成熟阶段烃源岩内及储集层中烃类组分及裂解潜力，进一步丰富和完善叠合盆地"多勘探黄金带"石油地质理论；加强深层油气地质条件和成藏过程解剖，评价深部油气地质资源和可采资源。

（4）建议专门针对深层烃源岩，实施科学钻探，获取深层温度、压力数据及流体、岩石样品，为深层烃源岩研究提供第一手数据和样品，推动实验室研究向地质评价发展。

── 参考文献 ──

［1］ Amrani A, Zhang TW, Ma QS, Ellis GS and Tang YC. The role of labile sulfur compounds in thermochemical sulfate reduction［J］. Geochimica et Cosmochimica Acta, 2008, 72: 2960–2972.

［2］ Arca M，Arca E，Yildiz A，et al. Thermal stability of poly（pyrrole）［J］. Journal of Materials Science Letters，1987，6：1013-1015.

［3］ Behar F， Vandenbroucke M. Experimental determination of the rate constants of the n-C thermal cracking at 120，400 and 800 bar：implications for high-pressure/high-temperature prospects［J］. Energy and fuels，1996，10（4）：932-940.

［4］ Behar F， Lorant F， Mazeas L. Elaboration of a new compositional kinetic schema for oil cracking［J］. Organic Geochemistry， 2008， 39：764-782.

［5］ BeHar F， Roy S， Jarvie D. Artificial maturation of Type I kerogen in closed system：Mass balance and kinetic moddling［J］. Organic Geochemistry， 2010， 41：1235-1247.

［6］ Cramer B， Eckhard F， Gerling P， et al. Reaction kinetics of stable carbon isotopes in natural gases insights from dry， open system pyrolysis experiments［J］. Energy & Fuels， 2001， 15：517-532.

［7］ Cramer， B.， Methane generation from coal during open system pyrolysis investigated by isotope specific， Gaussian distributed reaction kinetics［J］. Organic Geochemistry， 2004， 35：379-392.

［8］ Dai， J.X.， Song， Y.， Dai， C.S.， 1995. Inorganic gas and the gas pooling conditions in east China. Science Press China， 3. 157-162.

［9］ Dieckmann V， Schenk H J， Horsfield B， et al. Kinetics of petroleum generation and cracking by programmed-temperature closed-system pyrolysis of Toarcian Shales［J］. Fuel， 1998， 77（1-2）：23-31.

［10］ Dieckmann， V.， Ondrak， R.， Cramer， B.， et al. Deep basin gas：New insights from kinetic modelling andisotopic fractionation in deep-formed gas precursors［J］. Marine and Petroleum Geology， 2006， 23：183-199.

［11］ Durand B， Paratte M. Oil potential of coals：a geochemical approach. In：Brooks， J.（Ed.）， Petroleum Geochemistry and Exploration of Europe. Geological Society Special Publication， 1983.

［12］ Ellis G S， Zhang T， Ma Q， et al. Kinetics and mechanism of hydrocarbon oxidation by thermochemical sulfate reduction. 23rd IMOG meeting， Torquay， United Kingdom， Org. Geochem.， 2007.

［13］ Erdmann， M.， Horsfield， B. Enhanced late gas generation potential of petroleum source rocks via recombination reactions：Evidence from the Norwegian North Sea［J］. Geochimica et Cosmochimica Acta 70， 2006：3943-3956.

［14］ Hao F， Zhang X F， Wang C C， et al. The fate of CO2 derived from thermochemical sulfate reduction（TSR）and effect of TSR on carbonate porosity and permeability， Sichuan Basin， China［J］. Earth-Science Reviews， 2015， 141：154-177.

［15］ He K， Zhang S C， Mi J K， et al. The speciation of aqueous sulfate and its implication on the initiation mechanisms of TSR at different temperatures［J］. Applied Geochemistry， 2014， 42：121-131.

［16］ Hesp W， Rigby D. The geochemical alteration of hydrocarbons in the presence of water［J］. Erdöl und Kohle-Erdgas， 1973， 26：70-76.

［17］ Hill， R.J.， Tang， Y.， Kaplan， I.R. Insights into oil cracking based on laboratory experiments. Organic Geochemistry， 2003. 34， 1651-1672.

［18］ Hoering T C. Thermal reactions of kerogen with added water， heavy water and pure organic substances［J］. Organic Geochemistry， 1984， 5：267-278.

［19］ Horsfield B， Schenk H J， Mills N， Welte D H. An investigation of the in-reservoir conversion of oil to gas：compositional and kinetic findings from closed-system programmed-temperature pyrolyses［J］. Organic Geochemistry， 1992， 19：191 — 204.

［20］ Hunt J M. Petroleum Geochemistry and Geology［M］. New York：W.H. Freeman and Company， 1996.

［21］ Jarvie D， Hill R， Ruble T， et al Unconventional shale-gas systems：The Mississippian Barnett Shale of north-central Texas as one model for thermogenic shale-gas assessment［J］. AAPG Bulletin， 2007， 91，（4）：475-499.

［22］ Leif R N, Simoneit B R T. The role of alkenes produced during hydrous pyrolysis of a shale ［J］. Organic Geochemistry, 2000, 31: 1189-1208.

［23］ Lewan M D. Experiments on the role of water in petroleum formation ［J］. Geochimica et Cosmochimica Acta, 1997, 61: 3691-3723. Organic Geochemistry, 2011, 42: 31-41.

［24］ Lewan M, Roy S. Role of water in hydrocarbon generation from Type-I kerogen in Mahoany oil shale of the Green River Formation ［J］.

［25］ Mahlstedt, N., Horsfield, B., 2012. Metagenetic methane generation in gas shales I.Screening protocols using immature samples. Marine and Petroleum Geology. 31, 27-42.

［26］ Mango F D, Hightower J W, James A T. Role of transition — metal catalysis in the formation of nature gas ［J］. Nature, 1994, 368: 536.

［27］ Mango F D, Elrod L W. The carbon isotopic composition of catalytic gas: A comparative analysis with natural gas ［J］. Geochim. Cosmochim. Acta, 1999, 63: 1097-1106.

［28］ Monthioux M, Landais P, Durand B. Comparison between extracts from natural and artificial maturation series of Mahakam Deha coals ［J］. Organic Geochemistry, 1986, 10: 299-311.

［29］ Pan C C, Geng A S, Zhong N N, et al. Kerogen pyrolysis in the presence and absence of water and minerals: Amounts and compositions of bitumen and liquid hydrocarbons ［J］. Fuel, 2009, 88 (5): 909-919.

［30］ Pan C C., Jiang L L., Liu J Z., et al. The effects of calcite and montmorillonite on oil cracking in confined pyrolysis experiments ［J］. Organic Geochemistry, 2010, 41: 611-626.

［31］ Pepper A S, Corvi P J. Simple kinetic model of petroleum formation. Part I: oil and gas generation from kerogen. Marine and Petroleum Geology, 1995, 12 (3): 291-319.

［32］ Pepper A S, Dodd T A. Simple kinetic models of petroleum formation. Part II: oil-gas cracking ［J］. Marine and Petroleum Geology, 1995, 12 (3): 321-340.

［33］ Price L C. Thermal stability of hydrocarbons in nature: Limits, evidence, characteristics and possible controls ［J］. Geochimica et Cosmochimica Acta, 1993, 57 (4): 3261-3280.

［34］ Prinzhofer A A, Huc A Y. Genetic and post-genetic molecular and isotopic fractionations in natural gases ［J］. Chemical Geology, 1995, 126: 281-290.

［35］ Rowe D, Muehlenbachs A. Low-temperature thermal generation of hydrocarbon gases in shallow shales ［J］. Nature, 1999, 398: 61-63.

［36］ Ruble T E, Lewan M D, Philp R P. New insights on the Green River petroleum system in the Uinta basin from hydrous pyrolysis experiments ［J］. AAPG Bulletin, 2001, 85: 1333-1371.

［37］ Schenk H J, Primio R D, Horsfield B. The conversion of oil into gas in petroleum reservoirs: Part 1.Comparative kinetic investigation of gas generation from crude oils of lacustrine, marine and fluviodeltaic origin by programmed-temperature closed-system pyrolysis ［J］. Organic Geochemistry, 1997, 26: 467-481.

［38］ Scott, A.R. Compositional variability and origins of coal gases. In: Scott, A.R., Tyler, R.(Eds.), Geologic and Hydrologic Controls Critical to Coal bed Methane Production and Resource Assessment. Coal bed Methane Short Course, Bureau of Economic Geology, Brisbane, Australia, 1998.

［39］ Seewald J S. Organic-inorganic interactions in petroleum-producing sedimentary basins. Nature, 2003, 426: 327-333. Staiforth. Practical kinetic modeling of petroleum generation and expulsion ［J］. Marine and petroleum geology, 2009, 26: 552-572.

［40］ Tang Y C, Ellis G S, Zhang T W, et al. Effect of aqueous chemistry on the thermal stability of hydrocarbons in petroleum reservoirs ［J］. Geochimicaet Cosmochimica Acta, 2005, 69: A559.
Teichmüller M. The genesis of coal from the viewpoint of coal petrology. International Journal of Coal Geology, 1989, 12: 1-87.

［41］ Tissot B P, Welte D H. Petroleum Formation and Occurrence ［M］. New York: Springer-Verlag, 1978.

［42］ Tissot B，Durand D，Espitalie J，et al. Influence of nature and diagenesis of organic matter in formation of petroleum［J］. AAPG，1974，58（3）：499-506.

［43］ Wei Z B，Moldowan J M，Dahl J，et al. The catalytic effects of minerals on the formation of diamondoids from kerogen macromolecules［J］. Organic Geochemistry，2006，37：1421-1436.

［44］ Zhang S C，Wang X M，Hammarlund E，et al. Orbital forcing of climate 1.4 billion years ago［J］. Proceedings of the National Academy of Sciences，2015，1-8.

［45］ Zhang T W，Amrani A，Ellis G S，Ma Q S and Tang Y C. Experimental investigation on thermochemical sulfate reduction by H2S initiation［J］. Geochimica et Cosmochimica Acta，2008，72：3518-3530.

［46］ Zhang T W，Ellis G S，Ma Q S，Amrani A，Tang Y C, Kinetics of uncatalyzed thermochemical sulfate reduction by sulfur-free paraffin. Geochim. Cosmochim. Acta，2012，96，1-17.

［47］ Zhu，G Y.，Zhang，S C.，Chen L.，Yang，H J.，Yang，W J.，Zhang，B.，Su，J.，2009. Coupling relationship between natural gas charging and deep sandstone reservoir formation：A case from the Kuqa Depression，Tarim Basin. Petroleum Exploration and Development 36（3）：347-357.

［48］ 陈建平，黄第藩，李晋超，等. 西北地区侏罗纪煤系有机质成烃模式［J］. 地球化学，1999，28（4）：327-339.

［49］ 戴金星，戚厚发，王少昌，等. 我国煤系的气油地球化学特征、煤成气藏形成条件及资源评价［M］. 北京：石油工业出版社，2001：43-45.

［50］ 戴金星. 中国煤成气研究30年来勘探的重大进展［J］. 石油勘探与开发，2009，36（3）：264-279.

［51］ 戴金星，等. 中国煤成大气田及气源［M］. 北京：科学出版社，2014.

［52］ 傅家谟，史继扬. 石油演化理论与实践-I，石油演化的机理与阶段. 地球化学，1975（2）：87-110.

［53］ 冯子辉，侯读杰. 原油在储层介质中的加水裂解模拟实验［J］. 沉积学报，2002，20：505-510.

［54］ 黄第藩. 我国石油地球化学研究和应用方面几个问题的探讨. 石油与天然气地质，1984，5：305-314.

［55］ 李术元，钱家麟，秦匡宗，等. 油页岩热解本征动力学研究［J］. 石油学报，1986，2（3）.

［56］ 刘池洋，毛光周，邱欣卫，等. 有机—无机能源矿产相互作用机器共同成藏（矿）［J］. 自然杂志，2003，35（1）：47-55.

［57］ 刘文汇，郑建京，妥进才，等. 塔里木盆地深层气. 北京：科学出版社，2007.

［58］ 卢双舫. 有机质成烃动力学理论及其应用. 北京：石油工业出版社，1996.

［59］ 彭平安，邹艳荣，傅家谟. 煤成气生成动力学研究进展. 石油勘探与开发，2009（3）：297-306.

［60］ 帅燕华，张水昌，罗攀，等. 地层水促进原油裂解成气的模拟实验证据［J］. 科学通报，2012，57（30）：2857-2863.

［61］ 王道钰，王德进，钱家麟. 油页岩和生油岩热解平行和连续反应模型的研究和数值模拟计算［J］. 华东石油学院学报，1985，9（3）.

［62］ 杨国华，吴肇亮，刘庆豪，等. 不同类型干酪根热解生烃动力学研究（一）［J］. 石油大学学报，14（1）.

［63］ 张水昌，梁狄刚，张宝民，等. 塔里木盆地海相油气的生成［M］. 北京：石油工业出版社，2004.

［64］ 张水昌，胡国艺，米敬奎，等. 三种成因天然气生成时限与生成量及其对深部油气资源预测的影响［J］. 石油学报，2013，34（S1）：41-50.

［65］ 赵文智，王兆云，张水昌，等. 有机质"接力成气"模式的提出及其在勘探中的意义［J］. 石油勘探与开发，2005，32（2）：1-7.

［66］ 赵文智，王兆云，王红军，等. 再论有机质"接力生气"的内涵与意义［J］. 石油勘探与开发，2011，38（2）：129-135.

［67］ 赵文智，胡素云，刘伟，等. 论叠合含油气盆地多勘探"黄金带"及其意义［J］. 石油勘探与开发，2015，42（1）：1-12.

［68］ 邹才能，杜金虎，徐春春，等. 四川盆地震旦系-寒武系特大型气田形成分布、资源潜力及勘探发现［J］. 石油勘探与开发，2014，41（3）：278-293.

深层构造地质学学科发展研究

盆地深层构造地质学是应用现代的地球科学理论和地球物理学、地球化学与地质学的方法综合研究盆地深部的物质组成、地质结构及其形成演化过程，探讨资源、能源矿产分布的构造控制规律的一门学科。中国的沉积盆地多为叠合盆地，叠合盆地深层的原型及其构造、古地理演化、建造与改造的动力学过程、构造演化对油气成藏条件的控制作用是我国石油构造学家研究的核心内容，经过半个多世纪的艰苦努力，我国学者在这一领域取得重要进展。回顾历史，对比中外，我国盆地深层的构造学研究基础理论与实际需求方面仍有较大差距，需要在盆地发育的构造环境、深部背景、形成演化过程等方面进行深入探索，在活动论构造－古地理、三维构造复原、岩石流变分析与四维动态模拟方面取得实质性突破。通过大力培养创新人才、选准研究突破方向、提升技术储备与开展扎实基础工作，可望取得深层构造地质学的战略突破。

1 本学科在深层油气地质学中的地位与作用

沉积盆地中，相对于浅层，盆地深层的地质结构、构造变形、流体活动与资源、能源矿产的分布都与浅层有很大差异：深层的地层组成不一样（如海相碳酸盐岩、火山岩）；因沉积覆盖，温度、压力急剧增大，超压普遍发育，超压的出现引起地层的力学强度减小，从而出现变形机制的变化；深层也常受到基底断层或来自更深部的热流体的影响，有他源物质的加入，如岩浆、CO_2、CH_4、H_2S 等；深层受到后期构造活动的多次改造。

盆地之深层，经历了由浅表至深部的复杂过程。由于地质时间久远，地质作用多样，现今盆地深层的结构既具有物质形成时的初始形态，也有后期演化的改造烙印。由于目前地球物理技术的精度限制，其面貌常难以清晰示人。研究盆地深层的构造地质学，就是应用现代的地球物理技术（如高精度重、磁、电、震、热）与钻探资料研究盆地深部的物质组成、结构形态与构造格架；应用现代的地质学理论（如板块构造理论、大陆动力学、盆地动力学等）和方法（如构造复原、平衡剖面、层序地层、构造－地层分析等）研究它们的形成与演化过程及其成因机制。

开展盆地深层构造地质学的研究，可以揭示沉积盆地发展早期的物质记录，这些"记录"是当时地球深部过程与浅表活动相互作用的结果，透过它们可以反演该阶段的地球动力学过程；开展盆地深层构造地质学的研究，可以揭示盆地深层的地质结构、构造样式及其变化特点，它们是长期、多期构造变形的结果，透过它们可以复原不同地质时期的构造应力场、作用力方向与大小、叠加变形特征与改造状态，从而恢复盆地深层从其物质建造到改造定型的全过程；开展盆地深层构造地质学的研究，可以揭示烃源岩、储集体、封盖层发育的构造－古地理环境及其岩相带的展布，从而为厘定生－储－盖的空间组合与分布提供直接约束；开展盆地深层构造地质学的研究，可以揭示盆地热场的演化特点，不但恢复盆地的古地温演变，而且藉此可重建生油岩的热演化历史，为确定深层油气的生－排－运高峰期奠定基础；开展盆地深层构造地质学的研究，可以揭示深层断裂系统、不整合面、孔－洞－缝系统的演变，透过它们可以再现古构造发育与演化过程，它们约束了油气运移格局的演变，从而控制了油气聚集的有利部位。由此可见，盆地深层构造地质学的研究不仅刻画深层物质的建造与改造过程，而且描述深层含油气系统发育的时间－空间格架，直接约束了油气成藏要素（生、储、盖、上覆岩层）与油气成藏作用（圈闭形成、生烃、运移－聚集、保存）赋存的地质环境，为剖析油气田的形成与分布规律提供了重要条件。

2　深层构造地质学发展现状和进展

深层地质体由于形成时间长，埋藏深度大，影响因素众多，具有不同于中浅层构造的温度场、压力场与应力场以及"三场"耦合关系，在构造几何学特征、运动学过程和动力学机制等方面深层与中浅层相比具有较大的差异性。随着研究的深入和方法技术手段的进步，深层构造地质学在研究盆地深层地质结构与变形系统、盆地古构造形成演化过程、原型盆地复位与复原、大陆构造动力学机制以及深层构造对油气系统的控制作用等方面取得了长足进步。

2.1　发展现状

2.1.1　盆地深层的区域构造格局与构造－古地理研究

盆地深层在其沉积的地质时期，往往处于克拉通板块或微板块之上或其边缘，其间为洋盆或陆间裂谷分割，这时它们可能仅为沉积区，不一定具备盆地形态。同时，它们沉积时的位置也不在现今部位（例如：华北、扬子、塔里木在早古生代处于南半球低纬度地区），这就要求分析其沉积环境时一定要避免"刻舟求剑"，通过现代地球物理学手段（如古地磁学）与地质学方法（如古气候、古生态等）复原其构造 – 古地理环境，包括"复位"与"复原"。

通过古地磁学方法为主的"板块构造复位"，即板块重建一直是全球构造研究的前沿。自 Wegener 至今已一百多年，已经从几个大板块关系的重建，逐渐深入到现今各微地块的精细重建，目前已进入大数据时代，体现出多学科交叉协同、集成综合的特征。自最早利用计算机从事板块重建以来，除仍然依据古地磁极移进行板块重建外，又发展了板块和地质重建程序，较有特色的板块重建研究包括：古地貌、动力地形和沉积岩相重建；海底磁条带和古水深重建；侧重于岩相古地理、古环境相结合的重建；古地磁条带和蛇绿岩对比；变质动力学和碰撞造山带事件对比；古地磁极移和地质综合对比；基于古生物地理和古气候的综合；结合深部地球物理（层析成像）；碎屑锆石年龄谱对比；打破刚性板块理念，开启可变形板块和动力地形重建等。在重建板块的时代上也有所侧重，20 世纪初提出了 2.5 亿年左右的 Pangea 重建开始，到 20 世纪 90 年代初重点是 10 亿年左右的 Rodinia 超大陆重建，90 年代末则重点是古元古代 18 亿年 Columbia 超大陆重建。对中国境内各个块体的复位也开展了长期探索，目前对主要地质时期不同块体的相对位置及其在全球大陆格局中的展布已经有所共识，目前张国伟领导的"东亚大陆重建"正在开展这项研究。

对盆地深层进行"复原"，包括重建其沉积、构造 – 古地理环境及其构造 – 沉积单元与沉积充填序列及其演化，即环境与该环境之下的物质构成，主要是在"新全球构造观"与"活动论构造 – 古地理"思想的指导下开展分区、分层系、分时段的构造 – 沉积环境与物质充填的精细研究。欧洲、北美、西伯利亚地块等构成的劳伦古陆在不同地质时期的构造 – 岩相古地理的复原，堪称典范。21 世纪以来，新一代的古地理图逐渐编制出来。中国地质调查局近来编图项目应用"多岛洋（海）构造古地理格局"的学术思想研究青藏、中亚的构造 – 沉积环境变迁，以及所开展的一系列古大陆边缘原型盆地和古洋盆演化的研究，都体现出"活动论构造 – 古地理"思想。

在对盆地深层"复位"与"复原"研究基础之上，可以描述其区域构造格局、区划不同地质时期的构造单元，总结不同级次的古构造单元的特点。

2.1.2 盆地深部探测及其对深部地质背景的约束

地表—近地表地质过程与深部地球动力学过程之间存在着紧密的联系。在盆地"深层"形成与改造的过程中，始终受控于更深部的地质背景，而这一背景随着地质历史时期的变化又不断更替、演进。因此，国内外对这一领域开展了长期的探索。

20 世纪 70 ~ 80 年代美国大陆反射剖面探测联盟计划（COCORP），开辟了以深地震反射为主的深部探测，首次揭示了北美中陆区下伏的裂谷盆地的地壳精细结构，确定了落基山前陆区的大规模推覆构造及下伏油田，成为深部探测的成功范例。80 年代以来，国际岩石圈委员会（ILP）的全球地学断面计划（GGT），完成了全球数十条数共计数万千米长的地学断面。欧洲国家的深部探测计划，建立了碰撞造山理论和薄皮构造理论，首次发现了古生代乌拉尔造山带残留的山根。加拿大岩石圈探测计划（LITHOPROBE，

1984～2003）形成了第一条纵贯北美大陆的岩石圈剖面，证实了古板块构造开始于 30 亿年前，修正了板块碰撞与新地壳形成过程，揭示了若干大型矿集区深部构造。澳大利亚四维地球动力学（1992～2000）、玻璃地球和 AuScope 计划，以岩石圈结构与成矿带精细探测为支撑，重点解决成矿理论和资源评价问题。2003 年美国开始的 Earth-Scope 计划，主要包括美国地震阵列（USArray）、圣安德列斯断裂深部探测（SAFOD）、板块边界探测（PBO）和合成孔径干涉雷达（INSAR）探测等项目，在大陆形成与演化、地震成因等方面取得重要进展。2008 年至今中国实施的深部探测专项（Sinoprobe），完成了全国 4°×4°、华北和青藏高原 1°×1° 的大地电磁阵列观测，完成了青藏高原、华南－中央造山带、华北和东北等多条超长深地震反射与折射剖面联合探测、宽频带地震与大地电磁剖面观测，其中深地震反射剖面约上万千米，对于揭示松辽、渤海湾、四川、鄂尔多斯、塔里木、准噶尔等盆地的地壳精细结构，环青藏高原巨型盆－山体系的深部背景，中生代以来中国大陆的构造演化（如华南陆内变形、华北克拉通减薄与破坏、东西部地貌系统与物质的大转换等）提供了直接约束。

2.1.3 盆地深层的构造解析与三维构造模型研究

由于油气勘探开发逐渐向盆地深层转移，高精度的三维地震资料与深井钻探大量增加，为揭示盆地深层的地质结构提供了高分辨率的"透视镜"。例如，北海、墨西哥湾、阿尔伯塔、渤海湾等世界上高勘探程度的盆地，大连片三维地震资料覆盖盆地大部分，部分区块甚至实施了二次三维。盆地深层钻井已经逼近万米深度，例如，墨西哥湾瓜达卢佩（Guadalupe）勘探井钻井深度达到 9197 米；在 Keathley Canyon 642 区块的 Leon 井完钻井深 9684 米，发现了 150 米厚的有效产油层。塔里木盆地的探井在台盆区钻达 8480 米，在库车前陆区也钻到 8000 米以下。

超深井与高精度三维地震资料对深层的断裂系统、不整合面、浊积岩体、礁滩体、缝－洞系统、台缘的迁移、盐丘活动及袖珍盆地、双重构造与构造楔等给出了高精度的图像，不仅为圈闭系统的分析，也为储集体与储盖组合的分布预测提供了精确的参数，藉此可以开展三维地质建模工作，揭示构造带、储集体等在三维空间的形态及其与其他地质体的空间关系，目前这已是相对成熟的技术。

2.1.4 盆地深层的构造变形系统研究

大陆岩石圈垂向分层的流变学结构决定了构造变形由深及浅由韧性、脆－韧性向韧－脆性、脆性过渡。岩石组成是控制沉积层序构造变形的主要因素，深层盆地结构与其受到的应力状态（包括挤压、伸展和走滑）、深部岩石能干性以及岩石的化学组成、温压状态、含水性等因素密切相关。地壳中浅层常处于脆性/韧性过渡带（约 12～15 千米埋深）之上，表现为脆性变形，地震发育；脆性/韧性过渡带之下，以韧性变形为主，发育深成（高温、高压、流体）环境下的构造，以塑性褶皱作用和花岗岩或其他混合岩、岩浆岩的侵位为特征。

因此，在研究盆地深层的构造变形时，充分利用了构造地质学近 30 年来的两个主要进展，即研究韧性域流变机制的韧性剪切带理论与定量研究脆性域变形的断层相关褶皱理论。虽然由于岩石剥露层次的差异，关于韧性剪切带的研究主要局限在造山带，而探索与应用断层相关褶皱理论的主要在沉积盆地。很明显，沉积盆地及其下岩石圈的多层次滑脱的构造现象将从深部的韧性剪切与拆离滑脱向沉积盖层中的脆性变形、多层滑脱变形逐渐过渡，从而出现多层次、多成因、多阶段、多类型滑脱变形的现象，反映出岩石圈流变学结构控制了构造变形的差异。

半个多世纪以来，已识别出大量的滑脱构造，建立了多种滑脱构造变形模式，对其成因进行了卓有成效的探索。这些研究在中国中西部沉积盆地、落基山前陆、阿尔卑斯山前陆、安第斯前陆及被动大陆边缘深水区等取得了明显进展。

2.1.5 盆地深层油气藏形成与分布的构造控制特征

近10年来，国内外深层油气勘探取得了重要进展，深层油气已经成为油气勘探发现的重要接替领域。勘探与研究表明，在伸展期，克拉通内坳陷的下斜坡、克拉通边缘，或湖湘断陷盆地之中常发育优质的烃源岩；在聚敛期，则形成岩溶系统、构造或构造-岩性圈闭；而盆地深层的古隆起及其斜坡带、一些典型构造样式如前陆冲断构造、伸展滑脱构造是油气聚集的主要领域。

古隆起形成演化过程能为油气的生成、运移、聚集创造有利条件，因此被认为是石油和天然气的有利聚集区域，这已为世界勘探实例多次证明。近三年来，四川盆地中部发现的安岳气田加深了这一认识。20世纪90年代，前人就对四川盆地乐山-龙女寺古隆起的构造特征、形成演化过程及成藏条件进行了分析，指出震旦系灯影组有着丰富的气源，较好的储层条件，较大的圈闭，具备形成大中型气田的地质条件。在长期研究基础上，2012—2015年，中石油西南油气田公司在四川盆地安岳气田磨溪区块寒武系龙王庙组、高石梯区块上震旦统灯影组喜获天然气三级储量达万亿立方米的重大突破。研究表明，古隆起演化是控制油气聚集与安岳特大型气田形成的主因。人们认识到，大型古隆起背景、大型网状供烃系统、规模化的颗粒滩储集层以及区域性的储盖组合是特大型气田形成的重要条件；深层寒武纪原型盆地是控制烃源岩发育的关键影响因素，在德阳-安岳地区发育呈北西走向的早寒武世台内裂陷，台内裂陷控制了生烃中心、资源规模和油气成藏组合；同时，德阳-安岳台内裂陷形成的古地貌高地则控制了龙王庙组优质储层的形成和分布。

前陆冲断构造是盆地深层油气聚集的重要类型，尤其是在盐层发育的地方，如扎格罗斯山、天山、落基山等部位。如库车前陆盆地深层，在古近系膏盐层之下下白垩统砂岩形成的冲断席中，发现了克深2、克深5、克深7、博孜1等多个大型气田，天然气资源规模已达万亿立方米，克拉苏构造带勘探深度目前已达8000米。

伸展滑脱构造也是盆地深层油气聚集的主要类型，如在巴西海上桑托斯盆地白垩系断陷中发现了多个巨型油气田，在我国松辽盆地深层徐家围子断陷，渤海湾盆地冀中深潜山、珠江口盆地白云凹陷等深层构造中也取得重大勘探发现和进展。

此外，克拉通盆地深层的坳拉槽再次被重视，可能是深层"元古界含油气系统"的主体。坳拉槽为克拉通早期演化中的重要构造，Shatsky 认为坳拉槽及其开口的大盆地的沉降是地壳或上地幔密度的变化，基底断层控制了它的走向及复活。塔里木盆地满加尔凹陷被认为是一个未发育成大洋的坳拉槽；震旦纪 – 早奥陶世，满加尔凹陷总体处于伸展构造环境，其东部形成库 – 满坳拉槽，接受了一套浅海陆棚 – 次深海盆地相碳酸盐岩、碎屑岩和火山岩沉积；晚奥陶世，充填巨厚的桑塔木组碎屑岩。最新研究发现，在鄂尔多斯地区，中元古界长城系存在裂谷，地震大剖面显示出长城系明显的断陷沉积特征，伊盟隆起区钻井也揭示长城系裂谷的存在。这些坳拉槽可能对油气聚集有重要贡献。

盆地深层油气藏的形成与分布往往受上述一系列因素的联合控制。例如，四川盆地海相油气的分布主要受拉张槽、古隆起和盆山结构的联合控制。

2.1.6 盆地深层构造演化的模拟技术

深层高温、高压条件、含流体条件下，实验岩石学、岩石力学关于不同岩石的流变行为与变形状态研究有新的进展，例如对泥岩、盐岩、煤层、灰岩等的蠕变实验，建立了不同岩性的流变方程。它们是构造物理模拟与数值模拟的基础。

构造物理模拟实验应用物理模拟的方法研究地质构造变形特征。国外目前有多个石油公司（如 Shell、Mobil 等）及大学建有专门的构造物理模拟实验室。目前，构造物理模拟实验已从单纯的形态再现向可视化、定量化全信息技术方向发展，其主要进展体现在实验材料、实验装置的革新，地震层析等成像技术及三维地质建模的联合应用上。如实验材料从早期的蜡、石膏、松脂、凡士林等物质发展到石英砂和聚合硅树脂、空心陶瓷微球体等。我国学者早在 20 世纪 20 – 30 年代就已经开展了物理模拟实验，并在此基础上提出断块构造理论等。目前，我国已经在多个盆地开展了这类研究，如莺歌海盆地泥底辟形成机理模拟、塔里木盆地盐构造相关物理模拟。其中盐相关构造模拟是一个研究亮点。针对盐构造物理模拟实验结果的观测和分析，已提出了一些创新性的方法和技术，如利用染色标志层追踪盐体流动路径，仰视技术分析源盐层流动，激光扫描成像技术分析模拟表面变形特征，CT 扫描技术分析三维立体结构变形特征，利用虚拟剖面对构造变形进行三维显示等。现今，国际上针对伸展、挤压、走滑等不同构造背景下的盐构造变形和演化开展了大量物理模拟实验，如：对薄皮拉伸、厚皮拉伸、薄皮压缩、厚皮压缩、走滑拉分、主动刺穿等形式的盐构造运动。此外，在冲断构造和正反转构造的物理模拟方面也取得重要进展。

数值模拟技术综合利用地质、地球物理、地球化学等研究成果，建立和模拟不受时空限制的各种地质模型，实现多变量、多机制等多场耦合与叠合作用下地质体变形、变位特征分析，从而更加深入理解和认识地质历史时期内岩石圈构造、热结构、应力应变场的演变过程及形成机理等。计算机技术的快速发展为数值模拟研究提供了条件，构造变形动力学数值模拟方法已较成熟，主要利用有限元和有限差分方法；模拟中也充分考虑到岩石圈的流变学特性，更大程度上考虑到实际地质状况。如板缘力驱动下板内应力应变演化的模拟、板块俯冲过程及俯冲带中变形模拟、大陆引张和盆地形成过程模拟、印度板块和欧亚板块碰撞后板块边缘变形与地幔对流之间的耦合关系模拟、深部地幔与浅层地貌的四维动态演化与互馈机制模拟、变形 – 流体 – 热力学 – 化学反应全耦合的模拟方法实现对构造控矿理论的研究和找矿勘探的应用等。

近年来，我国也开展了类似研究工作。中英合作完成的有限元粘弹塑构造数值模拟技术 FEVPLIB 成果模拟了青藏高原西部横过西昆仑和塔里木结合带剖面的动力学演化过程；采用粘弹性动力学模型模拟研究了岩石圈流变性对拉张盆地构造热演化的影响；利用数值模拟的方法研究了东亚大陆在不同的边界条件、不同的剥蚀率系数及不同的岩石力学参数条件下的形变及应力场格局；黏性薄层流变模型中控制大陆形变的连续性方程得到修改，将剥蚀作用对高原隆升演化的影响直接引入该方程，并考虑下伏地幔小尺度对流对增厚岩石层的搬离作用对高原隆升演化后期的影响，用有限差分法直接模拟青藏高原隆升过程；数值模拟得到的高原隆升演化过程与实际观测资料吻合较好，揭示了高原隆升演化过程的非平稳和多阶段的特性。

2.2 主要进展

2.2.1 叠合盆地类型与深层地质结构

中国大陆处在古亚洲洋构造域、特提斯构造域与环太平洋构造域复合作用范围内，中 – 晚三叠世完成主体拼合，此后处于陆内演化阶段；50Ma 左右，印度大陆与之碰撞，其后持续挤压、块体调整、中西部陆内前陆盆地形成，东部则伸展裂陷。从而形成了独具特色的中国型沉积盆地 – 叠合盆地。

半个多世纪以来，历经三代地质工作者的勘探实践与研究，逐渐建立与完善了中国叠合盆地的油气地质理论。叠合盆地是"因运动体制（包括构造体制与热体制）变革，不同阶段的原型盆地发生叠合而形成的具有叠加地质结构的盆地"，主要有图1所示的四种基本类型。

前陆型叠合盆地以塔里木、四川、准噶尔等盆地为特色，前陆盆地叠置在被动大陆边缘、断陷或坳陷盆地之上（图1①）。坳陷型盆地以鄂尔多斯、松辽盆地为代表（图1②），其下为裂谷、克拉通内坳陷，其上发育陆内坳陷，边缘有前陆盆地或断陷盆地叠加。断陷盆地以渤海湾、江汉、苏北 – 南黄海盆地为代表，断陷盆地叠置在前期挤压型盆地、坳陷或裂谷之上（图1③）。走滑型以柴达木盆地为代表，由于边界为压扭性、张扭性断裂，它们的幕式活动导致旁侧不同阶段多种性质的坳陷或断陷的迁移与叠加（图1④）。由此可见，叠合盆地（中）深层的地质结构多样，在不同阶段发育不同性质的原型盆地，在同一时期，还可以由多个不同性质的原型盆地相复合。

受制于全球构造旋回，如 Rodinia 与 Pangea 旋回，在它们裂解与汇聚过程中分别发育伸展型与挤压型盆地，随构造旋回的演化，沉积盆地的叠加表现为图2所示的两种基本模式。其一是先拉张形成断陷盆地，拉张停止后逐渐发展成为克拉通内坳陷型盆地，沉积范围扩大，其后在汇聚过程中形成前陆盆地（图2①）。其二则相反，先形成前陆盆地，最后形成地堑、半地堑盆地，将前期挤压型盆地、克拉通内坳陷盆地进行掀斜、改造（图2②）。随时间演化，这2种模式还可以相间发育，从而出现了多旋回叠合盆地，例如塔里木、四川盆地。

2.2.2 叠合盆地深层的原型盆地恢复与构造－古地理重建

在不同的地质时期或阶段，盆地所处的构造－沉积环境与热状态不一样，它们所处的盆地类型也不相同，盆地内的沉积充填、沉降机理、变形样式等也有较大的变化，因此有机质的赋存环境、堆积速率、保存条件也不相同。即每一阶段的盆地实体与相应的成油环境各异，可将各个阶段或地质时期的"盆地"称之为原型盆地。根据威尔逊旋回，板块构造演化经历了一个从发生、发展到收缩、闭合的演化过程，在此过程中形成了多种类型的原型盆地。因此，沉积盆地的原型在地质历史时期的分布存在规律性变化。从全球盆地分布及其演化过程来看，前寒武纪残留下来的盆地主要是位于现今各大陆块之上的克拉通盆地或裂谷型盆地；早古生代呈漂移状态为主的大、小陆块主要形成被动大陆边缘和克拉通内盆地；晚古生代全球除了乌拉尔及阿特拉斯褶皱带发育前陆盆地外，其他地区仍以被动陆缘、克拉通内等伸展盆地为主；中生代潘吉亚超级大陆裂解，形成大量裂谷、被动大陆边缘盆地；新生代新特提斯洋及美洲大陆弧后海盆关闭形成两大前陆盆地群，太平洋西海岸海沟－岛弧－边缘海盆体系范围明显扩大，印度洋及大西洋持续发育共轭型被动大陆边缘盆地群。按原型盆地类型来看，被动大陆边缘盆地分布最广泛，其次是裂谷，弧前盆地最少。时代越新，原型盆地总数越多，其中被动陆缘、前陆、弧后及弧前盆地在新生代最多，但裂谷盆地在中生代最广泛，克拉通内盆地晚古生代最发育。

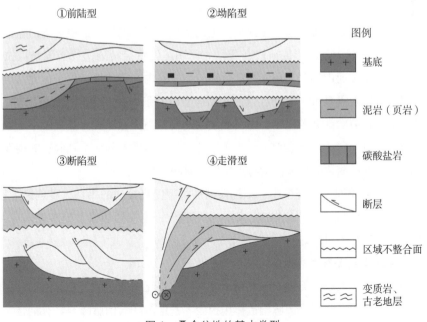

图 1　叠合盆地的基本类型

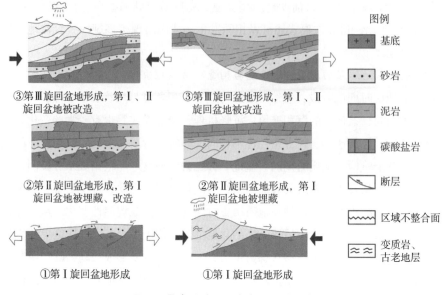

图例

基底
砂岩
泥岩
碳酸盐岩
断层
区域不整合面
变质岩、古老地层

③第Ⅲ旋回盆地形成，第Ⅰ、Ⅱ旋回盆地被改造　　③第Ⅲ旋回盆地形成，第Ⅰ、Ⅱ旋回盆地被改造

②第Ⅱ旋回盆地形成，第Ⅰ旋回盆地被埋藏、改造　　②第Ⅱ旋回盆地形成，第Ⅰ旋回盆地被埋藏

①第Ⅰ旋回盆地形成　　①第Ⅰ旋回盆地形成

图2　叠合盆地深层发育的两种模式

前已述及，深层原型盆地的恢复是深层油气勘探的关键基础。前人对不同板块之间的相互作用及多板块聚合的运动学过程进行了较为深入的研究，通过研究全球古地磁数据和古板块再造获得板块运动轨迹，这为深层原型盆地的"复位"提供了重要的约束条件。从周缘构造环境、构造变形、构造沉降、古气候古生态古地理、沉积充填、岩浆活动的构造环境等出发，可以对原型盆地进行"复原"，重建其构造－古地理环境，再现其构造－沉积环境演变历史。目前，对塔里木盆地、四川盆地以"组"为单位，较系统地复原了相应地质时期的构造－沉积环境，建立了原型盆地的演化序列，剖析了这些多旋回盆地的形成演化过程。前南华纪为基底形成阶段，震旦－奥陶纪发育克拉通边缘裂陷与克拉通内拗陷，志留纪发育克拉通内拗陷与周缘前陆盆地。克拉通内断陷或地堑位于盆地深层，具隐蔽性，如四川盆地晚震旦世－早寒武世的德阳－安岳裂陷、晚二叠世－三叠纪初的开江－梁平裂陷，基底断裂的活动控制了上覆沉积层系的发育与充填样式。其规模小于裂谷，长达数百千米；充填地层一般在数百米－上千米，与邻区厚度差异大；基底正断层发育，火山活动可能不强烈；演化具幕式活动特点，发育时间较短。

中国境内的克拉通地块规模小，平均仅国外大型内克拉通的1/15；震旦纪－三叠纪，游离于超级大陆的外围；侏罗纪以来，陆内变形强烈；克拉通边缘盆地多卷入造山变形，仅克拉通内盆地保存相对较好。

2.2.3　盆－山耦合及其对盆地深层结构的控制

盆地和造山带是大陆岩石圈表面的两个基本构造单元，在空间上相互依存，在物质上相互转换，盆地形成受到盆缘山脉构造作用控制，盆地沉降与山脉隆升具有耦合关系，盆地沉积记录了盆缘山脉构造作用过程。它们是统一区域动力作用的不同产物，二者在形成、演化过程中表现出复杂的相互直接作用或间接影响。盆、山耦合也是深层构造作用的主要表现形式，体现为盆山体系中构造、沉积与深部结构三个方面的耦合现象，构造耦合研究分析盆山结合带的统一变形特征，沉积耦合研究是通过沉积响应去重塑盆山耦合过程及相邻造山带的演化，深部结构耦合研究则在岩石圈尺度上剖析盆、山体系的动力学统一性。盆山耦合过程中物质交换在浅表层完成从山到盆以碎屑物质为主的转移，在中深层表现为各种脆性断层及方式不一、方向各异的复杂的韧性流变。

盆山耦合研究较为深入的是前陆盆地系统，借助于深部探测资料（如深反射地震剖面），将前陆盆地与深部地质过程和周缘构造背景密切关联，提出了前方（Pro-foreland）、后方（retro-foreland）前陆盆地的概念，如比利牛斯、阿尔卑斯、天山、秦岭－大别等山链及其两侧盆地系统。如天山造山带，在南北向构造应力场作用下，天山南北两侧中、新生代以来盆、山耦合关系有所不同。天山南部盆山结合带构造变形主要集中在南天山山前库车坳陷内，天山地壳上部沿库尔勒断裂冲到盆内中、新生代坳陷之上，基底部分较为破碎，以逆冲断裂形式卷入坳陷的构造变形；塔里木盆地下地壳、岩石圈地幔则向天山下部挤入，使南天山中下地壳增厚，盆山耦合关系表现为中下地壳及上地幔的层间插入与拆沉，造成天山地壳岩石圈增厚。天山北缘山前坳陷及盆地的基底与下伏地壳具有较高的刚性，受侧向挤压，北天山上地壳向盆地方向逆冲推覆；准噶尔盆地下地壳与上地幔则向北天山下部挤入，使天山地壳、岩石圈增厚并隆起。这样天山南北山前盆地构成统一变形的双指向的前陆盆地系统，位于俯冲板块之上的库车－塔北盆地为前方前陆盆地（pro-foreland basin），位于仰冲板块之上的准南－准中盆地为后方前陆盆地（retro-foreland basin）。类似的双指向前陆盆地系统也发生在秦岭－大别造山带两侧的 J_3-K_1 盆地内。

不同时期的盆山几何配置关系存在变化，如，四川盆地 K_1 以来的盆－山边界具有突变型与渐变型等方式，它们对盆地浅表及深层的影响是不同的。目前，将盆地与周缘造山带相结合，对盆地层序地层序列与多幕构造控制关系、盆地沉积物物源与山脉剥露过程关系、盆地沉降与山脉隆升关系、地表过程与构造作用关系、盆－山系统演化动力学等方面已开展了深入研究，从盆－山时空耦合及其演变的角度揭示了深层构造的现今保存状态与演变过程。已建立起挤压环境下前陆盆地、拉张环境下裂陷盆地、走滑环境下拉分盆地或走滑相关盆地的数字演化模型，也包括从物源（source）到汇聚堆积（sink）的过程及其构造的、气候的、地理的等动态因素互馈模型。

2.2.4 盆地深层多期叠加构造解析与三维构造建模

多期构造运动的结果是在盆地深层产生复杂的不整合面、断裂系统与地质结构。虽然应用现代石油工业数字二维与三维反射地震技术可以像工业 CT 一样以较高分辨率地"透视"深层盆地的地质结构，但构造解析的难度并未降低。对于不整合面的时间变量（时间间隔）、地理变量（空间分布）与几何变量（剥蚀量）的约束精度在逐渐提高，目前利用锆石、磷灰石的裂变径迹与 U–Th/He 方法并结合构造横剖面等地质方法对于剥蚀时间、剥蚀量进行约束，但对于叠合不整合面的分析仍缺乏有效手段。

多期叠加构造解析的另一方面是对断裂、断裂带、断裂系统的活动期次、序次、成因、应力场等的分析。除地质观察之外，对同构造沉积（生长地层）的年代学分析（如生物地层、磁性地层）及与断裂活动相关流体的定年（如同位素分析、包裹体分析）技术的进步为剖析断裂活动期次给予了定量约束，逐渐建立断裂世代与断裂系统概念。

古构造复原是再现多期构造叠加的关键方法，目前主要有三维构造复原和平面古构造恢复两种方法。前者是在建立地层层位模型、断裂模型基础上，建立框架模型、实体模型，进而应用地质力学方法进行逐步复原，目前主要应用在单个构造尺度，如对前陆区的构造解析。后者是在不整合面精细研究基础上，借助于井、震资料，应用三维盆地模拟技术，进行去压实校正、去褶皱、去断层恢复，进而复原不同地质时期不同界面的埋深状态（俗称宝塔图），可以表现出隆、坳格局变化、构造轴线迁移、构造高点摆动等地质现象，在油气工业中常用，但目前的精度仍有待提高。

三维构造建模是描述深层地质体的有效手段，这在工业界可谓得心应手。例如对于四川盆地乐山－龙女寺古隆起、鄂尔多斯盆地中央古隆起、塔里木盆地中央古隆起等的形态、产状、内部构成等开展了细致刻画；在库车前陆盆地深层，将大北－克深构造带的冲断片一个一个进行刻画，得到其三维展布形态与相互叠置图像，一个冲断片即是一个气藏。

2.2.5 盆地深层温度场、压力场、应力场及其耦合研究

深部构造作用影响着盆地的热结构，控制着盆地的古地温场，进而影响流体压力场。流体压力场的变化，如异常压力的出现将影响浅层地壳（盆地尺度）的强度，从而影响脆/韧性变形过渡的深度与构造变形样式。盆地深层常处于高温、高压环境，这一环境随着深部地质作用的幕式过程也可能出现旋回或世代特点，尤其是压力场出现"增压－泄压"的多个循环阶段。这在克拉通盆地、裂陷盆地、前陆盆地等多类盆地中都有出现。且当构造应力较大时，温度场、压力场、应力场的耦合影响着深层构造的发育与流体的运移、聚集。

在构建高精度地质演化模型的基础上，应用岩石热导率、包裹体温度压力分析、岩石力学等分析数据，可以在同一软件平台上（如 Ansys）进行不同地质时期温度场、压力场与应力场计算。

综上所述，近 30 年来，针对盆地及其周缘造山带的深层构造开展了大量实例研究，在地质结构、形成演化、成因机制等方面取得重要进展，在研究思路、研究方法与技术手段上也取得重要突破。深层构造地质学逐渐完善，体现在：

（1）对深层物质的认识：对于深层的变质岩、火山岩、碳酸盐岩、碎屑岩等已经有较为成熟的岩石学与层序地层学的研究方法；

（2）对于深层结构的认识：对于裂陷带、隆起带、断裂系统等可应用高精度的地球物理手段进行分析，正演与反演方法都较为可靠；

（3）关于深层作用机制的认识：从成盆－成岩（如白云岩、热液白云岩等）－成储

（裂缝、白云岩化、岩溶）逐渐形成整体的认识，考虑在统一的温度场、压力场、应力场中岩石－流体的相互作用；考虑从流变学、流变构造学的角度剖析深层变形的机制，从韧性变形、韧－脆性变形到脆性变形的过渡，将韧性剪切带理论与断层相关褶皱理论的融合探讨深层构造变形的机制；将构造作用、热作用等相互结合，分析地质过程随时间的演化，系统地、动态地、综合地研究深部地质作用耦合过程。

（4）关于深层构造研究方法：对于物质组成年龄或变形时间，已经有较高精度的构造年代学方法；对于构造演化，借助构造物理模拟与数值模拟方法可以正、反演复原演化过程；应用岩石力学、流体包裹体分析等，探讨岩石变形、流体作用随时间尤其是关键构造体制变革之下的深层动力过程。

3　国内外深层构造地质学发展对比

近年来，国际上一系列具有导向性的重大研究计划的提出及实施，使深层构造地质学科得到快速发展，为更深层次探索地球动力学本质及规律性认识提供了条件。

3.1　国内外发展对比分析

3.1.1　国外深层构造研究与理论进展

借助于先进的地球物理方法与岩石圈探针技术（岩浆岩地球化学分析），对于深层构造背景的多样性与复杂环境有了深入的了解。自从 1986 年在北美苏必尔湖区获得中陆裂谷盆地的深反射地震剖面，30 年来全球获得了超过 10 万千米的深反射地震剖面，对于盆地及其地壳、岩石圈的速度结构、密度与岩石组成进行了深入研究。国际岩石圈计划（ILP）的沉积盆地工作组的 "Origin of sedimentary basins" 计划，2005 年以来将其活动在世界范围内推广，强调深部与浅表作用的综合。这些计划的实施，广泛获得了西欧、北美、西伯利亚等地区的地壳、岩石圈的细结构，对于盆地的基底构造与深部结构有了更精细的约束；借助于深部钻井取得的岩心，从微区分析角度了解到深部地质过程的演化细节，如对全球地幔柱、热点、大火山岩省的研究；同时对各大区的沉积盆地开展了一系列研讨，如环极地沉积盆地，非洲盆地及其大陆边缘沉降与隆升，墨西哥湾及拉丁美洲与环太平洋盆地动力学，中东、亚洲－澳大利亚沉积盆地的动力学等。

3.1.1.1　地球动力学理论

岩石圈流变学是研究盆地深层构造地质的基础理论。大陆岩石圈流变性质是控制大陆构造分层和塑性流动的主导因素之一，也是探索大陆动力学的基础。地球各圈层的构造变形归根到底就是多矿物岩石的变形，因此要了解地球各层圈的变形及其形成的构造，首先必须深刻理解多矿物复合岩石在各种物理条件（例如，温度、围压、差应力、应变速率、应变方式等）下和化学环境（主要是氧逸度和水含量）中的流变学行为。

大陆岩石圈流变学的研究运用现代材料学、地球物理学和地球化学的新理论和新方法，利用目前国际上最高灵敏度和准确度的高温高压实验和分析测试系统，采用大应变简单剪切高温高压岩石变形实验、电镜内高温变形台的同步观察，并与野外地质详细观察、理论分析、物理模拟和计算机数值模拟有机结合，集中研究多矿物复合岩石在不同物理条件、化学环境中的流变学行为、变形机理、显微构造和物理性质，探索地球各层圈流变结构，深刻理解大陆岩石圈构造变形的动力学过程。

近年来，地质学家将流变学理论应用到盆地构造研究中，为大陆构造动力学研究开辟了新的研究方向。例如，（根据均衡模型计算的）观察到的岩石圈有效弹性厚度分布图与根据流变学模型计算的岩石圈有效弹性厚度分布图较为一致，岩石圈有效弹性厚度是表征岩石圈强度的重要概念，从而为前陆盆地、伸展盆地的挠曲模型的定量计算提供依据。

对于板内变形的热力学控制取得重要进展。板内环境岩石圈的整体强度受它的热－构造年龄与继承性构造的重要影响；岩石圈的力学拆耦/分层特点对地球深部与地表过程之间的相互作用有明显控制。岩石圈的流变学分层制约着古克拉通块体的保存，地幔柱－地幔岩石圈相互作用的地表显示以及对"动态地貌"的总体影响；有学者基于岩石圈的流变学建立了地幔－岩石圈相互作用的全三维数字模型，认为大陆流变学结构和板内应力在控制地幔柱之上的动态地貌、地幔－岩石圈相互作用和大陆裂解过程方面有重要作用，这一模型是分析岩石圈变形、盆地发育与动态地貌的迄今最为先进的数值模型。

岩石圈褶皱作用对沉积盆地的形成及相应的差异垂直运动的控制，也受到岩石圈的流变学分层的制约。在中亚以及我国西北地区，板块内部的强大挤压应力，可以导致岩石圈尺度的褶皱和挠曲作用，使得在百万年相对较大时间尺度和区域范围内盆地发生隆升和沉降，也是新构造形成的主要驱动机制。岩石圈褶皱成因的盆地，受岩石圈的流变学分层影响，盆地的波长在不同埋藏深度上是变化的。

理解岩石圈内部的应力时空分布，可以为板块内部构造变形模型提供定量的分析，尤其可以为岩石圈尺度的褶皱和挠曲作用提供依据。

大陆岩石圈俯冲的启动，也可能受到地幔柱－岩石圈相互作用的促进，成为连接造山变形与板内变形的纽带。

3.1.1.2　盆地动力学理论

盆地动力学是当今地质学的一个热点和前缘分支，是地球动力学研究的重要组成部分，主要研究盆地的成因、演化机制及其成矿过程的动力学，它强调了地球表层特征与地球内部驱动力的关系，强调盆地整体动力作用和盆地形成演化过程，注重盆地各演化阶段原型的分析。

在20世纪90年代初盆地动力学研究受到重视，当时有学者指出当今盆地研究的重点应由盆地分类向盆地形成演化的动力学过程转变。不同学者根据板块构造的理论重新认识盆地形成的动力机制，并基于盆地与板块构造格架的关系提出了众多的盆地分类方案，提出了一系列盆地成因模式：盆地沉降的7种机制被建立，任一盆地的沉降是某几种机制的联合；沉积盆地成因类型划分为挠曲的、伸展的、走滑的、地幔动力引起的等类型。目前，已建立了主要盆地类型的成因模式，如伸展盆地、前陆盆地、拉分盆地、克拉通内盆地。有学者基于大陆动力学过程的研究，识别出一种新的成盆机制 – 岩石圈的褶皱作用，岩石圈的流变学分层、构造应力与地表过程影响岩石圈的褶皱作用，岩石圈褶皱型盆地的发育时限为 1 ~ 10Ma，如中亚阿姆河、塔里木盆地等。

盆地动力学研究体现出深、浅结合，盆、山结合，多学科多方法交叉渗透的整体、动态研究趋势；即综合分析盆地在内外地质作用下其性质发生改变的过程、盆地内部的形变特征及其形成的周缘构造环境，包括盆 – 山关系等。现阶段，盆地动力学研究由单一因素逐渐向全方位、多手段综合研究发展，综合地质、地球物理、地球化学等学科研究成果，利用地球物理学和计算机动态、定量模拟相结合，趋向于对深部圈层的物质成分、结构、热及应力状态等分析，注重深部对盆地形成的影响，例如国际岩石圈计划资助的 TOPO-EUROPE 计划主要研究地球深部与地表过程及其对沉积盆地的制约，从而达到对成盆动力学进行全面而深入的分析。岩浆岩岩石学的新进展（岩石圈探针）为岩石圈及更深部位的物理化学状态研究提供了有力的工具，目前在一些大盆地中用幔源玄武岩岩浆和深源包体计算的岩石圈厚度与综合地球物理探测取得的成果相近。

近年来，深部地球物理探测揭示了盆地和造山带以下岩石圈的状态及其间的耦合关系，为盆地动力学的研究提供了重要条件。在壳幔或岩石圈尺度深入推进（地球物理）观测精度、数值模拟、多变量和多因素定量考察盆地动力学成因，在全球尺度上开展盆地系统实例对比和盆地动力学模式建立方面的研究已是大势所趋。特别是基于洋盆扩张 – 消减过程观测开展的不同类型大陆边缘盆地的动力学成因研究，如针对大西洋两岸及内陆地区不同属性盆地，在盆地演化时间定量、盆地系统空间刻画、深部驱动机制动态相关性再现等方面的认识进展令人鼓舞。

3.1.2 国内外深层构造地质学发展对比

3.1.2.1 盆 – 山关系研究

盆地与造山带关系研究及其实例对比是世界范围地质学家共同感兴趣的话题。造山带是研究沉积盆地原型及大地构造背景和活动论古地理演化的重要窗口；世界上许多经典的造山带研究中都不可或缺地把相关盆地沉积记录及古地理重建纳入进来，如北美 Laramide、Cordilleran、欧洲 Alps、亚洲 Himalaya 造山带的研究等。

我国学者在研究盆地构造演化过程中，也考虑到周边造山带对盆地形成的控制作用，如华南、青藏、昆仑山、秦岭、大别山、天山、龙门山、祁连山等造山带及邻近盆地。在盆山关系研究方面，我国学者提出了富有特色的环青藏高原巨型盆 – 山体系的概念；在双指向造山带，如天山南北两侧及秦岭两侧等中西部盆山体系研究中已取得显著进展，如通过深反射地震剖面剖析天山、秦岭 – 大别山南、北盆山结构的差异性和分段性特征。

3.1.2.2 盆地模式研究

大多数盆地模型率先由国外学者所提出，但我国学者在叠合盆地模型研究方面具有独创性成果。自 1965 年朱夏的划时代文章算起，半个世纪以来，历经三代石油地质工作者的共同努力，中国的"叠合盆地"研究从萌芽、建立到完善兴盛，建立了中国特色的"叠合含油气盆地论"。这一学说历经半个世纪的勘探实践检验，循环上升，引导发现我国大型盆地的一系列油气田，为我国能源供给做出了巨大贡献。

3.1.2.3　盆地演化定量模拟

国外学者在地幔柱、岩石圈、壳－幔、盆地等不同尺度上开展了深部过程与浅表响应、流体参与、构造－沉积、构造应力与热等不同方面的数值模拟，在时间－空间格架下开展了多种精度的模拟，为盆地动力学演化研究提供了重要约束。而这却是我国的瓶颈问题。

我国盆地具有块体小、陆内活动性强及多期次活动的特征，而揭示盆地沉积充填与多期盆地构造作用的成因联系正是构造活动盆地或叠合盆地沉积地质演化及资源分布规律研究的关键。我国学者成功地将这一思想应用到解释塔里木盆地寒武—奥陶纪沉积充填与区域地球动力学转换、四川盆地龙门山前陆盆地动力学、渤海湾盆地南堡凹陷火山活动与裂陷旋回等研究中。

3.1.2.4　深层构造对油气分布的控制研究

早期，苏联学者在深层构造、基底构造对油气聚集带的控制方面进行了有益探索。美国学者对大油气区、大油气田赋存的地质背景进行了长期探索，发现了被动大陆边缘、裂谷盆地、前陆盆地、走滑盆地等对油气富集具有重要控制作用。我国学者在松辽盆地的油气勘探实践中提出了"源控论"，在渤海湾盆地的油气勘探实践中提出了"复式油气聚集区（带）理论"，在中西部盆地的勘探中，提出与逐渐完善了"叠合盆地油气地质理论"，对于叠合盆地中下组合的油气勘探具有指引作用。

研究表明，中国主要含油气盆地深层沉积以海相层系为主，深层海相盆地具有多旋回演化、小陆块拼合和陆内构造变形强烈等特点，大多经历了克拉通－前陆盆地叠合或克拉通－裂谷盆地叠合演化过程（图1，图2）。多数含油气盆地在不同阶段具不同的构造体制，导致多期构造的叠加与复合，海相叠合盆地油气成藏具有多源、多灶、多期成藏、多次调整的特点。盆地具有多个含油气黄金带、多个勘探层系与多个勘探领域。

3.2　我国深层构造地质研究存在的问题和差距

我国近年来在大陆深部探测、区域性研究计划（如华北克拉通破坏、南海深海过程演变）、盆地充填精细研究等某些方面的研究已经有所积累，但在此基础上的盆地动力学研究仍局限于具体案例分析（case-study）。有关地壳尺度或盆地深部精细结构的反射地震资料与盆地充填沉积地质－地球化学记录的有机结合分析、综合地质－地球物理分析，特别是原创性的盆地（数值模拟）研究仍较欠缺。

3.2.1　存在的问题

我国深层构造地质研究主要存在下列问题：

（1）相比于广袤的国土面积与研究范围，我国的深部探测处于起步阶段，对沉积盆地深层背景的约束仍有较大差距。

（2）深层构造地质的研究处于发展初期阶段，需要借助于越来越多的深部钻井、高精度的二维与三维地震资料进一步揭示深层地质结构与构造特征。

（3）深层构造研究的"思维"急需突破：大陆动力学、盆地动力学为深层盆地研究注入了新的活力，但面对长期发展的、演化历史复杂的深层沉积盆地，不但要对其复位、复原，再现其演化历史，而且要揭示其精细的地质结构。需要活动的、整体的、动态的、层次的"构造观"，在四维尺度上高分辨率地揭示深层盆地。

（4）深层构造的研究方法需要大的突破：在不整合面的定量研究（如剥蚀量恢复、剥蚀时间计算），断裂演化及其启闭性，盆地沉降机制，盆地充填过程，源－汇系统，盆地综合模拟系统等方面需要在方法学上有重要突破。

（5）深层构造的案例研究与综合分析：案例研究是我国的研究特色，如满加尔坳拉槽、威远－长宁裂陷槽等，但在成因机制及其共性方面，探讨的深度还远远不够。叠合盆地是我国沉积盆地的重要特色，但我们对这类盆地的动力学演化的探索也远远不够，需要在原创性方面进行耕耘。

3.2.2 差距

其差距表现在两个方面：①对客观世界的描述方面，如前所述，限于资料程度、资料分辨率与研究程度，我们对深层构造地质的认识还较肤浅；②与发达国家相比，如美国、法国、德国与荷兰，我们在研究理念、思路、方法、研究成果等方面确实差距很大。国外的地质家在知识面广度与深度方面较我们要强，如地质模型往往是他们的工作假说，其后的数理与地质论证才是分析本身。这些是我们努力的方向。表现在：

（1）研究思维方面，我国在20世纪50－60年代，曾出现地质力学、断块说、波浪状镶嵌构造说、地洼说等众多构造学流派，在60－70年代板块构造学说诞生之后这些学说逐渐沉寂，"学说"的理论核心被动摇，缺乏关键的支撑基础，如地球物理学数据。

（2）支撑深层盆地复位的关键是古地磁资料，同时应用古气候古地理古生态资料支持，国外学者据此建立了影响深远的古板块复原图，现今后继有人，研发出了新一代的板块复原图；我国仅在最近几年才开始出现这类大数据综合性研究，精度仍有待提高。

（3）深层盆地演化的正反演恢复，国外的这类研究精度较高，如对欧洲、北美、澳大利亚、大西洋等区域性研究，或者是对北海、墨西哥湾、波斯湾、西西伯利亚等盆地的研究，都给出了非常细致的构造－岩相图或构造－古地理图，重建不同地质时期的演化；我国在这一方面，还局限在四川、塔里木、鄂尔多斯等盆地层次，对我国南方、华北的岩相古地理、层序古地理等开展过研究，缺乏大比例尺的大区域或全国性古地理图件。

（4）深层盆地地质结构的刻画方面，国外对墨西哥湾、北海盆地等的深层开展过三维高精度的研究与制图，不乏研究经典；我国对盆地深层的刻画目前还略显粗糙，有时在二维区域地质大剖面基础上进行拟三维刻画。

（5）对深层构造演化的古构造恢复，我国多采用地质界面不同地质时期的埋深图（宝塔图）来表现，但往往在去压实校正、剥蚀量恢复方面精度不够，或者用盆地模拟系统（如 BASIM 2.0）简单复原，但不能处理断层的多期活动，即难以开展构造的动态恢复。国外目前已应用四维盆地模拟系统，在这一方面差距很大。

（6）在深层构造的成因机制分析方面，例如对于盐构造复原，法国石油研究院（IFP）可以进行三维动态复原；对于冲断构造，哈佛大学 John Shaw 等开展三维模拟与应变恢复，这些研究明显走在我们前面。如前述，我国在构造物理模拟与数值模拟方面已有进步，但在深部过程（如地幔柱、岩石圈、壳－幔作用等）对盆地的控制、浅表响应、地貌演化等方面的模拟要落后许多。

4 深层构造地质学的发展趋势与对策

4.1 发展趋势

如前所述，深层构造地质学以现代全球构造理论、大陆动力学理论为指导，以地质学、地球物理与地球化学的多学科融合方法为手段，研究盆地及相邻造山带的结构与成因演化，为矿产资源、能源的勘探开发提供重要基础。整体的构造观、动态分析的方法论、综合深部与浅部、盆与山的系统研究思路是其主要特色。其未来的发展趋势也体现在这三个方面。

4.1.1 理论趋势：深层构造变形流变学

流变学研究作为超越板块构造研究的重要组成部分，是大陆深层构造地质学和大陆造山带研究的新起点。流变学是研究大陆构造的重要理论基础，是研究大陆构造几何学、运动学和动力学的桥梁。大陆岩石圈对构造作用、重力作用和热作用的响应在很大程度上依赖于其流变性质，因此流变性质是控制大陆岩石圈分层和塑性流动的主导因素之一。流变学是探索大陆动力学的基础，为大陆构造动力学研究提出了新的方向。

岩石流变学实验是流变学研究的重要组成部分，不仅可以建立岩石的流变本构（状态）方程，还可以获得以下重要信息：①为解释天然变形岩石微观和宏观构造提供比较信息；②获得岩石在不同物理化学环境下构造热动力演化信息，从而为建立大陆动力学模型提供力学方面的约束条件。因此，岩石流变学实验研究是今后流变学研究的重要内容。

当前岩石流变学实验研究发展趋势有以下几方面：①高温高压实验仪器装置及实验技术；②先进的观测手段，如透射电镜、同位素探针、加速器质谱等；③岩石宏观构造变形与微观机制分析相结合；④物理模拟实验结果与计算机定量模拟实验结果相结合；⑤实验成果与地球深部物质科学相结合。

4.1.2 系统构造观：深－浅、盆－山、时－空结合的综合分析

（1）地球深部构造过程与浅部的响应研究：当前国际上一系列地球深部研究计划的开展为地球深部构造及地球物理学研究提供了条件并取得了大量研究成果，如地球深部地质

结构、地球深部物质组成、深部岩石流变学特征及地球深部动力机制等，从多方面揭示了地球组成及动力机制。然而，盆地深部构造过程与浅部响应相结合的研究工作开展的还很不充分，主要表现在深部地球动力学过程与浅层次盆地动力学过程及盆地演化研究脱节、深部地球物理观测与浅层次盆地充填研究脱节、深部地球物理精细结构解析缺乏与浅层次的响应关系研究、数值模拟缺乏原创性研究。未来我国针对盆地深、浅部静态结构与动态演化及其定量动力学模拟研究方面应借鉴欧美一系列盆地深浅部研究实例及经验，特别是针对已经具备丰富勘查资料和各具特色的含油气盆地、不同转换属性的挠曲盆地和走滑盆地等。

（2）盆–山关系研究：目前这一研究将向纵深发展，除盆–山几何学、运动学关系分析之外，盆–山系统动力学研究将突显出来。

（3）时–空关系研究：盆地是地壳上部独立的和主要的沉积构造单元，认识盆地形成演化的动力学过程，特别是早期盆地构造演化过程，必须在深度和广度上超出盆地范畴，在更深层次、更广范围内研究，需要以时间为坐标，正演原型盆地的构造–古地理格局、充填序列、构造变形特征及其叠加的地质结构。我国沉积盆地多具有长期、多阶段演化特征，不同阶段沉积盆地在纵向上叠合，随着盆地所赋存的构造环境的变化，相应出现了具有复杂的叠加地质结构的叠合盆地类型（如前面图 1）。

4.1.3　方法学趋势：多学科交叉渗透，四维动态模拟

今后深部构造地质与沉积盆地构造研究的方向为：①不同尺度观察资料的融合与应用，例如，板内盆地地貌的构造控制；②盆地构造变形的时间、空间、机制的演化约束，如精细的构造变形年代学，构造变形的解析、筛分与定量约束；③沉积盆地内、外动力地质综合作用及其成盆效应、地貌–物源–流域–充填的内在机制；④盆地四维模拟系统，可以据实际断层协调处理均一与非均一变形，建立"过程导向的"沉积盆地演化的定量模型。开展这些方向的研究，定量分析与模拟是基本条件，多学科的充分融合、渗透将成为必然。

4.2　深层构造地质学发展对策

深层构造地质学的发展是我国实现由地学大国走向地学强国的关键步骤。面对复杂的研究对象，国际地学创新的逼人态势，我们需要在以下四个方面齐心协力。

4.2.1　培养从事现代构造地质科学研究的人才

新形势下，从事这一领域研究的学者需要具备：灵活的思维能力；超强的数理基础；扎实、宽广的知识面；积极创新的精神；协同工作的态度。具备这五方面的素质方能成为优秀的地学家。

4.2.2　稳准的突破方向

深层构造地质学 5～10 年乃至相当长一段时间创新研究突破口的选择应当满足两个条件：一是处于理论前缘；二是能为我国资源、能源战略安全服务。理论与应用相互促

进、共同发展，是谋求稳准突破口的关键。因此，叠合盆地形成与演化的动力学、活动论构造－古地理、三维构造复原与四维盆地动态模拟，及构造应力场、地温场和地压场的"三场耦合"研究等将是寻求突破的重要方向。

4.2.3 先进实用的技术装备

拥有"利器"才能成事。深反射地震剖面、超万米钻机为代表的深部探测技术使"透视"岩石圈成为可能，下一步仍需拓展探测的精度与深度；盆地深层的高精度三维地震的采集与处理技术仍有较大潜力可挖；超算计算机群才能处理如此庞杂的大数据或者细分上亿的岩石圈构造单元；高分辨率的显微镜，观察尺度将从微观达到介观（nm 级）。从微米向纳米的延拓，将会是构造地质学一次质的或划时代的飞跃。

4.2.4 扎实的实证研究与基础研究

"不积跬步，无以至千里"。科学的发展需要大量的实证性研究，对深层构造的研究也不例外。以大量的现代探测资料为基础，集中在松辽、渤海湾、四川、鄂尔多斯、准噶尔、塔里木、柴达木等沉积盆地，建立深层的结构构造模型、原型盆地模型与成因模式；藉此建立我国深层构造地质的综合结构与成因模型，系统分析我国沉积盆地的形成与演化过程。

—— 参考文献 ——

［ 1 ］ Allen P A, Allen J R..2005. Basin analysis: Principles and applications ［M］. 2nd Ed.［S.L.］: Blackwell.

［ 2 ］ Burov, E.B., 2010. The equivalent elastic thickness (Te), seismicity and the long-term rheology of continental lithosphere: time to burn-out "crème brûlée"? Insights from large-scale geodynamic modelling. Tectonophysics 484, 4–26.

［ 3 ］ Burov, E., 2011. Rheology and strength of the lithosphere. Marine and Petroleum Geology 28, 1402–1443.

［ 4 ］ Burov, E.B., Cloetingh, S., 1997. Erosion and rift dynamics: new thermo-mechanical aspects of post-rift evolution of extensional basins. Earth and Planetary Science Letters 150, 7–26.

［ 5 ］ Burov, E.B., Cloetingh, S., 2009. Controls of mantle plumes and lithospheric folding on modes of intra-plate continental tectonics: differences and similarities. Geophysical Journal International 178, 1691–1722.

［ 6 ］ Burov, E.B., Cloetingh, S., 2010. Plume-like upper mantle instabilities drive subduction initiation. Geophysical Research Letters 37, L03309.

［ 7 ］ S. Cloetingh, E. Burov, T. Francois.2013. Thermo-mechanical controls on intra-plate deformation and the role of plume-folding interactions in continental topography. Gondwana Research 24 (2013)815–837.

［ 8 ］ Cloetingh, S., 1988. Intraplate stresses: a new element in basin analysis. In: Kleinspehn, K.L., Paolo, C.(Eds.), New Perspectives in Basin Analysis. Springer-Verlag, NewYork, pp. 205–230.

［ 9 ］ Cloetingh, S., Burov, E.B., 2011. Lithospheric folding and sedimentary basin evolution: a review and analysis of formation mechanisms. Basin Research 23, 257–290.

［ 10 ］ Cloetingh, S.A.P.L., TOPO-EUROPEWorking Group, 2007. TOPO-EUROPE: the geoscience of coupled deep Earth-surface processes. Global and Planetary Change 58, 1–118.

［ 11 ］ Cloetingh, S., Van Wees, J.D., 2005. Strength reversal in Europe's intraplate lithosphere: transition from basin inversion to lithospheric folding. Geology 33, 285–288.

［12］ Cloetingh, S., Ziegler, P.A., 2007. Tectonic models of sedimentary basins. In：Watts, A.B.（Ed.）, Treatise on Geophysics, 6. Elsevier, pp. 485–611.

［13］ Cloetingh, S.A.P.L., Burov, E., Poliakov, A., 1999. Lithosphere folding: primary response to compression?（from central Asia to Paris basin）. Tectonics 18, 1064–1083.

［14］ Cloetingh, S.A.P.L., Burov, E., Beekman, F., et al. 2002. Lithospheric folding in Iberia. Tectonics, 21, 1041.

［15］ Cloetingh, S.A.P.L., Ziegler, P.A., Beekman, F., Andriessen, et al. 2005. Lithospheric memory, state of stress and rheology: neotectonic controls on Europe's intraplate continental topography. Quaternary Science Reviews, 24, 241–304.

［16］ Cloetingh, S., Cornu, T., Ziegler, P.A., Beekman, F., ENTEC Working Group, 2006. Neotectonics and intraplate continental topography of the northern Alpine Foreland. Earth–Science Reviews 74, 127–196.

［17］ Cloetingh, S., Thybo, H., Faccenna, C., 2009. TOPO–EUROPE：Studying continental topography and Deep Earth–Surface processes in 4D. Tectonophysics, 474, 4–32.

［18］ Cloetingh, P.A. Ziegler, P.J.F. Bogaard, P.A.M. Andriessen, I.M. Artemieva, G. Bada, R.T. van Balen, F. Beekman, Z. Ben-Avraham, J.–P. Brun, H.P. Bunge, E.B. Burov, R. Carbonell, C. Facenna, A. Friedrich, J. Gallart, A.G. Green, O. Heidbach, A.G. Jones, L. Matenco, J. Mosar, O. Oncken, C. Pascal, G. Peters, S. Sliaupa, A. Soesoo, W. Spakman, R.A. Stephenson, H. Thybo, T. Torsvik, G. de Vicente, F. Wenzel, M.J.R. Wortel, TOPO–EUROPE Working Group.2007. TOPO–EUROPE：The geoscience of coupled deep Earth–surface processes. Global and Planetary Change, 58（2007）1–118.

［19］ Dong SW, Gao R, Yin A, Guo TL, et al. What drove continued continent–continent convergence after oceanclosure？Insights from high–resolution seismic–reflectionprofi ling across the Daba Shan in central China［J］. GEOLOGY, 2013, 41（6）：671–674.

［20］ HE Dengfa, LI Desheng, WU Xiaozhi, and WEN Zhu. 2009. Basic Types and Structural Characteristics of Uplifts：An Overview of Sedimentary Basins in China. Acta Geologica Sinica, 83（2）：321–346.

［21］ Platt J P, Behr W M. Lithospheric shear zones as constant stress experiments［J］. Geology, 2011, 39（2）：127–130.

［22］ Ingersoll, R.V.（2011）Tectonics of sedimentary basins, with revised nomenclature. In：Tectonics of Sedimentary Basins, Second Edition（ed. by C.J. Busby and A. Azor）, Wiley–Blackwell.

［23］ K. R. McClay, et al., 2004. Thrust tectonics and hydrocarbon systems：AAPG Memoir 82.

［24］ Philip A. Allen and John R. Allen. 2013. Basin Analysis：Principles and Application to Petroleum Play Assessment, Third Edition.John Wiley & Sons, Ltd.

［25］ Philip A. Allen and John R. Allen. 2013. Basin Analysis：Principles and Application to Petroleum Play Assessment, Third Edition.John Wiley & Sons, Ltd.

［26］ Roure F, Cloetingh S, Scheck W M, Ziegler P A. Achievements and challenges in sedimentary basin dynamics：A review, in：Cloetingh S, Negendank J（eds.）, New frontiers in integrated solid earth sciences［J］. Springer, 2010：145–233.

［27］ Watts, A.B., 2001. Isostasy and Flexure of the Lithosphere. Cambridge University Press, Cambridge（458 pp.）.

［28］ Watts, A.B., Burov, E.B., 2003. Lithospheric strength and its relationship to the elastic and seismogenic thickness. Earth and Planetary Science Letters, 213, 113–131.

［29］ 白国平, 曹斌风. 2014. 全球深层油气藏及其分布规律［J］. 石油与天然气地质, 35（1）：19–25.

［30］ 陈凌, 程骋, 危自根. 2010.华北克拉通边界带区域深部结构的特征差异性及其构造意义［J］. 地球科学进展, 25（6）：571–581.

［31］ 陈清华, 劳海港, 吴孔友, 等. 2013.冀中坳陷碳酸盐岩深层古潜山油气成藏有利条件［J］. 天然气工业, 33（10）：32–39.

［32］邓辉，刘池阳，王建强．前陆盆地盆山耦合及其物质交换［J］．西北地质，2014，47（2）：138-145.

［33］杜金虎，邹才能，徐春春，等．川中古隆起龙王庙组特大型气田战略发现与理论技术创新［J］．石油勘探与开发，2014，41（3）：268-277.

［34］高锐，王海燕，张忠杰，等．切开地壳上地幔–揭露大陆深部结构与资源环境效应［J］．地球学报，2011，32（增刊1）：34-48.

［35］管树巍，何登发．复杂构造建模的理论与技术架构［J］．石油学报，2011，3（6）：991-1000.

［36］何登发，李德生，童晓光．中国多旋回叠合盆地立体勘探论［J］．石油学报，2010，31（5）：695-709.

［37］何登发，谢晓安．中国克拉通盆地中央古隆起与油气勘探［J］．勘探家，1997，2（2）：11-19.

［38］何登发，赵文智，雷振宇．中国叠合型盆地复合含油气系统的基本特征［J］．地学前缘，2000，7（3）：23-37.

［39］何登发，翟光明，况军，等．准噶尔盆地古隆起的分布与基本特征［J］．地质科学，2005，40（2）：248-261.

［40］何登发，贾承造，李德生，等．塔里木多旋回叠合盆地的形成与演化．石油与天然气地质，2005，26（1）：64-77.

［41］何登发，李德生，张国伟，等．四川多旋回叠合盆地的形成与演化．地质科学，2011，46（3）：589-606.

［42］何登发，贾承造，周新源，等．多旋回叠合盆地构造控油原理．石油学报，2005，26（3）：1-9.

［43］何登发，李德生，童晓光，等．多期叠加盆地古隆起控油规律［J］．石油学报，2008，4：475-488.

［44］何登发，李德生，王成善．一张相图引发的奇迹：论活动论构造—古地理．地质科学，2015，50（1）：1-19.

［45］嵇少丞，钟大赉，许志琴，等．流变学：构造地质学和地球动力学的支柱学科［J］．大地构造与成矿学，2008，32（3）：257-264.

［46］贾承造，姚慧君，魏国齐，等．塔里木盆地板块构造演化和主要构造单元地质构造特征［A］．塔里木盆地油气勘探论文集［C］．乌鲁木齐：新疆科技卫生出版社，1992，207-225.

［47］贾承造．关于中国当前油气勘探的几个重要问题［J］．石油学报，2012，33（增刊1）：6-13.

［48］贾承造，雷永良，陈竹新．构造地质学的进展与学科发展特点［J］．地质论评，2014，60（4）：709-720.

［49］贾承造，魏国齐．塔里木盆地古生界古隆起和中、新生界前陆逆冲带构造及其控油意义．见：童晓光，梁狄刚，贾承造主编．塔里木盆地石油地质研究新进展［M］．北京：科学出版社，1996，225-234.

［50］贾承造，何登发，雷振宇，等．前陆冲断带油气勘探．北京：石油工业出版社，2000.

［51］贾承造，李本亮，雷永良，等．环青藏高原盆山体系构造与中国中西部天然气大气区．中国科学：地球科学，2013，43：1621-1631.

［52］金之钧．中国典型叠合盆地及其油气成藏研究新进展（之一）——叠合盆地划分与研究方法［J］．石油与天然气地质，2005，05：553-562.

［53］金之钧，王清晨．中国典型叠合盆地与油气成藏研究新进展——以塔里木盆地为例［J］．中国科学（D辑：地球科学），2004，S1：1-12.

［54］金振民，姚玉鹏．超越板块构造——我国构造地质学要做些什么［J］？地球科学：中国地质大学学报，2004，29（6）：644-650.

［55］李传新，贾承造，李本亮，等．塔里木盆地塔中低凸起北斜坡古生代断裂展布与构造演化［J］．地质学报，2009，83（8）：1065-1073.

［56］李传新，王晓丰，李本亮．塔里木盆地塔中低凸起古生代断裂构造样式与成因探讨［J］．地质学报，2010，84（12）：1727-1734

［57］李德生．中国含油气盆地的构造类型．石油学报，1982，1-12.

［58］李德生．中国多旋回叠合盆地构造学．北京：科学出版社，2012.

［59］李涤，何登发，高敏．冲断构造与正反转构造物理模拟实验的研究进展．地质科学，2014，49（1）：81-94.

［60］李辉，张文，朱永源．川西–北地区中二叠统白云岩热液作用研究［J］．天然气技术与经济，2014，8（6）：12-16.

[61] 李皎，何登发. 四川盆地及邻区寒武纪古地理及构造沉积环境演化. 古地理学报，2014，16（4）：441-460

[62] 李思田. 大型油气系统形成的盆地动力学背景［J］. 地球科学：中国地质大学学报，2004，29（5）：505-512.

[63] 李忠. 中国的盆地动力学——21世纪开初十年的主要研究进展及前沿［J］. 矿物岩石地球化学通报，2013，32（3）：290-300.

[64] 李忠权，萧德铭，侯启军，等. 松辽盆地深层古前陆型盆地的发现及其天然气地质意义［J］. 地质通报，2004，31（6）：582-585.

[65] 林舸，赵重斌，张晏华，等. 地质构造变形数值模拟研究的原理、方法及相关进展［J］. 地球科学进展，2005，20（5）：549-555.

[66] 刘绍文，王良书，李成. 大陆岩石圈流变学研究进展［J］. 地球物理学进展，2007，22（4）：1209-1214.

[67] 刘树根，黄文明，陈翠华，等. 四川盆地震旦系－古生界热液作用及其成藏成矿效应初探［J］. 矿物岩石，2008，28（3）：41-50.

[68] 刘树根，孙玮，罗志立，等. 兴凯地裂运动与四川盆地下组合油气勘探. 成都理工大学学报（自然科学版），2013，40（5）：511-520.

[69] 刘训，李廷栋，耿树方，等. 中国大地构造区划及若干问题. 地质通报，2012，31（7）.

[70] 刘训，游国庆. 中国的板块构造区划［J］. 中国地质，2015，42（1）：1-17.

[71] 马永生，郭旭升，郭彤楼，等. 四川盆地普光大型气田的发现与勘探启示［J］. 地质论评，2005，04：477-480.

[72] 梅庆华，何登发，文竹，等. 四川盆地乐山－龙女寺古隆起地质结构及构造演化. 石油学报，2014，35（1）：11-25.

[73] 孟元林，胡安文，乔德武，等. 松辽盆地徐家围子断陷深层区域成岩规律和成岩作用对致密储层含气性的控制［J］. 地质学报，2012，86（2）：325-334.

[74] 庞雄奇，罗晓容，姜振学，等. 中国西部复杂叠合盆地油气成藏研究进展与问题［J］. 地球科学进展，2007，09：879-887.

[75] 庞雄奇，高剑波，吕修祥，等. 塔里木盆地"多元复合—过程叠加"成藏模式及其应用［J］. 石油学报，2008，02：159-166+172.

[76] 庞雄奇. 中国西部典型叠合盆地油气成藏机制与分布规律［J］. 石油与天然气地质，2008，02：157-158.

[77] 庞雄奇. 中国西部叠合盆地深部油气勘探面临的重大挑战及其研究方法与意义［J］. 石油与天然气地质，2010，05：517-534+541.

[78] 庞雄奇，周新源，姜振学，等. 叠合盆地油气藏形成、演化与预测评价［J］. 地质学报，2012，01：1-103.

[79] 庞雄奇，周新源，鄢盛华，等. 中国叠合盆地油气成藏研究进展与发展方向——以塔里木盆地为例［J］. 石油勘探与开发，2012，06：649-656.

[80] 邱中建，张一伟，李国玉，等. 田吉兹、尤罗勃钦碳酸盐岩油气田石油地质考察及对塔里木盆地寻找大气田的启示和建议［J］. 海相油气地质，1998，3（1）：49-56.

[81] 单家增，李继亮，肖文交. 陆陆碰撞造山带动力学成因机制的物理模拟实验. 地学前缘，1999，6（4）：397-406.

[82] 时秀朋，李理，龚道好，等. 构造物理实验方法的发展与应用. 地球物理学进展，2007，22（6）：1728-1735

[83] 宋文海，熊国荣，洪庆玉，等. 四川盆地乐山－龙女寺古隆起形态规模及发展史研究［R］. 内部研究报告，1994.

[84] 孙龙德，邹才能，朱如凯，等. 中国深层油气形成、分布与潜力分析［J］. 石油勘探与开发，2013，40（6）：641-649.

［85］汤良杰, 金之钧, 庞雄奇. 多期叠合盆地油气运聚模式［J］. 石油大学学报: 自然科学版, 2000, 24（4）: 67-70.

［86］汤良杰, 金之钧, 漆家福, 等. 中国含油气盆地构造分析主要进展与展望［J］. 地质论评, 2002, 48（2）: 182-192.

［87］藤吉文, 白武明, 张中杰, 等. 中国大陆动力学研究导向和思考［J］. 地球物理学进展, 2009, 24（6）: 1913-1936.

［88］童晓光. 塔里木盆地的地质结构和油气聚集［A］. 塔里木盆地油气勘探论文集［C］. 乌鲁木齐: 新疆科技卫生出版社, 1992, 17-22.

［89］童晓光, 何登发. 油气勘探原理和方法［M］. 北京: 石油工业出版社, 2001.

［90］王良书, 刘绍文, 李成, 等. 岩石圈热-流变结构与大陆动力学［J］. 地球科学进展, 2004, 19（3）: 382-386.

［91］汪品先. 追踪边缘海的生命史: "南海深部计划"的科学目标［J］. 科学通报, 2012, 57（20）: 1807-1826.

［92］王清晨, 李忠. 盆山耦合与沉积盆地成因［J］. 沉积学报, 2003, 21（1）: 24-30.

［93］王招明, 谢会文, 李勇, 等. 库车前陆冲断带深层盐下大气田的勘探和发现［J］. 中国石油勘探, 2013, 18（3）: 1-11.

［94］温志新, 童晓光, 张光亚, 等. 全球板块构造演化过程中五大成盆期原型盆地的形成、改造及叠加过程［J］. 地学前缘, 2014, 21（3）: 26-37.

［95］解习农, 任建业, 雷超. 盆地动力学研究综述及展望［J］. 地质科技情报, 2012, 31（5）: 76-84.

［96］徐春春, 沈平, 杨跃明, 等. 乐山-龙女寺古隆起震旦系-下寒武统龙王庙组天然气成藏条件与富集规律［J］. 地质勘探, 2014, 34（3）: 1-7.

［97］徐旺, 姚慧君. 叠合盆地及其含油气性［A］. 中国油气盆地分析, 朱夏学术思想研讨会文集［C］. 北京: 石油工业出版社, 1993, 32-46.

［98］徐振平, 李勇, 马玉杰, 等. 库车拗陷中部新生代构造形成机制与演化［J］. 新疆地质, 2011, 29（1）: 37-42.

［99］许志琴, 李廷栋, 杨经绥, 等. 大陆动力学的过去、现在和未来——理论与应用［J］. 岩石学报, 2008, 24（7）: 1433-1444.

［100］余一欣, 周心怀, 彭文绪, 等. 盐构造研究进展述评［J］. 大地构造与成矿学, 2011, 35（2）: 169-182.

［101］翟光明, 何文渊. 从区域构造背景看我国油气勘探方向［J］. 中国石油勘探, 2005, 10（2）: 1-8.

［102］张林炎, 范昆, 黄臣军, 等. 冀中拗陷深层油气成藏潜力与勘探方向［J］. 地质力学学报, 2011, 17（2）: 144-157.

［103］张宗命, 贾承造. 塔里木克拉通盆地内古隆起及其找油气方向［J］. 西安石油学院学报, 1997, 12（3）: 8-13.

［104］赵俊猛. 中国西部陆-陆碰撞与俯冲的深部结构特点［C］. 中国地球科学联合学术年会, 2014.

［105］赵孟军, 宋岩, 柳少波, 等. 中国中西部前陆盆地成藏特征的初步分析［J］. 天然气地球科学, 2006, 17（4）: 445-451.

［106］赵瑞斌, 卢静芳, 杨主恩, 等. 天山深浅构造特征及盆山耦合关系［J］. 新疆石油地质, 2008, 29（3）: 278-282.

［107］赵文智, 何登发. 中国复合含油气系统的概念及其意义［J］. 中国石油勘探, 2000, 5（3）: 1-11.

［108］赵文智, 等. 中国海相石油地质与叠合含油气盆地. 北京: 地质出版社, 2002.

［109］赵文智, 何登发. 中国含油气系统的基本特征与勘探对策［J］. 石油学报, 2002, 06: 1-11.

［110］赵文智, 张光亚, 王红军, 等. 中国叠合含油气盆地石油地质基本特征与研究方法［J］. 石油勘探与开发, 2003, 02: 1-8.

［111］赵文智，邹才能，汪泽成，等. 富油气凹陷"满凹含油"论——内涵与意义［J］. 石油勘探与开发，2004，2：5-13.

［112］郑贵洲，申永利. 地质特征三维分析及三维地质模拟现状研究. 地球科学进展，2004，19（2）：218-223.

［113］郑民，贾承造，冯志强，等. 前陆盆地勘探领域三个潜在的油气接替区［J］. 石油学报，2010，31（5）：723-728.

［114］钟嘉猷. 实验构造地质学及其应用［M］. 北京：科学出版社，1998.

［115］朱日祥，徐义刚，朱光，等. 华北克拉通破坏［J］. 中国科学：地球科学，2012，42（8）：1135-1159.

［116］朱夏. 我国陆相中新生界含油气盆地的大地构造特征及有关问题，大地构造问题. 北京：科学出版社，1965.

［117］朱夏. 中国新生代油气盆地，构造地质学进展. 北京：科学出版社，1982.

［118］朱夏. 试论古全球构造与古生代油气盆地. 石油与天然气地质，1983，4（1）.

［119］朱志澄. 构造地质学（第三版）［M］. 中国地质大学出版社，2008.

深层沉积地质学学科发展研究

　　沉积学是一门古老的地质学科，随着石油工业的发展，沉积学理论和方法也得到快速发展并指导了油气勘探开发。中国深层油气资源丰富，深层沉积地质学在石油与天然气工业可持续发展中具有重要战略地位。目前，我国在多个含油气沉积盆地深层（如四川盆地震旦系与寒武系、塔里木盆地库车拗陷白垩系等）发现了丰富的油气资源。由于中国含油气盆地深层具有盆地类型复杂、构造多期叠加、地层时代跨度大、经历多期次重大构造变革、岩性和沉积类型多样、有利勘探层位埋深大（逾 8000 米）等特点，与国外沉积盆地深层沉积地质背景差异大。近年来，我国深层沉积地质学研究在取得较大理论认识、方法技术进展的同时，也面临一系列制约深层油气勘探深入发展的亟待解决的理论和方法问题。梳理深层沉积地质学发展现状与主要进展、对比国内外发展优劣、分析发展趋势、提出对策和建议，对深层油气地质学学科发展研究的重要内容。

1　深层沉积地质学地位与作用

　　近年来，深层沉积地质学在理论认识、研究方法和技术等方面得到了快速发展。人们根据冲积扇发育构造背景建立了前陆盆地、断陷盆地和克拉通盆地的冲积扇沉积模式；依据进入盆地的河型以及沉积物粒度划分了扇三角洲、辫状河三角洲和正常三角洲，还依据三角洲沉积位置和沉积坡度、水深，划分出深水三角洲、浅水三角洲以及陆架边缘三角洲，并建立了沉积模式；滩坝沉积已成为重要研究对象，可根据成分、位置、成因划分滩坝类型，不同成因类型的滩坝主控因素不同；重力流研究有了突飞猛进的进展，人们研究重力流类型划分（泥石流、碎屑流、浊流）和沉积机制、沉积模式（水道型、非水道型）；以悬浮载荷为主的异重流和以底床载荷为主的异重流沉积过程和沉积特征研究得到人们高度重视；礁滩沉积作用过程和主控因素、微生物岩、混积岩分类和沉积模式以及地震沉积学受到人们关注。

随着深层油气勘探和开发的不断深入，深层沉积学也遇到了一些重大理论问题，主要有深层沉积动力学、全球系统物质守恒、沉积过程和事件沉积、细粒及有机物质沉积、构造活动/生物差异性沉积作用与碳酸盐岩台地建造、沉积过程中的生物作用与成岩过程等。同时，也有一些制约深层油气勘探的关键问题：富集油气资源的深层所属盆地类型复杂并经历了多期构造变革，如何恢复原型盆地的沉积面貌和古地理格局；如何恢复重大构造变革期的多尺度构造古地理；如何用沉积学新理论解释古老深埋新地层砂体发育规律及其与深埋老地层砂体发育规律的差异性；如何说明中国中西部沉积盆地沉积背景、构造变革和沉积岩性、沉积相带的差异性；如何建立深埋地层多尺度层序地层格架与沉积体系之间的关系，并采用源汇系统新观点说明沉积体系分布；如何在少井、地震资料品质较差的情况下，创新研究方法开展定量古地理研究；如何建立深层沉积学与深层油气勘探开发之间的对应关系，以指导深层油气勘探开发。

因此，开展具有中国特色的多种沉积盆地类型的深层沉积地质学研究对于寻找深层碳酸盐岩与碎屑岩中富集的油气资源具有重要指导意义。

2 深层沉积地质发展现状与主要进展

基于我国含油气沉积盆地深层沉积地质背景的特殊性，我国学者开展了大量卓有成效的研究工作，深层沉积地质学得到了长足发展，新的研究进展主要体现深层岩相古地理恢复、深层沉积体系（碎屑岩、碳酸盐岩、混积体系）、地震沉积学等三方面。

2.1 区域岩相古地理研究进展

岩相古地理学是沉积学的分支，所谓岩相古地理的研究是指有关岩相和古环境方面的研究。它是重建地史时期的海陆分布、构造背景和盆地沉积演化的重要手段。重塑盆地的古地理位置，古沉积环境以及沉积作用与成矿过程的关系，对于矿产和油气资源的预测评价和勘探开发有重要意义。

我国深层沉积学研究，主要将沉积学与构造地质学相结合，野外观察与室内分析相结合，应用沉积学理论、技术与方法，解决了我国含油气盆地跨重大构造期深层的区域岩相古地理格局的恢复问题。进展体现在：一是基于野外基础地质工作与室内分析，研究造山带剥蚀与沉积盆地沉积过程、地貌演化、物源以及气候与构造对地貌影响，根据沉积碎屑记录、多种元素及同位素组成、矿物与地球化学特征等信息，重建不同地质时期古气候与古地理格局。二是研究形成了集古生物地层、层序地层、露头 – 钻井 – 地震"三位一体"的岩相古地理重构技术，较好地解决了深层岩相古地理重建缺少方法技术的难题。

2.2 深层沉积体系研究进展

随着理论认识与研究新技术、新方法完善与发展，无论是碎屑岩沉积体系还是碳酸盐岩沉积体系都取得了对勘探发展有指导意义的重要成果。

2.2.1 深层碎屑岩沉积体系研究进展

深碎屑岩沉积体系研究进展有 5 方面：①明确了冲积扇发育的控制因素，并根据冲积扇发育的构造背景，建立了前陆盆地、断陷盆地和克拉通盆地的冲积扇沉积模式；②依据滩坝砂体岩石构成、分布位置、形成条件等因素，提出了滩坝砂体划分方案；③以现代湖盆考察和水槽模拟实验为基础，结合遥感信息，建立了大型畅流坳陷型湖盆浅水三角洲生长模式；④开展异重力流沙体成因研究，建立了湖盆中心砂质碎屑流沉积模式；⑤基于露头勘察、岩心分析与镜下观察，建立了富有机质页岩发育模式。

2.2.1.1 粗粒沉积体系

粗粒沉积体系包括冲积扇及扇三角洲。

冲积扇沉积特征、控制因素、沉积模式等研究取得较大进展：①控制因素更全面。指出构造运动（山前构造活动）、气候、物源、山口起伏和基准面升降等是冲积扇发育、演化的控制因素：构造抬升幅度控制了冲积扇形态、规模；气候条件影响母岩的风化程度，控制流域碎屑物质的多少以及水动力条件，从而控制了冲积扇沉积特征；基准面影响冲积扇的发育形态，基准面上升，冲积扇沉积厚、面积小，基准面下降，冲积扇向盆地发育，冲积扇在纵向上较长；地形起伏控制冲积扇的形态以及沉积物特征，地形坡度陡，则发育的冲积扇厚度大，以砂砾为主；地形较平缓，冲积扇面积大，以砾岩、砂岩和粉砂为主。②研究手段多元化。随着科学技术的发展，冲积扇的研究手段也多元化。在冲积扇研究手段方面目前有利用冲积扇沉积物 C13 含量、石英旋回发光（OSL）、电子自旋共振法（ESR）来研究冲积扇的形成时间；利用三维数值模拟研究在构造运动和海平面升降影响下前陆盆地的冲积扇形态；通过利用机载激光行迹映射（ALSM）研究冲积扇的形态曲率和斜度。③沉积模式进一步完善。该阶段认为构造是冲积扇发育的前提和主要控制作用，因此根据构造应力差异提出了克拉通盆地、断陷盆地和前陆盆地冲积扇沉积模式。

三角洲沉积类型可划分为浅水三角洲、陆架－边缘三角洲、低可容纳空间三角洲等三类。三角洲是沉积学中最古老的概念之一，是含油气盆地中与油气资源密切相关的沉积类型，以传统研究中根据三角洲的外部形态、形成的主控因素、距离物源远近等分类方案为基础，结合近些年对三角洲分类研究时全面考虑供源体系、海平面变化、古地理古地貌特征等影响因素，可将其划分出如浅水三角洲、陆架－边缘三角洲、低可容纳空间三角洲等沉积类型，并详细研究了其内部沉积特征。

提出了两种新的扇三角洲沉积模式：由陆架进积至斜坡坡折的大型吉尔伯特型扇三角洲（陆架－边缘三角洲）和堆叠于活动断层之上的吉尔伯特扇三角洲。目前国外学者对扇三角洲的斜坡沉积作用进行了详细研究，提出了前积层的砾质舌状体是由斜坡滑塌作用和侵蚀坑导致，大量斜坡物质以滑坡/滑塌的形式错置，斜坡梯度降低使块状流扩张和减速引发河道口外沉积物的堆积，且斜坡沉积中发育特殊的"后堆"叠覆构造（前积层沉积碎屑呈与斜坡30°的方向叠覆）与大型槽状交错层理。目前，还缺乏对扇三角洲前积层沉积过程及滑塌作用与波浪作用的相互关系的研究、对水下碎屑流沉积过程的研究也有待进一步探索。

2.2.1.2　滩坝沉积体系

滩坝是湖盆中一种非常重要的沉积体系，由于砂体规模、发育程度不及河流、三角洲等沉积体系，湖相滩坝沉积体系的研究程度相对较低，但近几年随着勘探程度的不断提高，位于湖盆浅水地区、面积相对较小的滩坝储集体已日益受到人们的重视。滩坝储集体具有近油源、储集性能较好、生储盖组合配置较为完善的利于油气富集的地质条件，并且能够形成一定规模的油气田。

滩坝是滨浅湖区常见的砂体，是滩和坝的总称，在形成中主要受湖浪和沿岸流的控制。滩砂体是指分布于滨湖地带，是与岸线平行的、较宽的条带状或席状砂体，垂向剖面上砂岩与泥岩频繁互层，砂层多但厚度薄，粒序特征不明显；坝砂体是指分布于滨湖地带，与湖岸平行或斜交，并有湖湾相隔的长条形砂体，主要包括砂坝、砂嘴、障壁岛等。垂向上多表现为薄层泥岩与厚层砂岩互层，砂岩层数少但单层厚度较大，砂体横剖面呈双凸型或底平顶凸透镜状；粒度上多为反粒序，或者呈先反后正的复合韵律。

依据滩坝砂体岩石构成、分布位置、形成条件等因素，滩坝有两种分类方案。根据物源供给条件，分布地理位置以及滩坝形成的水动力因素，湖盆滩坝可分成四种类型，即湖岸线拐弯处滩坝、水下古隆起处滩坝、三角洲侧缘滩坝和开阔湖盆滩坝；根据滩坝的平面位置及距湖岸线的远近将滩坝分为沿岸滩坝、近岸滩坝和远岸滩坝。

完整的滩坝沉积模式及相序被建立，包括五种沉积微相，即坝前微相、滩坝外侧缘微相、滩坝内侧缘微相、滩坝主体（或坝顶）微相、坝后微相。坝砂又可细分为坝主体和坝侧缘微相，滩砂划分为滩脊、滩脊间、滩席三个微相。滩坝沉积体系进一步细分为滨浅湖滩砂、浅湖沙坝、浅湖席状砂、浅湖泥质岩4个微相类型。

滩坝的形成受构造、古地貌、沉积水动力条件、古水深、古岸线、物源供给等多种因素控制。滩坝形成与物源供应关系密切，砂质滩坝多发育在湖盆宽缓滨浅湖背景下，陆源碎屑供应充足，发育一定规模（扇）三角洲的地区；生物碎屑滩坝发育在陆源碎屑供应不足或物源区岩石为碳酸盐岩、气候湿润及生物大量繁殖的较安静地区。断陷湖盆滩坝的形成受控于3个因素：①物源控制了滩坝砂体发育程度；②同生断裂活动控制物源方向；③湖泊水动力控制砂体性质和分布。有学者提出滩坝形成受控于"气（气候）-源（物源）-盆（盆地）"系统，气指古气候，包括古风向、古风力等；盆即湖盆，包括湖盆的古构造位置、古地貌特征及湖盆水体的深浅变化等。

2.2.1.3　深水重力流体系

人类对浊流的认识，最早可以追溯到 1887 年。瑞士地理工作者 Forel 发现阿尔卑斯山冰融粗粒沉积物流入日内瓦湖后并不沉积在浅水里而是沉积在深水中，他称之为"密度流"。美国哈佛大学教授 Daly 力排众议，在格兰德滩大地震和"密度流"的启示下提出海底峡谷是由浊流形成的；随后荷兰学者 P.H.Kuenen 发表了证实 Daly 假说的实验室研究成果并发表"作为递变层起因的浊流"一文。A.H.Bouma 通过对法国东南部阿尔卑斯山脉地区 Annot 砂岩浊流沉积研究提出著名的鲍马层序，引起地质学家对浊积岩研究的极大兴趣，还分别开展了浊流流动机理的水槽实验。1970 年，Normark 首次提出水下扇相模式，后来意大利地质学家 Mutti 和 Rucci-Luchi 对海底扇沉积相模式进行了研究，加拿大 Walker 则提出了海底扇相模式。

长期以来，关于沉积物重力流分类一直存在争议：按支撑沉积物的颗粒机制将重力流划分为浊流、液化沉积物流、颗粒流和碎屑流；根据流体的流变学特征将沉积物重力流划分为流体流、液化流和碎屑流。Shanmugam 基于流变学特征将重力流分为两种大类：牛顿流体和塑性流体。

（1）砂质碎屑流。

砂质碎屑流是一种典型的塑性流体，可从以下几个方面进行鉴别：①在底部具剪切带的块状砂岩。其剪切特征可用以指示块体运动是在一个滑动面上曾发生过滑动作用；②在块状砂岩层的顶部附近存在集中漂浮的泥岩碎屑；③在砂质碎屑流沉积中，泥岩碎屑可能表现出逆粒序特征；④在细粒砂岩中有漂浮的石英砾石和碎屑出现；⑤板条状碎屑组构和易碎的页岩碎屑的存在，可以揭示流体的纹层状流体特征；⑥上部接触面为不规则状，其沉积几何形体具侧向尖灭的特征。它揭示了原始沉积体的整体冻结过程；⑦碎屑杂基的存在指示了流体的高浓度流动和塑性流变学特征。

以碎屑流为主的海底沉积模式可划分为两种类型，即非水道体系和水道体系。经典的浊流在平面上呈扇形，水道砂体在剖面上呈孤立的透镜状，扇体在剖面上表现为厚层块状砂体；砂质砂屑流在平面上呈不规则舌状体，在平面上有三种形态：孤立的舌状体、叠加的舌状体、席状的舌状体，它们在剖面上分别呈孤立的透镜状、叠加的透镜状和侧向连续的砂体。

（2）异重流。

异重流近期受到人们高度关注，它是由河流供源的，其密度大于周围水体密度，主要以递变悬浮搬运，沿盆底流动的负浮力流体。异重流形成的环境条件可归纳出 6 种：①干热少植被地区的季节性洪水；②冰川融化；③融雪性洪水；④河坝决口；⑤特殊地质条件（如流经黄土源的河水和火山泥石流等）；⑥飓风、台风在山区小型河流中诱发的洪水等。随着全球变暖，沙漠化加剧，异重流的发育频率将会进一步增加。

异重流通常包含悬浮载荷和底床载荷两部分。根据两种载荷所占比重又可以划分为以悬浮载荷为主的异重流和以底床载荷为主的异重流。以底床载荷为主的异重流与部分富砾型水下扇的形成有关，通常在湖泊中较为发育，而以悬浮载荷为主的异重流在海洋中的分布则更加广泛。另外，海洋异重流中还存在上浮（Loft）部分沉积物，然而目前关注程度不高。

依据异重流时空演化特征，可以建立更为完善的异重岩空间沉积序列。在靠近物源区的位置，异重流流量增强时形成反韵律或沉积物过路，衰减时接受沉积，则主要表现为类似于经典浊流的沉积序列。在远离物源区的位置，底床载荷部分的砾石逐渐卸载，主要以悬浮载荷沉积为主。由于在异重流实际观测中流量变化频繁，并不是单调地增强或衰减，因此在垂向上叠置可形成"复合层"（Composite bed），从而反映出异重岩空间的沉积序列发育特征。

最近，鄂尔多斯盆地南部延长组长 7– 长 6 油层组深湖沉积中也发现了异重流沉积。通过异重岩储层分析，他认为异重流沉积的旋回性使得异重岩储层具有一定的非均质性。其中，异重岩粗粒部分，泥质含量低，含油性较好。这也是异重流沉积作为油气储集层的重要实例。

2.2.2 深层碳酸盐岩沉积体系研究进展

碳酸盐岩沉积体系研究进展体现在四方面：①基于野外露头、钻测井及地震资料，开展碳酸盐岩岩相古地理恢复，根据台地边缘形态和特征差异，划分为镶边型台地和缓坡两大类沉积类型；②提出礁滩相沉积体系是深层海相碳酸盐岩大油气田赋存的重要储集体类型，并对礁的生态组合、环境变化及成礁旋回进行了系统研究，归纳总结了从元古代到第三纪生物礁的沉积环境、分布状态、成礁过程及模式；③根据颗粒滩类型，划分为砂屑滩、生屑滩和鲕粒滩 3 大类，进一步提出三分法、四分法和六分法等颗粒滩类型划分方案；④研究提出水体条件、地貌形态和古气候是影响颗粒滩发育的三大关键因素，滩相沉积主要发育在海平面下降的高位体系域。

2.2.2.1 礁滩沉积体系

礁滩沉积体系是全球海相碳酸盐岩大油气田赋存的重要储集体类型。近年来，中国碳酸盐岩油气勘探相继在塔里木盆地和四川盆地的礁滩储层中获得一系列重要发现，其中包括塔里木盆地塔中Ⅰ号坡折带礁滩复合型油气田，四川盆地普光、龙岗及元坝台缘礁滩复合型气田和川中地区寒武系龙王庙组颗粒滩型气田等。

生物礁研究已经有近 200 年的历史。20 世纪上半叶，我国的地质学者开始了对南海现代珊瑚礁、贵州西南部上二叠统古代生物礁进行了研究，后来在南海北部发现了流花生物礁油田，并随着南海南部的曾母、文莱等一批中新统生物礁油气藏的陆续发现，开启了对南海生物礁研究的热潮。

与生物礁伴生的常常是一些水体较浅的滩，包括生物碎屑滩、颗粒滩（如生物碎屑滩、砾屑砂屑滩、鲕粒滩）。根据颗粒类型可以将滩分为多种类型，基本观点可将滩分为砂屑滩、生屑滩和鲕粒滩。国内外关于滩的演化阶段的研究比较少，一般将滩发育演化划分为雏滩期、滩核期和衰亡期 3 个阶段。关于滩发育的影响因素，认为水体条件、地貌形态和古气候是影响滩发育的 3 个关键因素。滩对古水深敏感，海平面升降变化引起的海水深度和动荡程度控制了滩体的发育特点和叠置样式，并且滩多发育于海退半旋回；滩主要发育在海平面下降的高位体系域。其次，古地貌控制滩的发育，而滩的形成反作用于古地貌，滩的高建造速率进一步强化了这种地貌差异。另外，滩体形成受潮流作用控制，背风面侧积作用明显，以发育砂屑滩为主，并且海底小型水道是潮汐流搬运鲕粒状沉积物通往滩沉积区的通道。巴哈马滩是受到快速的侧积加积作用和一段时间的垂向加积联合作用形成的。在我国南海北部、塔里木盆地、鄂尔多斯盆地、华北盆地和四川盆地等地区都存在许多礁滩体。

2.2.2.2　微生物岩

微生物岩是指由底栖微生物群落（蓝细菌为主）通过捕获与黏结碎屑沉积物，或经与微生物活动相关的无机或有机诱导矿化作用在原地形成的沉积物（岩）。目前研究较多、分布最广的是微生物碳酸盐岩，其种类繁多，包括叠层石、凝块石、树形石、均一石、核形石和纹理石等。时代上可以追溯到古太古代，并以中新元古代和早古生代最为发育，埋藏较深。对微生物碳酸盐岩的研究，不仅可以了解微生物的进化历程，而且还有助于认识与生物进化密切相关的沉积过程与地球环境的演化。同时，由于微生物岩特殊的结构和形成过程，通常能够形成良好的储集空间，成为良好的深层油气储层。因此，对微生物碳酸盐岩的研究不但具有重要的理论意义，而且还具有较高的实用价值。

微生物碳酸盐岩通常划分为叠层石、凝块石、树枝石和均一石四类，其形成受三方面因素影响：①微生物组分（包括 EPS、微生物膜、微生物席等）是微生物岩形成的生物基础，特别是钙化生物膜和微生物膜同样也是国外的研究焦点；②微生物内部遗传基因、微生物之间的竞争、太阳照射、沉积环境及成岩过程等因素影响微生物及其群落的微观形态；③沉积环境的水动力条件、碎屑沉积物影响微生物碳酸盐岩的宏观形态和巨型构造，微生物岩一般生长于温暖、清澈以及较浅的水体环境中。

微生物碳酸盐岩在地史中有着广泛的分布，但其经历了从局部出现到广泛发育再到逐步衰退的演变过程，对于其发育与衰退的原因同样也存在着争议。总的来讲，叠层石在显生宙的总体衰减趋势与后生动物的多样性基本一致，主要归因于牧食动物和掘穴动物的干扰作用，且在生物大灭绝之后（泥盆纪末、二叠纪末），后生动物复苏缓慢，微生物生长有明显增长，也说明后生动物对微生物的影响。但微生物碳酸盐岩在寒武纪后生动物大爆发时的复苏以及在生物大灭绝后（奥陶纪末、三叠纪末及白垩纪末）未见增长的事实，表明微生物的生长未必总是与后生动物的竞争有关。而微生物碳酸盐岩（叠层石）的衰减可能也与环境因素发生重大变化有关，后生动物的竞争并不是直接原因，也可能与新微生物类群的贡献或生物矿化行为的演化等多种因素有关。

总的来说，国外对微生物岩的研究相较于国内起步较早，对于微生物岩的多个维度都做了深入研究，但目前仍然存在很多争议。对微生物碳酸盐岩的分类多样，但这些内部组构的确切成因机制均还不太清楚。微生物岩储层的岩石类型、沉积构造、相序结构、沉积模式和储层有利相带尚有许多不明晰之处。而这些都是需要在未来不懈努力的研究中去解决的。

2.2.3 深层混积沉积体系研究进展

混积岩属于碳酸盐岩和陆源碎屑岩之间的过渡类型,在我国分布较广。这里的"混积"是指陆源碎屑与碳酸盐沉积物的混合沉积。1984 年 Mount 首先提出了"混合沉积物"(mixed sediments)的概念;1990 年杨朝青和沙庆安提出"混积岩"(hunj rock)一词。

混合沉积可分为狭义的和广义的。狭义的混合沉积是指同层陆源碎屑与碳酸盐组分的混合;广义的混合沉积包括了狭义的和交替互层或夹层的陆源碎屑与碳酸盐层的混合。

近年来,国内外学者提出了多种混积岩的分类方案:①采用硅质碎屑砂、硅质碎屑泥、碳酸盐碎屑(异化粒)和灰泥(泥晶)四端元对混积岩进行分类命名;②由陆源碎屑、碳酸盐颗粒或灰泥(不包括胶结物)、黏土三端元的混合组分组成岩石分类图,将组分落在碳酸盐大于 25%、陆源碎屑大于 10% 范围内的岩石称作混积岩;③将混积岩分为含陆源碎屑碳酸盐混积岩、陆源碎屑质碳酸盐混积岩、含碳酸盐陆源碎屑混积岩和碳酸盐质陆源碎屑混积岩。

关于混积岩的成因机理说法较多。有的将混积岩成因划分为间接混合、原地混合、相源混合、蚀源混合四类;有的将陆源碎屑和碳酸盐的混合沉积作用划分为事件突变沉积混合、相源渐变沉积混合、原地沉积混合、侵蚀再沉积混合、岩溶穿插再沉积混合;有的按照沉积事件 + 剖面结构的原则,提出了渐变式、突变式和复合式三种混合沉积 / 混积岩的成因类型。

混积岩主要由碳酸盐及陆源碎屑成分组成,主要形成于具备碎屑岩和碳酸盐矿物同时输入或交替输入的物源或地理条件。有利于混合沉积的沉积相主要是滨海、滨浅湖,其次是浅海陆棚、陆表海、三角洲等。滨海相混积岩发育的控制因素是潮汐作用、相对比较强的水动力条件以及有利于低等生物发育的浅海环境。控制滨浅湖混积岩发育的因素是频繁的湖平面升降和气候的变化。

随着对混积岩及混积作用研究的不断深入,相继出现了多种混合沉积相模式,但主要集中于海相沉积环境,陆相湖盆较少。湖相沉积环境中的滨浅湖、海相沉积环境中的滨岸和浅海陆棚一般是有利于混积岩发育的低能浅水或较深水环境,其中有机质丰度高且易于保存,能够发育大套厚层的生油岩,同时广泛发育有优质储层,如果能够与盖层相匹配,则易形成油气藏。

2.3 地震沉积学研究进展

地震沉积学是以现代沉积学、层序地层学和地球物理学为理论基础,利用三维地震资料及地质资料,经过层序地层、地层切片、地震属性分析、岩芯的岩性和沉积相刻度研究，确定地层岩石宏观特征、砂体成因、沉积体系发育演化、储层质量及油气分布的地质学科（包含地震岩性学和地震地貌学）。地震沉积学是继地震地层学、层序地层学之后的又一门由沉积学、地层学和地球物理学等学科交叉形成的边缘学科。

地震沉积学可细分为地震岩性学（Seismic Lithology）和地震地貌学（Seismic Geomorphology）。地震岩性学主要是建立岩性与地震速度关系，将三维地震数据体转换为测井岩性数据体，建立岩性测井与井旁地震道关系，以确保储层段井数据与地震数据的最佳匹配；地震地貌学就是依据不同沉积体系的几何形态和地貌特征，将经地震特殊处理的平面或立体地震数据体进一步转换成沉积类型、指出砂体成因和分布特征，分析沉积体系和砂体形态演化历史。

地震沉积学研究基于下列两个基本原理：一般沉积体系都具有宽度远远大于厚度的特征；用地震垂向分辨率在垂向上无法识别的地质体，在平面上有可能通过地震横向分辨率被识别出来。以地震数据层面属性为基础，通过对大量层面属性研究，优选出振幅、方位角等多种与沉积体系层面几何形态有关的属性，依据沉积砂体形态和沉积模式对地震平面属性资料（地层切片）进行沉积地貌学直观解释，结合层面三维可视化技术、地质历史时期构造形态恢复等技术，展现不同地质历史时期的沉积体系形态特征，开展平面沉积体系分析。

近年来，地震沉积学在中国石油地质界获得了相当程度的认知，有关概述、研究、应用和讨论的文章显著增多。中国油气勘探已进入复杂油气藏（薄层、深层、非常规油气藏等）精细勘探阶段。在薄层砂体（砂体厚度小于 10 米，甚至厚度为 1 米）之中存有众多油气资源，目前采用常规地质学理论和方法识别薄层砂体是困难的，而当今地震沉积学却能通过地震岩性学和地震地貌学的综合分析，研究沉积岩性、识别薄层砂体、确定沉积类型及其演化。但由于地震沉积学起源于海相沉积盆地厚层砂岩的研究，而中国陆相盆地研究案例尚不充分，在中国陆相沉积体系和薄层砂体研究等方面还存许多诸如砂体储层薄、成岩演化历史复杂、岩性–速度关系变化大、地震分辨薄层砂体难等科学和技术难题。

当今世界油气勘探开发已面向复杂地区、复杂构造、复杂沉积类型和复杂沉积盆地，现代沉积学和地球物理技术的快速发展以及所形成的交叉学科—地震沉积学为勘探开发复杂勘探领域油气资源提供了新的途径。

2.4 深层沉积地质学对油气勘探的推动作用

2.4.1 深层碎屑岩沉积体系

我国深层碎屑岩油气勘探主要在陆相湖盆、海陆过渡相与海相潮坪发育带。陆相断陷湖盆三角洲、滩坝、水下扇等多种类型储集砂体充填模式的建立，推动了渤海湾、松辽深层岩性油气藏的勘探进程；松辽、鄂尔多斯、准噶尔等坳陷盆地浅水三角洲、砂质碎屑流模式的建立，拓展了湖盆中心岩性油气藏的勘探领域；前陆冲断带冲积扇、扇三角洲粗粒沉积模式的建立，推动了库车深层、准噶尔西北缘油气勘探发现；海陆过渡相三角洲体系的成因模式研究，推动了鄂尔多斯苏里格大气区的发现；海相潮坪体系的建立，推动了四川盆地石炭系和塔里木盆地东河砂岩等大油气田的发现，推动了海相碎屑岩油气勘探；细粒沉积与富有机质页岩分布模式的建立，推动了渤海湾、松辽、鄂尔多斯、准噶尔等盆地致密油气与海相页岩气的勘探。

2.4.2　深层碳酸盐岩沉积体系

碳酸盐岩台地礁滩沉积体系的建立与发展，相继发现了四川盆地罗家寨、普光，塔里木盆地塔中Ⅰ号坡折带等大油气田，推动了四川、塔里木盆地台缘带的油气勘探。研究表明，生物礁、颗粒滩或礁/滩复合体是目前我国小克拉通盆地内碳酸盐岩储集层的主体。台缘带多形成于大陆破裂产生的陆内隆坳结合部，塔里木盆地的塔中地区、四川盆地开江—梁平"海槽"两侧以及鄂尔多斯盆地南部与渭北隆起相关的台缘带，礁滩体规模较大。

碳酸盐岩镶边型与缓坡型两种类型台地沉积模式的建立，推动了四川安岳特大型气田的勘探和发现。研究表明，四川盆地川中古隆起在震旦纪时期，上扬子地区发育了中国最古老、保存完整的碳酸盐镶边台地，主要包括台地边缘相、台内丘滩相、丘滩间海相和蒸发台地相等。寒武纪龙王庙组沉积期，发育缓坡型台地，具有3个特点：①不同于国外经典缓坡型台地沉积模式，发育内缓坡颗粒滩、内缓坡蒸发潟湖与蒸发潮坪、中缓坡、外缓坡、盆地相带。缓坡的腹部发育蒸发潟湖与蒸发潮坪，为新型的缓坡型台地。②具"水下三隆两凹"（汉南、乐山–龙女寺、黔中隆起）的特征。水下隆起控制最有利储集岩颗粒滩的发育，③汉南、乐山–龙女寺水下隆起位于台地内部，南、中、北部蒸发潟湖相带将其半环绕。

3　国内外深层沉积地质学发展对比

国外沉积学研究经历了两个多世纪的发展，在"将今论古"与古代典型实例解剖基础上，已经建立了相对完整的沉积学学科体系。中国以陆相沉积盆地产油著称，因此形成了世界先进水平的湖盆沉积学学科体系。

3.1　沉积学发展对比

3.1.1　碎屑岩沉积学

在碎屑岩沉积与岩相古地理方面，国外重点开展了海相、海陆过渡相沉积体系研究，已建立海相三角洲、河口湾、海底扇等经典沉积模式，指导了海相、海陆过渡相碎屑岩油气勘探。我国重点开展了陆相沉积研究，建立了冲积扇、河流、三角洲、水下扇、湖泊、沼泽等6大沉积体系及其典型沉积模式，以及陆相断陷、坳陷、前陆等3类原形盆地的沉积充填模式，有力地指导了我国油气勘探与开发。相对说来，河流、三角洲等传统碎屑岩沉积学已比较成熟，国内外已基本接轨。近期国内外主要在浅水三角洲沉积、深水重力流沉积以及细粒沉积等方面取得了新的进展。

3.1.1.1 浅水三角洲

浅水三角洲概念由美国学者在研究密西西比河现代三角洲沉积时首次提出的，并指出水深是控制三角洲发育的一个重要因素。浅水三角洲主要发育于湖泊浪基面以上，水深一般在数十米以内，并根据惯性、摩擦、浮力、蓄水体深浅、坡度、河道稳定度、注水速度和负载类型等因素识别出 8 种浅水三角洲端元。通过全球典型的古代、现代湖盆三角洲对比分析，指出河控型浅水三角洲前缘常发育不同规模的末端分流河道砂体，砂体厚度 1 ~ 3 米，延伸距离 100 ~ 300 米。

国内学者对浅水三角洲研究始于 20 世纪 80 年代，提出了多种浅水三角洲分类方案及沉积模式：根据松辽盆地湖盆三角洲优势相带的发育特征建立了分流河道占优势的三角洲、断续型水下分流河道三角洲、席状砂占优势的三角洲等三种沉积模式，这是我国浅水三角洲分类研究的最早雏形；根据三角洲前缘砂体特征，将浅水三角洲分为席状、坨状、枝状，并指出浅水三角洲的形状与河流作用、气候、湖平面升降等因素有关；对鄂尔多斯盆地晚三叠世古三角洲和鄱阳湖赣江现代三角洲等综合研究，揭示了畅流型湖盆是浅水三角洲形成的主控因素，建立了浅水三角洲生长发育模式，指出分流河道是浅水三角洲的主要骨架砂体；指出气候是控制浅水三角洲发育的重要因素，干旱气候下的浅水三角洲具有"大平原小前缘"的特点，而潮湿气候下的浅水三角洲具有"小平原大前缘"的特点。

3.1.1.2 深水重力流沉积

1950 年 Kuenen 等人发表了"粒序层理由浊流沉积引起"论文，标志了深水重力流研究的开始。1950—1980 年期间，国外通过现代考察与古代解剖，建立了诸如鲍马序列、海底扇等许多经典模式，推动了沉积学的发展。1990 年以来，随着研究的深入，经典的模式、理论不断遭到质疑，砂质碎屑流等成因模式促进了深水沉积的创新性发展。

中国含油气盆地湖泊重力流沉积主要集中发育在中 - 新生代陆相断陷湖泊中，如渤海湾盆地古近系重力流沉积广泛发育，已经成为岩性油气藏勘探的重要领域。近年来，认识到湖盆中心厚层块状砂体是砂质碎屑流成因。砂质碎屑流的提出，是对现行经典浊流理论的补充。国内外众多学者通过水槽试验证明了水下砂质碎屑流的存在。我国学者通过对陆相坳陷盆地三角洲前缘滑塌成因的砂质碎屑流模式研究，拓展了坳陷盆地的勘探领域。在露头、岩心观测和测井参数分析基础上，建立了以鄂尔多斯盆地三叠系延长组长 6 油层组为代表的坳陷湖盆中心深水"砂质碎屑流"重力成因沉积模式（图1）。坳陷湖盆斜坡中下部或坡折带底部发育大规模砂质碎屑流，而呈扇状展布的浊流分布规模很小，这一观点打破了鲍马序列和海底扇等深水沉积传统认识。在松辽盆地西缘英台三角洲前缘、渤海湾盆地歧口凹陷等湖盆中心也发现大规模"砂质碎屑流"沉积，这一新认识拓展了中国湖盆中心部位找油新领域。

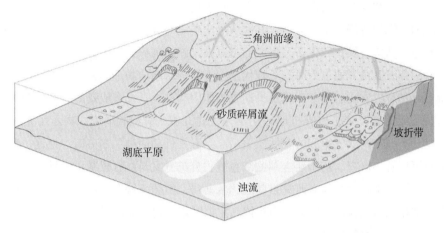

图 1　鄂尔多斯盆地三叠系延长组长 6 油层组砂质碎屑沉积模式

3.1.1.3　细粒沉积

细粒沉积学目前是学科研究前沿。国外细粒沉积的研究首先是从泥岩开始的。早在 1747 年，Hoosen 就提出了泥岩的概念，但直到 1853 年，Sorby 才首次利用薄片来研究泥岩的微观特征。20 世纪 20 年代以来，随着 X 衍射、扫描电子显微镜等技术的引入，泥岩微观特征研究进入了一个新的阶段。M. D. Picard 首次较为系统地提出了一套细粒沉积岩的分类方法，指出"细粒"的意义在于分选良好/粉砂或泥质含量须大于 50%。Potter 编写了第一本《页岩沉积学》专著，对细粒沉积研究具有深远影响。20 世纪 80 年代以后，人们将更多精力投入晚第四纪或现代细粒沉积研究，在生物化学和沉积机理等方面取得了重要进展。Dimberlin 认为半远洋沉积是一种层状的、以粉砂级颗粒为主的细粒沉积物，可以夹砂级或泥级的浊流沉积（风暴影响），也可以形成独立的沉积相，提出半远洋细粒层是浮游生物繁盛与粉砂充注交替进行的结果，这种交替作用一年一次或一季一次。David R.Lemons 对湖盆细粒沉积进行了研究，认为湖平面变化、构造作用、沉积物源、盆地底形会影响细粒沉积相带的分布，其中盆地底形是最为关键的因素。

国外关于细粒沉积模式研究，主要集中于海相黑色页岩，已经建立了海侵、门槛和洋流上涌等三种类型的沉积模式。认为海相黑色页岩的形成主要受物源和水动力条件控制，滞流海盆、陆棚区局限盆地、边缘海斜坡等低能环境是其主要发育环境。海相富有机质的黑色页岩形成必需两个重要条件：一是表层水中浮游生物生产力必须十分高；二是必须具备有利于沉积有机质保存、聚积与转化的沉积条件。Macquaker 提出"海洋雪"作用和藻类暴发是海相富有机质细粒沉积物的主要成因。陆相湖盆沉积水体规模有限，水体循环能力远不及海洋，富有机质页岩主要以水体分层和湖侵两种沉积模式为主。

中国石油地质领域关于细粒沉积的研究特色是湖泊沉积，在湖泊成因与湖泊作用、湖泊相沉积特征、烃源岩分布等方面总体达到国际先进水平，推动了中国陆相石油地质理论的建立。主要研究成果可以概括为 5 个方面。首先从石油地质观点出发，根据湖泊的构造成因、地理位置和气候等条件，对中国中—新生代湖泊类型进行了划分，并系统研究了不同类型湖泊的沉积特征与生油能力。其次从沉积环境与沉积特征解剖入手，根据沉积岩的成分、颜色、结构、展布和化石等多种标志对古代湖泊沉积亚相进行划分，并预测生油岩与储集岩的分布。再者通过青海湖等现代湖泊考察，对湖泊物理、化学、生物过程、沉积作用特点、富有机质页岩的分布以及早期成岩作用等进行了卓有成效的研究，深化了湖泊相的认识。第四是开展了以有机地球化学为主的沉积－有机相研究，揭示了生油岩中有机质数量、类型与产油气率和油气性质关系。第五是近期通过鄂尔多斯、松辽、渤海湾等盆地细粒沉积解剖研究，初步建立湖盆细粒沉积分类方案与富有机质页岩发育模式。但总体说来陆相湖盆细粒沉积体系研究目前还比较薄弱，亟须开展典型细粒沉积岩组构特征解剖，揭示陆相湖盆细粒沉积岩的分布规律与主控因素，建立细粒沉积体系成因模式。

3.1.2 碳酸盐岩沉积学

国外在大量现代沉积考察基础上，已建立了不同台地背景下碳酸盐岩沉积模式，明确了不同沉积相带的亚相与微相特征，系统分析了地质历史时期古生物生态学与生物礁演化特征。典型的论著有 1970 年 J.L.Wilson《地质历史中的碳酸盐岩沉积相》、Robin，Bathurst《碳酸盐岩沉积物的成岩作用》、Chilingar《碳酸盐岩》；1990 年 Tucker《碳酸盐岩沉积学》；Macdonald《活动边缘的沉积作用、构造运动和全球海平面变化》等。

国内碳酸盐岩台地沉积模式与应用研究已基本与国际接轨，微生物碳酸盐岩是下一步攻关重点，目前在成因机理与分布规律研究方面与国际对比还存在较大差距。国内以层序或体系域为单元系统编制了四川、塔里木、鄂尔多斯盆地及中国南方的岩相古地理图，初步明确了不同时期沉积相带的平面展布特征；并结合我国碳酸盐岩沉积特点在碳酸盐岩岩石学分类、台地礁滩沉积模式与演化等方面取得了系列创新性成果，指出继承性发育的碳酸盐岩台地边缘、低倾斜度的缓坡古地貌背景和相对宽缓的开阔台地内水动力高能区控制了礁/滩体的规模分布。

微生物碳酸盐岩是新近发现的具有勘探潜力的深层碳酸盐岩地质体，有可能成为继礁滩、岩溶之后又一个碳酸盐岩油气勘探的新领域。国外对微生物碳酸盐岩的研究比国内起步早，目前在全世界范围内已找到多个油气田。从全球油气发现看，微生物碳酸盐岩中的油气发现主要集中在前寒武如冈瓦纳大陆的非洲、阿拉伯板块，印度－巴基斯坦和澳大利亚，以及西伯利亚的里菲系。典型实例如美国阿拉巴马州阿普尔顿与 Little Cedar Creek 油田和东西伯利亚里菲系油气田。在巴西桑托斯盆地、阿曼盐盆、哈萨克斯坦滨里海盆地，微生物碳酸盐岩储层中也有重大油气发现。微生物碳酸盐岩发育时代跨越中元古代至侏罗纪，目前在震旦系－寒武系、侏罗系微生物碳酸盐岩中发现油气最多。

我国大规模微生物碳酸盐岩多发育于下古生界－前寒武系，与生命演化进程相对应。越来越多的研究表明，四川、塔里木、鄂尔多斯、渤海湾等盆地的深部，发育古老海相微生物碳酸盐岩储层。任丘油田为我国地层年代最古老的油田，其储层为中元古界蓟县系雾迷山组微生物碳酸盐岩，叠层石、凝块石微生物岩储层发育。

3.1.3 层序地层学

自从 Sloss，Krumbein 和 Dapples 于 1948 年同时提出"地层层序"概念以来，层序地层学经历了概念萌芽、地震地层学形成及层序地层学综合发展三个阶段。Wilgus 出版的专著《地震地层学》奠定了层序地层学理论形成的基础；Vail 等出版的《层序地层学》标志着层序地层学理论的诞生。除了以不整合面或与该不整合可以对比的整合界面为层序边界的经典层序地层学之外，还出现了高分辨率层序地层学、成因层序地层学和海侵－海退旋回层序地层学等学派。

国外在层序地层学研究方面，具有雄厚的成果积累和理论建树，已建立了不同沉积环境和构造背景下的层序演化模式，目前正向多学科综合、微观、高精度、定量化和标准化方向发展。主要表现在几个方面：①层序地层学标准化：Catearuva 等 25 位著名沉积学家于 2009 年发表了《走向层序地层的标准化》一文，从经典三分体系域模式向四分体系域模式发展。②层序地层界面研究：包括陆上不整合面、相对应的整合面、强制海退底面、海退侵蚀面、最大海退面、最大洪泛面和海侵侵蚀面等。古土壤和遗迹化石在层序识别中的意义引起广泛重视。③三级层序和体系域类型及其石油地质意义（源－汇分析方法）。

国内对层序地层学的引进、学习、消化和应用始于 20 世纪 80 年代，目前已取得许多创新性认识，特别是把层序地层学理论和方法体系应用到中国陆相盆地研究中，并结合陆相盆地沉积特征，发展了陆相高精度层序地层学。但是目前对层序界面识别标志、划分和分级标准，以及不同级别层序格架的时限等问题，在认识和理解上存在差异，至今仍未形成统一的认识。

3.2 岩相古地理学发展对比

岩相古地理学是从 20 世纪 40 年代开始发展起来的，50 年代 Eardley 编制了美国古地理和构造格局，苏联学者 Strahov 和 Ronov 编制了苏联古地理图，推动了克拉通盆地油气勘探。1990 年，Scotese 等以全球构造学理论为指导，编制了《全球显生宙古地理图》，反映了目前岩相古地理研究的最新进展。

我国岩相古地理研究也是从 20 世纪 50 年代开始的。刘鸿允于 1955 年编制的《中国古地理图》是我国第一部最完整的古地理图集，60 年代曾允孚等引用福克关于碳酸盐碎屑成因的观念对川东三叠系岩相古地理进行了研究，王竹泉 1964 年出版了《华北地台石炭纪岩相古地理》图集。20 世纪 70 年代后我国岩相古地理学飞跃发展，1980 年关士聪等提出了中国古海域沉积环境综合模式，关士聪等 1984 年编制了《中国海陆变迁海域沉积相与油气》，吴崇筠等 1993 年编制了中－新生代中国含油气盆地沉积相图。王鸿祯等1985 年主编的以活动论和历史阶段论编制的《中国古地理图集》，将沉积盆地和地质构造结合，系统的表达对中国地壳在地质历史中的地理发展和构造演变基本过程的认识，对我国岩相古地理的研究起到了至关重要的作用。1994 年由刘宝珺和曾允孚编著的《岩相古地理基础和工作方法》，全面总结了岩相古地理学的原理、研究内容、任务和工作方法，给后来古地理的研究提供理论依据，促进了中国岩相古地理的研究走向更高水平。冯增昭提出了单因素分析多因素综合作图法，并在海相岩相古地理编图中发挥了重要作用。马永生等以构造－层序岩相古地理方法，开展了"中国南方层序地层与古地理"研究，从客观、动态的角度反映了克拉通盆地的充填和演化历史。

3.3 方法技术发展对比

国外沉积学研究方法先进成熟，已经形成了包括现代沉积考察、数字露头与岩心、薄片鉴定、粒度分析、水槽模拟、数字正演／反演模拟、地震沉积学（包括地震属性分析）、测井岩性识别、测井相、沉积古环境恢复等方法技术体系。国内目前主要是在引进国外方法技术／软件基础上的开发应用，沉积学研究方法技术与国外有一定差距，特别是在现代考察、软件开发、数字模拟与物理模拟等方面。

3.3.1 数字露头／岩心与水槽实验

数字露头技术方法就是在已建立的实际地表模型体上，加载所有涵盖露头地质剖面数字化采集的地质信息，最终对综合数字露头模型开展研究与分析。数字露头技术在沉积学领域的应用主要表现在精细刻画露头三维沉积体形态、结构与沉积充填形态，并测量相关沉积体参数，包括沉积体厚度、宽度、面积和三维形态等等。国外通过遥感、激光雷达扫描、元素捕获等技术，建立了不同岩石类型的典型数字露头，推动了沉积学的定量化发展。我国目前已引进相关设备，已初步建立碎屑岩、碳酸盐岩等典型数字露头。数字露头技术在层序地层界面的准确厘定与层序格架划分方案上得到了初步应用。

现代沉积考察、水槽模拟实验和模拟技术是国外进行沉积机理与分布研究的重要手段，技术手段成熟先进，取得了许多创新性成果。如细粒沉积水槽模拟实验揭示了纹层状页岩主要是由流体搬运形成，而并非传统认识的缓慢沉降形成，创新了页理形成机理；现代考察与水槽实验和模拟揭示细粒沉积快速埋藏能有效保存大量有机质，指出长期水体分层并非是黑色页岩形成的必要条件，黑色页岩可以在较浅的陆缘海广泛分布。我国在现代沉积考察和水槽实验正在加大研究投入，研究方法技术将不断满足沉积学研究需求。

3.3.2 层序地层模拟技术

数字模拟技术是目前研究前沿，国外研究机构投入较多，已开发多种数字模拟商业软件，如层序地层模拟技术。层序地层模拟有反演模拟和正演模拟两种类型。

反演模拟是用数字化程序从地质数据中提取影响沉积过程的相关参数，然后预测更为真实的地层剖面，这些相关参数包括堆积速率、水深和沉降速率、自源或外源压力机制的影响、气候特征、构造特征、物源及搬运方式的识别、推断的海平面升降和气候变化的方式等。反演模拟也采用反复的正演模拟的结果与观测的剖面进行对比，从而评估其真实性和不确定性。由于地质现象是多因素、多种过程综合作用的产物，因此国外学者对地层反演模拟的可行性提出了质疑。

正演模拟主要是建立在假定过程参数和地层响应之间相互依存基础上，通过设置一系列不同过程的地质参数以及不同参数之间相互作用所产生的地层响应来实现对地层、岩性和储层的模拟与预测。目前层序地层正演模拟软件主要有几何模型（Sedpak）、扩散方程模型（DYONISOS）、模糊函数模型（FUZZIM）、流体动力学方程（SEDSIM）。我国部分单位已引进相关软件开展了应用研究，但在技术方法与软件研发上还没有开展针对性攻关。

3.3.3 地震沉积学分析技术

"地震沉积学"是以现代沉积学和地球物理学为理论基础，利用三维地震资料，经过建立层序地层格架、开展地震属性分析和地层切片，研究地层岩石学特征、沉积结构、沉积体系、沉积相平面展布以及沉积发育史的地质学科。它诞生于20世纪90年代末期，利用三维地震资料和多种地震处理技术，进行高分辨率地震特征描述，解释储层岩性，分析沉积砂体形态，建立沉积砂体分布模型。地震沉积学是基于高密度三维地震资料、现代沉积环境、露头和钻井岩心资料建立的沉积环境模式的联合反馈，是识别沉积单元的三维几何形态、内部结构和沉积过程的一项新方法体系。

目前，国外具有一定地震沉积分析功能的软件包括Recon-Strata Slice、VVA、DV-discovery、GeoScope等，这些软件大多具备等比例切片（或地层切片）功能，相对传统地震解释软件具备的时间切片和沿层切片功能而言，在沉积分析方面具有一定先进性，但只能部分实现地震沉积学处理解释，普遍缺乏对地震、测井、地质资料的综合分析功能，且针对稳定分布的海相地层、相对简单构造和沉积模型效果较好，对我国陆相湖盆地层的复杂砂体缺乏特殊分析手段，缺乏地质与地震结合分析的配套技术方法。

2012年以来，中国石油天然气股份公司组织地震沉积学分析软件攻关，目前已研发完成GeoSed V1.0版本。它是集地质、测井、地震于一体的地震沉积分析软件，沉积储层综合分析功能更强，且拥有非线性地层切片、地震等时性分析、时间域/地质年代域（Wheeler域）变换与反变换、基于切片的沉积相动态分析与成图等特色技术，可以更好满足地震解释人员及沉积学分析人员开展精细沉积体和岩性圈闭预测的需求。国内学者已不断在国际学术平台上展示了中国陆相地震沉积学的研究进展和成果。

3.4 我国沉积学发展存在的问题与差距

含油气盆地沉积地质学研究，如跨重大构造期沉积盆地的岩相古地理与浅水三角洲砂体发育新模式研究，深水沉积砂体分布规律的新认识，碳酸盐岩沉积新模式建立，富有机质页岩发育模式，地震沉积学分析技术、遥感沉积学分析技术、数值模拟沉积相建模技术、数字露头研究技术等新技术、新方法不断应用于沉积地质学的研究，为沉积学理论发展和工业化应用提供了基础。但基于中国独特的小克拉通盆地特性和多重构造变革作用，目前普遍采用的都是引用国外基于现代沉积与中新生代碳酸盐岩沉积研究建立的模式，而古老大型碳酸盐岩沉积体是否能称为碳酸盐岩台地应是我们深思的问题，是否有中国独特的小克拉通盆地古老碳酸盐岩沉积模式；陆相湖盆多物源、多水系，构造、气候变化快、相变快、混源沉积发育，源－渠－汇体系不清，描述性定性分析多，缺定量分析，限制了理论认识的创新。

针对含油气盆地深层沉积体系研究存在的不足，今后的重点研究领域主要集中在以下几个方面：

（1）重大构造期、重大事件沉积岩相古地理研究。将沉积学与构造地质学相结合，应用沉积学理论、技术、方法，通过地层与岩性对比、沉积结构构造、物源分析、重矿物分析、古环境分析、同位素年代学和旋回地层学等分析，从沉积碎屑纪录、多种元素同位素、矿物和地球化学特征等多方面信息入手，重建不同历史时期的古气候与古地理格局，解决全球性黑色烃源岩与红层分布、不同级次层序界面分布、湖－海平面响应等基础问题。

（2）陆相盆地沉积动力学机制研究。根据中国构造背景特点，应用源－渠－汇沉积体系分析方法，分析盆地构造、古气候、古水文、古地貌特征，研究造山带剥蚀与沉积盆地的沉积过程、地貌演化、物源以及气候对沉积体的影响；分析单向水流、多相水流对砂体分布的影响，建立多维变化不同沉积体系模式。

（3）碳酸盐岩微地块沉积模式研究：根据中国小克拉通盆地发育特点，通过典型碳酸盐岩沉积体系分析，研究古老大型碳酸盐岩台地的建造和破坏过程，发展完善小克拉通盆地碳酸盐岩沉积模式；解剖大面积分布的白云岩与微生物岩成因，解决白云石成因机理与分布预测等问题。

（4）细粒与混积沉积体系研究。细粒与混积岩岩性复杂，研究方法不系统，需创新建立细粒与混积岩研究方法体系；通过海、陆相典型细粒、混积岩沉积岩石学、地层古生物、元素地球化学等分析，研究细粒、混积沉积的地球化学与生物过程，建立统一的岩性分类体系；通过沉积物理数值模拟，明确细粒、混积岩沉积动力学机理，明确富有机质页岩分布规律。

（5）多尺度地质建模与标准化研究。深层油气田勘探开发实践对精细地质模型的建立提出了新的需求，沉积体构型和内部结构解剖成为储集体描述的重点。通过对沉积露头和密井网区资料的精细解剖，与现代沉积进行对比分析，并加强水槽模拟实验加以验证，得到不同尺度沉积体构型的分布规律和地质统计学描述参数数据，建立标准化模型，用于指导深层油气勘探评价预测。

4 深层沉积地质学发展趋势与对策

沉积学作为独立的地球科学分支，目前的重点和前沿仍将围绕资源、环境、灾害和全球变化四个方面开展研究工作；进入 21 世纪，除了层序地层学、储层地质学、全球古地理、盆地分析和定量沉积学等不断发展和完善外，更重要的新的分支学科和交叉学科得到飞速发展。比如地震沉积学是继地震地层学、层序地层学之后的又一门由沉积学、地层学和地球物理学等学科交叉形成的边缘学科，其原理、研究方法流程和薄层砂体识别刻画等方面均得到了人们的认同和广泛应用。深层沉积地质学是深层地质条件与沉积学、储层地质学结合，解决深层油气勘探的一门学科；在我国深层既应包括深度，又应包括层系，其中深度是指埋深大于 4500 米，层系是指叠合盆地下部古老层系。通过对国、内外深层沉积地质学理论、研究方法技术发展对比研究，提出未来深层沉积地质学有 6 个方面理论发展趋势，8 种研究方法与技术手段；针对我国当前深层油气勘探的需求以及在深层沉积地质学学科方面与国外存在的差距，提出了 6 项对策与建议。

4.1 发展趋势

4.1.1 深层沉积地质学理论发展趋势

随着能源需求的增长和勘探技术的进步，油气勘探由浅层向深层斜坡、盆地，由陆上向海上深水转移，深层沉积地质学也应运而生，特别是深层储层的变化更突显了深层沉积地质学的重要性。目前我国东部渤海湾、松辽盆地，中西部鄂尔多斯、四川盆地，西部准噶尔、塔里木和柴达木盆地都已步入深层油气勘探阶段，为深层沉积地质研究工作奠定了基础，并初步形成了中国特色盆地背景下的粗粒沉积、宽缓湖盆浅水三角洲沉积、滩坝沉积、咸化湖盆微生物作用沉积、海相滨岸砂岩沉积、火山碎屑沉积、微生物沉积（灰泥丘）、裂陷槽有机质沉积和碳酸盐岩台地等沉积理论体系。在近几年召开的国际和国内沉积学大会上也屡次提出了深层沉积这个概念，指出深层沉积是当前全球沉积学研究三大热点（全球气候变化沉积记录、深水沉积与事件沉积和碳酸盐与微生物沉积成为当前沉积学三大热门研究领域）之一。未来深层沉积地质理论有以下几方面发展趋势：

（1）深层沉积动力学

沉积动力学是从动态变化观点研究沉积物侵蚀、搬运、堆积过程、机制及沉积环境效应的理论体系；动力学结合我国盆地类型研究，初步形成了深层粗粒沉积、宽缓湖盆浅水三角洲沉积、滩坝沉积等深层沉积动力学理论。未来深层沉积物的来源、搬运机制、沉积过程、成岩过程以及压力场、流体场、应力场、温度场四场研究等都是深层沉积动力学的研究内容，在我国西部盆地也初步取得了良好的勘探效果，比如砂岩的动力成岩作用（构造、埋藏方式、温压、流体）研究

（2）全球系统物质守恒

物质守恒是指在一个封闭的剥蚀 - 沉积系统内，剥蚀总量与沉积总量存在物质守恒的关系，以此恢复古地形地貌，分析地层层序沉积建造、建立地层等时层序格架、指导砂体构型、砂体横向展布研究的理论体系。根据质量平衡法原理，对西藏高原、东亚、印度支那和印度板块地区开展再造山作用研究；国内王成善等人用质量平衡法定量恢复了新生代青藏高原的造山作用。未来深层沉积地质学中，一定封闭系统内物源供给与沉积物之间的质量守恒，成岩系统内质量、能量守恒以及全球系统内的物质平衡都将具有广阔的研究空间和重大的理论意义。

（3）沉积过程和事件沉积

地质时期的构造运动、古地震、古气候的突变、火山活动等诱发因素，形成了与正常

沉积不连续或不整合的沉积序列，我国东部盆地深层断坡深水沉积、火山岩沉积，西部盆地粗粒沉积及中西部的深水细粒沉积的特征证实了该理论体系的存在，并发展了该理论。事件沉积学目前有以下几个方面的研究热点：①对记录重大事件的沉积地层进行的元素地球化学分析；②探讨构造事件与沉积作用的相互关系；③探讨地震事件对沉积作用的改造，包括地震事件的事件，幕次及震积岩，软沉积变形等；④深水沉积垮塌的短期事件性触发机制，包括地震、陨石撞击，火山活动、海啸等。迄今为止，尽管事件沉积学尚未形成一门独立的沉积学分支学科，但是它将哲学的观点应用到沉积学当中，是对已有的沉积学知识进行补充。未来通过对深层沉积机制的研究，对深层油气勘探中事件性沉积的认识必将有新的认知。

（4）细粒及有机质沉积

细粒沉积是目前沉积学研究的热点，也是未来深层沉积地质学研究的趋势。深层细粒及有机质沉积侧重于烃源岩方面的研究，但由于粒度细，观察难度大，受超微观实验条件限制，使得对陆相湖盆深层细粒及有机质沉积过程、物质转化条件、作用机制等研究较为薄弱，这是未来深层沉积地质学研究亟待解决的问题。

（5）构造活动、生物差异性沉积与碳酸盐岩台地建造

深层碳酸盐岩台地研究从静态的沉积模式转变为活动构造与碳酸盐岩台地变化的动态研究。前寒武–古生代构造活动造成地台的裂陷和拼合，形成多样性的槽台结构和台地类型；板块拉张期形成裂陷槽深水细粒有机质沉积、槽台过渡斜坡相深水碳酸盐岩沉积和台地边缘沉积。因此构造的活动与碳酸盐岩台地生长关系的研究是深层碳酸盐岩沉积学的发展趋势。

碳酸盐岩的形成直接或间接与生物及生物化学沉积作用有关，对于深层碳酸盐岩沉积来说时代较老的地层通常发育低等微生物碳酸盐岩，其台地边缘为小礁大滩型沉积模式；而时代较新的地层则发育高等钙质生物类碳酸盐岩，其台地边缘为大型生物礁滩体沉积模式。因此，构造活动背景下台地的特征及不同时代生物差异性沉积作用与碳酸盐岩台地建造理论是深层碳酸盐岩沉积和成岩的重要发展趋势。

灰泥丘是新近发现的具有勘探潜力的碳酸盐岩地质体，它是一种主要由灰泥组成、具有穹形特征的碳酸盐岩建隆，从前寒武系至第四系均有发现。国外早在20世纪80年代就有大量关于灰泥丘的沉积特征、内部结构、生物组成等方面的文献报道。国内有关灰泥丘的研究程度总体较低，在塔里木、四川、鄂尔多斯盆地有相关的报道。灰泥丘有可能成为继礁滩、岩溶之后又一个碳酸盐岩油气勘探的新领域，特别是深层油气勘探。

（6）沉积与成岩过程中的生物作用

讨论生物作用与沉积成岩作用的关系是近年来国际沉积学界的热点，这在第17届国际沉积学会上得到了验证。早期的沉积学认为，生物具有搬运和沉积作用，即生物通过生命活动直接或间接地促使化学元素、有机或无机物质进行分解、化合、迁移和聚集或将遗体直接堆积下来，造成生物沉积岩石，如礁灰岩、硅藻土、石油、油页岩、煤及某些磷

矿、锰矿、铁矿等。对微生物活动及其对沉积成岩作用的研究热点主要集中在微生物作用及形成的沉积构造上，包括①生物扰动破坏原始沉积构造；②极端环境下的微生物作用，如对海底热液硫化物和蓝细菌研究；③微生物席形成或诱发的沉积构造，其成因被进一步归为微生物生长、新陈代谢、破坏、腐烂和成岩过程等几个大类；④碳酸盐与微生物沉积，包括冷水碳酸盐岩、微生物对碳酸盐沉积的影响。未来随着研究深入，沉积学在地球生物框架下将会产生一个新的分支学科——微生物席沉积学，以微生物席为研究对象研究地球早期生命演变、探索生物圈对水圈和大气圈的长时间影响具有重要意义。在未来深层沉积地质学领域，生物参与的沉积与成岩过程也将是一个热点研究问题，可能会是深层或深水油气勘探的一个分支理论。

4.1.2　深层沉积地质学研究方法与技术

目前国内外深层沉积地质学研究方法和技术得益于沉积学的研究思路和方法，"将今论古"法（包括露头和现代沉积研究）、构造/沉积作用过程、等时格架下的沉积及演化、水槽实验或计算机模拟等方法已经成熟并形成了相应的技术系列。近年来通过充分挖掘地震信息，形成的交叉学科——地震沉积学等是沉积学的最新发展，90°相位转换、地层切片和分频解释是该学科中的三项关键技术；利用测井新方法，如成像测井与常规测井结合研究沉积构造和沉积物搬运方向等也将促进沉积学的发展。未来深层沉积地质学的研究方法和技术将是沉积学研究方法和技术的进一步细化与深化，表现在以下几个方面：

（1）成因分析法

沉积地质学过去的研究重点在于现象描述，比如沉积体系分析和储层表征，随着科技进步和能源需求的增长，目前研究重点发展到研究砂体成因机制、储层主控因素等方面的成因分析。深层油气资源因其勘探成本高，研究难度大，因此未来深层沉积地质学将进一步系统探索砂体成因、沉积过程、控制因素以及储层成岩演化等动态特征。具体而言成因分析包括两个层次，首先是深层砂体的形成过程及主控因素，其次是深层含油气储层的形成过程及主控因素。成因分析的对象由过去的宏观沉积相、沉积砂体细化到现在的岩石相、成岩相分析，如深层块状砂岩的成因、深水砂岩的成因。

（2）多学科交叉渗透综合研究法

地质学领域各学科的交叉渗透形成了一系列新的学科，如沉积岩石学、储层地质学、层序地质学、地震地质学等学科，未来深层沉积地质学将进一步吸纳数学、物理、化学、生物学、天文学等其他学科的先进技术，通过与精细、深入的野外地质工作相结合，使科研人员有可能对更复杂的地质现象和规律做出科学的解释，进行更深入和本质性的研究，这将有助于深层油气资源的勘探开发和综合利用。如，数学地质是地质学与数学及电子计算机相结合的产物，其原理是从量的方面研究和解决地质问题，促使地质学由定性描述向定量研究发展，又如元素地球化学特征结合沉积构造特征、岩性组合特征、测井响应特征等来综合判断沉积环境。

（3）实验与模拟法

实验与模拟成为未来深层沉积地质学研究的重要手段，实验地质学的发展使地质学的研究从以野外观察、描述、归纳为主，发展到归纳与演绎并重的阶段。实验技术的进一步改进，计算机模型的应用，使得一些极端地质条件可以在实验室中获得，从而可以模拟更为复杂的多种可变因素的地质作用，并把时间因素也纳入模拟实验之中，如现代沉积考察、水槽实验和数字正演模拟。

（4）地震沉积学分析技术

地震沉积学是一门由沉积学、地层学和地球物理学等学科交叉形成的边缘学科，可细分为地震岩性学（Seismic Lithology）和地震地貌学（Seismic Geomorphology），后者则是当今国内外的研究热点。地震沉积学分析技术在识别沉积体系并恢复沉积演化史、沉积相和地震地貌学精细研究方面发挥着重要的作用，近年来，在国内石油地质界获得了相当程度的认知。但是鉴于我国陆相沉积体系和薄层砂体研究等方面还存许多诸如砂体储层薄、成岩演化历史复杂、岩性–速度关系变化大、地震分辨薄层砂体难等科学和技术难题，因此在未来我们应当建立一套适合陆相盆地的地震岩性学新方法，创立各类陆相盆地的地震沉积相模式，建立陆相盆地地震沉积学研究规范。

（5）定量预测技术

定量预测技术一直是储层地质学的热点和难点，也是未来深层沉积地质学研究的热点和难点。该方法技术是将地质学中面临的科学问题通过数学方法表达出来，揭示地质变量之间的规律，预测潜在地质目标的数字化特征，如成矿定量预测、孔隙定量预测、地下裂缝定量预测等等。该技术的关键在于建立正确的地质模型和数学模型，前者取决于对地质现象和地质规律的认识，后者取决于对研究对象（包括地质作用、地质产物、地质方法等）的各种因素及其相互关系的认识。定量预测的目标在于查明地质目标的数量规律性，具体表现为地质目标的数学特征、地质现象的统计规律以及地质勘探中的概率法则。在未来深层沉积地质学研究中，深层砂体的规模、储层"七性"关系、储层渗流特征、非均质性、裂缝的空间展布等参数若能定量预测，将大大降低勘探开发风险，降低成本。

（6）砂体描述与构型技术

随着油气工业的发展与进步，近年来大庆油田密井网区砂体解剖与开发试验也取得了显著效果，井震结合下的砂体描述和构型技术也在不断发展和完善。早期的露头砂体描述与构型技术为我国陆相盆地油气勘探开发提供大量依据和技术支持。鉴于露头的直观可见性，对其精细研究不但有助于转变勘探理念，更能指导油气开发，从中获取的砂体规模、非均质性等地质数据库参数也可以提升计算机模拟的准确性，因此重视露头与现代沉积研究，"将今论古"法仍然是未来深层沉积地质学研究的基本方法，露头砂体描述与构型技术仍然是未来深层沉积地质学研究的基本技术。未来井下砂体描述与构型技术，难度非常大，是深层沉积地质学及深层油气勘探的关键技术之一。未来该项技术在海洋深水油气勘探中也将得到广泛应用，并能有效规避勘探风险。海域深水沉积体系识别描述及有利储层预测技术广泛应用于海域斜坡、深水盆地的沉积体系识别描述及有利储层预测，在南美、西非大西洋沿岸、墨西哥湾、北海、巴伦支海、喀拉海以及东南亚、澳大利亚西北大陆架、孟加拉湾深海扇等海域应用，相继发现了多个大型油气田，其勘探领域也扩展到了水深达 3000 余米的深海区。

（7）碳酸盐岩古地理恢复技术

由于深层碳酸盐岩地质资料稀少，因此需要利用测井和大量的地震资料开展岩相古地理恢复研究。深层残留盆地碳酸盐岩古地理恢复技术，包括碳酸盐岩岩石结构组分测井定量识别及碳酸盐岩岩相地震识别两项技术。碳酸盐岩岩石结构组分测井定量识别技术以六项测井解释技术模块为依托，利用岩心描述、薄片、物性资料及测井资料，定量识别海相碳酸盐岩岩性（基于邓哈姆分类的岩性识别、岩石结构组分识别、灰岩颗粒含量预测）；碳酸盐岩岩相地震识别技术采用地震沉积学原理，建立碳酸盐岩岩相特征模板，高密度等时切片研究岩相纵向变化，在地层切片分析基础上，进行地震多属性 与"沉积参数"拟合，反演沉积参数，对"沉积参数"进行聚类分析，进而识别岩相，特别是如何有效识别各种有利相带。

（8）计算机辅助建模技术

计算机技术在当前各个学科中得到了广泛的应用，其强大的数据处理功能和科学计算能力给科学研究和工农业生产带来极大方便。在未来深层沉积地质学研究和深层油气勘探开发过程中，利用计算机技术综合利用岩心、钻井、测井、试井、地震、地质等各种资料进行储层建模，不仅可以解决沉积相空间分布和物性参数的空间分布问题，而且可以解决裂缝和断层的空间分布和方位问题。受井网密度和地震分辨率的影响，油气勘探早期使用的确定型建模逐渐演变为当前甚至未来流行的随机预测建模，即综合各种方法取得的信息，主要依靠沉积学的方法加上地质统计学的方法，对井点之间、之外参数作出一定精度的细致的预测估计。计算机建模技术将是深层沉积地质学研究中最复杂、最核心的技术。

4.2　对策与建议

随着我国能源需求的增长和油气勘探由中浅层向深层转移，各大沉积盆地通过转换思路、加大投资，逐渐形成了具有中国特色深层沉积地质理论及技术方法，建立深层油气地质研究的实验平台，培养了一批深层油气勘探及深层沉积地质学研究的专家队伍，获得了诸如深层火山岩、深层陆相碎屑岩沉积体系、深层海相碳酸盐岩、海洋深水沉积等方面的研究成果，突破了深层钻井、深层油气开采、深层储层描述等工程及实验技术，大大提高了深层油气地质研究水平，增强了我国深层油气勘探开发的实力。

尽管如此，我国在深层沉积地质学理论及方法技术研究与国外在三个方面存在明显的差距：①软硬件差距，比如针对露头地质建模。国外可以利用遥感、激光雷达等先进设备进行数字化采集，并可对庞大的数据体进行快速、自动集成处理；而我国目前还处在设备引进、学习阶段，更谈不上后期数据的分析、处理能力。②研究水平和能力的差别，在具备先进软硬件的条件下，国外研究者对深层地质问题研究的深入、认真程度和创新水平也相对要高，这可以从当前套用深水块体搬运沉积模式以及发表较多低水平重复性文章上看出。③整体科研环境的差别，这一差别广泛存在于各个学科和专业领域，国外相对重视科研工作，尊重科研人员，科研经费占投入比例较高。

针对我国当前在深层沉积地质学理论及方法技术方面的研究现状以及与国外存在的差距，首先应当认清形势、承认差距、努力追赶。其次针对国外的新理论、新方法技术，要引进消化吸收再创新；针对国外在深层沉积地质学研究中用到的新设备，要根据需求逐步引进并学习掌握应用，为我国深层油气勘探提供技术支持。最后，相关科研人员要具备科学态度、科学思想、科学方法及实践精神。具体措施和建议如下：

4.2.1　加强精细基础研究

随着深层油气勘探的深入、实验技术的进步，有必要开展精细的基础地质研究，从而重新认识深层砂体成因、储集层特征、深层圈闭的有效性等，为深层油气勘探和深层沉积地质学学科发展提供依据。精细基础研究包括露头精细地质建模、岩心精细观察描述、测井精细岩性识别、地震精细目标刻画，开展不同沉积条件下的水槽实验、建立不同沉积类型和不同尺度构型单元的开发地质模型等。比如四川盆地震旦系的突破，在多口探井连续失利的情况下，研究人员重新处理解释地震新、老资料，重新刻画古隆起和构造形态，重新寻找有利储层发育区和含气区，最终在高石梯 - 磨溪地区部署风险探井高石 1 井，并获得重大突破。在未来的一段时间内，深层沉积地质学需要加强精细基础研究，做到基础重点化、研究精细化、领域深入化、理论体系化，才能推陈出新并建立中国特色的深层沉积地质学理论体系。

4.2.2　强化前沿技术研究

"老盆地用新技术，新盆地用老技术"是经典的勘探理念，新技术可以帮助我们重新认识地质现象，解决以前解决不了的问题。当前我国油气勘探环境十分复杂，深层油气勘探难度随之提高，对深层地质理论、勘探技术方法有更高要求，这就需要在不遗余力改善传统技术方法的同时，进一步加大前沿技术的研究，重视前沿技术在我国深层油气地质理论及油气勘探中的应用，努力开发更多前沿技术从而提高油田采收率，确保国家能源安全，使得经济社会能够持续稳步发展。

4.2.3　坚持可持续性研究

科学研究需要专注，需要有可持续性，它是锲而不舍的追求，是百折不挠的探索，是竭尽全力的投入，是大公无私的付出，是一种科学精神。正是由于竺可桢 20 多年每天坚持不懈的记录天气变化，才成就他气象学家的地位，奠定了我国气象科学的基础；国外也经常报道某个专家或学者长期从事某一项工作，坚持某一领域研究，最终成为业界佼佼者事迹。同样深层沉积地质学的研究，也需要坚持可持续性研究，一方面理论或方法技术本身需要可持续性研究，另一方面研究人员需要持之以恒坚持不懈地专注于某一研究。坚持可持续性研究，研究才能做精做细，深层沉积学才能得以发展完善。

4.2.4　扩大合作与交流

我国油气勘探向深层发展的同时，取得了一些特色的成果认识，但是与国外相比在理论和方法技术方面都有一定的差距，另外从"百花齐放、百家争鸣"的学科发展角度，深层沉积地质学研究同样需要扩大合作、增进交流。比如20世纪80年代我国学者在引进国外湖底扇沉积模式后，通过对渤海湾盆地深水沉积体系的解剖，建立了湖底扇沉积模式，拓展了断陷盆地的勘探领域。在深层沉积地质学领域扩大国内外、科研院所、油气生产单位之间的交流与合作，除了可以实现相互学习、去糟取精、共同发展的目的，还可以降低风险，提高深层油气钻探成功率；从学科建设角度来说，引进新的战略思想、新的软硬件设备、新的地质理念，可以升华出更好的理论观点和技术方法。

4.2.5　勇于突破创新

"油气田在地质家的脑海里"，研究人员应该不受传统观念的束缚，提高创新的自信心；不满于模仿和跟踪，敢于质疑和挑战传统理论；敢于思考和提出新的思路和方法，敢于开拓新的前沿领域。比如近年来华北油田创新形成陆相断陷盆地"洼槽聚油"理论，将找油重点由"找山头、找高地"全面转向"撂荒"多年的洼槽区，一举扭转了老探区规模储量多年徘徊不前的局面。创新是学科灵魂，科研人员只有不断地创新，才能推动深层沉积地质学发展。在我国提高该学科创新能力的一个重要途径便是引进 – 消化吸收 – 创新，要避免陷入"引进 – 落后 – 再引进 – 再落后"的困局。对于当前国外出现的新理论新观点新方法新技术，要改变学而不思、思而不进、盲目跟踪、不敢争论的风气，追求求真务实勇于创新的科学精神。

4.2.6　讲究实际应用

实践是理论的基础，科学的理论对实践有指导作用，要坚持理论与实践相结合。中国老一辈地质学家以扎实的地质理论基础结合多年石油勘探经验，建立了适合中国的"陆相找油理论"，先后发现了一大批油气田，一举甩掉"中国贫油"的帽子，也使李四光地质力学理论得到了有力的证明。深层沉积地质学理论和方法技术的发展离不开深层油气勘探，不管断陷盆地是湖底扇模式、水下扇模式还是 Shanmugam[59]（2013）块体搬运模式，若能有效的指导当前或未来深层油气勘探，就一定能发展壮大并得到业界的认可。同时，一项新理论或技术的完善和成熟，都要经历研究 – 应用 – 再研究 – 再应用的良性循环过程。希望通过沉积地质学新理论新观点新技术新方法与中国深层地质条件相结合，解决我国深层油气勘探实际问题，丰富和发展具有中国特色的深层沉积地质学理论。

—— 参考文献 ——

［1］裴怿楠，肖敬修，薛培华. 湖盆三角洲分类探讨［J］. 石油勘探与开发，1982，9（1）：1-11.

［2］张昌民，尹太举，朱永进，等. 浅水三角洲沉积模式［J］. 沉积学报，2010，28（5）：933-944.

［3］ Plink-Björklund P and Steel R. Initiation of turbidity currents: outcrop evidence for Eocene hyperpycnal flow turbidities ［J］. Sedimentary Geology, 2004, 165: 29-52.

［4］ 朱筱敏，信荃麟，张晋仁. 断陷湖盆滩坝储集体沉积特征及沉积模式 ［J］. 沉积学报, 1994,（2）: 20-28.

［5］ 李丕龙，等. 陆相断陷盆地油气地质与勘探 ［M］. 北京: 石油工业出版社, 2003.

［6］ Kuenen Ph H, Migliorini C I. Turbidity currents as a cause of graded bedding ［J］. Journal of Geology, 1950, 58: 91-127.

［7］ Bouma A H. Sedimentology of some flysch deposits ［J］. Amsterdam: Elsevier Pub. 1962: 168.

［8］ Middleton, G.V. Experiments on density and turbidity currents: II. Uniform flow of density currents ［J］. Canadian Journal of Earth Sciences, 1966, 3: 627-637.

［9］ Lowe D R. Sediment-gravity flows: Their classification, and some problems of applications to natural flows and deposits In: Doyle L J, Pilkey O H eds. Geology of Continental Slopes ［J］. Society of Economic Paleontologists and Mineralogists Special Publication, 1979, 27: 75-82.

［10］ Lowe D R. Sediment-gravity flows, II: Depositional models with special reference to the deposits of high-density turbidity currents ［J］. Journal of Sedimentary Petrology, 1982, 52（1）: 279-297.

［11］ Shanmugam, G.. High-density turbidity currents: are they sandy debris flows? ［J］. Journal of Sedimentary Research. 1996, 66: 2-10.

［12］ Shanmugam, G. 50 years of the turbidite paradigm（1950s-1990s）: deep-water processes and facies models—a critical perspective ［J］. Marine and Petroleum Geology, 2000, 17: 285-342.

［13］ 王燕. 黄河口高浓度泥沙异重流过程: 现场观测与数值模拟 ［D］. 青岛: 中国海洋大学, 2012.

［14］ Huneke H and Mulder T. Deep-sea Sediments ［M］. Elsevier, London, 2011.

［15］ 杨仁超，金之钧，孙冬胜. 鄂尔多斯晚三叠世湖盆异重流沉积新发现 ［J］. 沉积学报, 2015, 33（1）: 10-20.

［16］ 王招明，张丽娟，王振宇，等. 塔里木盆地奥陶系礁滩体特征与油气勘探 ［J］. 石油地质, 2007, 27（6）: 1-7.

［17］ 马永生，牟传龙，谭钦银，等. 达县—宣汉地区长兴组—飞仙关组礁滩相特征及其对储层的制约 ［J］. 地学前缘, 2007, 14（1）: 182-193.

［18］ 王一刚，洪海涛，夏茂龙，等. 四川盆地二叠、三叠系环海槽礁、滩富气带勘探 ［J］. 天然气工业, 2008, 28（1）: 22-27.

［19］ Mount J F. Mixing of siliciclastics and carbonate sediments in shallow shelf environments ［J］. Geology, 1984, 12（7）: 432-435.

［20］ 董桂玉，陈洪德，何幼斌，等. 陆源碎屑与碳酸盐混合沉积研究中的几点思考 ［J］. 地球科学进展, 2007, 22（9）: 931-939.

［21］ 冯进来，胡凯，曹剑，等. 陆源碎屑与碳酸盐混积岩及其油气地质意义 ［J］. 高校地质学报, 2011, 17（2）: 297-307.

［22］ 曾洪流. 地震沉积学在中国回顾和展望 ［J］. 沉积学报, 2011, 29（3）: 417-426

［23］ 朱筱敏，李杨，董艳蕾，等. 地震沉积学研究方法和在岐口凹陷沙河街组沙一段实例分析 ［J］. 中国地质. 2013, 40（1）: 152-162.

［24］ 董艳蕾，朱筱敏. 利用地层切片研究陆相湖盆深水滑塌浊积扇沉积特征 ［J］. 地学前缘, 2015, 22（1）: 386-196.

［25］ Riding R. Classification of microbial carbonates ［M］. In: Calcareous Algae and Stromatolites. Springer-Verlag. Berlin（Ed.by R. Riding）, 1991: 21-51.

［26］ 薛叔浩，刘雯林，薛良清，袁选俊. 湖盆沉积地质与油气勘探 ［M］. 北京: 石油工业出版社, 2002.

［27］ 赵文智，沈安江，胡素云，等. 中国碳酸盐岩储集层大型化发育的地质条件与分布特征 ［J］. 石油勘探与开发, 2012, 39（1）: 1-12.

［28］汪泽成，赵文智，胡素云，等. 我国海相碳酸盐岩大油气田油气藏类型及分布特征. 石油与天然气地质［J］. 2013，34（2），153-160.

［29］邹才能，杜金虎，徐春春，等. 四川盆地震旦系－寒武系特大型气田形成分布、资源潜力及勘探发现［J］. 石油勘探与开发，2014，41（3）：278-293.

［30］于兴河. 碎屑岩系油气储层沉积学［M］. 北京：石油工业出版社，2002.

［31］吴崇筠，薛叔浩. 中国含油气盆地沉积学［M］. 北京：石油工业出版社，1993.

［32］Fisk H N. Bar-finger sands of the Mississippi delta［A］. 45th Annual Meeting［C］. New Jersey：AAPG，1960.29~52.

［33］Donaldson A C. Pennsylvanian sedimentation of central Appalachians［J］. Special Papers. Geological Society of America，1974，148：47-48.

［34］Postma G. An analysis of the variation in delta architecture［J］. Terra Nova，1990，2（2）：124-130.

［35］楼章华，袁笛，金爱民. 松辽盆地北部浅水三角洲前缘砂体类型、特征与沉积动力学过程分析［J］. 浙江大学学报（理学版），2004，31（2）：211-215.

［36］邹才能，赵文智，张兴阳，等. 大型敞流坳陷湖盆浅水三角洲与湖盆中心砂体的形成与分布［J］. 地质学报，2008，82（6）：813-825.

［37］朱筱敏，刘媛，方庆，等. 大型坳陷湖盆浅水三角洲形成条件和沉积模式：以松辽盆地三肇凹陷扶余油层为例［J］. 地学前缘，2012，19（1）：89-99.

［38］Shanmugam G. Ten turbidite myths［J］. Earth Science Reviews，2002，58：311-341.

［39］邹才能，赵政璋，杨华，等. 陆相湖盆深水砂质碎屑流成因机制与分布特征——以鄂尔多斯盆地为例［J］. 沉积学报，2009，27（6）：1065-1075.

［40］姜在兴，梁超，吴靖，等. 含油气细粒沉积研究的几个问题［J］. 石油学报，2013，34（6）：1031-1039.

［41］袁选俊，刘群，林森虎，等. 湖盆细粒沉积特征与富有机质页岩分布模式——以鄂尔多斯盆地延长组长7油层组为例，石油勘探与开发，2015，42（1）：34-43.

［42］李国玉. 从东西伯利亚古老地层看中国震旦系含油气前景［J］. 海相油气地质，2006，11（3）：1-3.

［43］Mancini E A，Linaś J C L，Parcell W C，etal. Upper Jurassic thrombolite reservoir play，northeastern Gulf of Mexico［J］. The American Association of Petroleum Geologists，2004，88（11）：1573-1602.

［44］刘鸿允. 中国古地理图［M］. 北京：科学出版社，1955.

［45］王竹泉. 华北地台石炭纪岩相古地理［M］. 北京：煤炭工业出版社，1964.

［46］关士聪. 中国海陆变迁海域沉积相与油气［M］. 北京：科学出版社，1984.

［47］王鸿祯. 中国古地理图集［M］. 北京：地图出版社，1985.

［48］冯增昭. 单因素分析多因素综合作图法－定量岩相古地理重建［J］. 古地理学报，2004，6（1）：3-19.

［49］马永生，陈洪德，王国力，等. 中国南方层序地层与古地理［M］. 北京：科学出版社，2009.

［50］鲜本忠，朱筱敏，岳大力，等. 沉积学研究热点与进展：第19届国际沉积学大会综述［J］. 古地理学报，2014，16（6）：816-826.

［51］寿建峰，张惠良，斯春松，等. 砂岩动力学成岩作用［M］. 石油工业出版社，2005.

［52］王成善，向芳. 质量平衡法－定量恢复新生代青藏高原造山作用［J］. 地质科学进展，2001，16（2）：279-283.

［53］杜远生. 中国地震事件沉积研究的若干问题的探讨. 古地理学报，2011.12，13（6）：2-6.

［54］乔秀夫，李海兵. 沉积物质的地震及古地震效应［J］. 古地理学报，2009，06：593-610.

［55］G.Shanmugam. 深水砂体成因研究新进展［J］. 石油勘探与开发.2013.40（3）：294-301.

［56］Picard，M. D. Classification of fine-grained sedimentary rocks［J］. Journal of Sedimentary Research，1971，41：179-195.

［57］Schieber J，Zimmerle W. The history and promise of shale research［C］. /Schieber J，Zimmerle W，Sethi P. Shales and mudstones：Vol.1：Basin studies，sedimentology and paleontology. Stuttgart：Schweizerbart Science

Publishers，1998．

［58］陈安宁，耿国仓，秦仲碧，等．鄂尔多斯地区上古生界煤系沉积有机相及成烃能力，煤成气研究［M］．北京：石油工业出版社，1987．

［59］袁选俊，刘群，林森虎，等．湖盆细粒沉积特征与富有机质页岩分布模式——以鄂尔多斯盆地延长组长7油层组为例，石油勘探与开发，2015，42（1）：34-43．

［60］姜在兴，梁超，吴靖，等．含油气细粒沉积研究的几个问题［J］．石油学报，2013，34（6）：1031-1039．

［61］金振奎，石良，等．碳酸盐岩沉积相及相模式［J］．沉积学报，2013，31（6）：965-979．

［62］沈安江，赵文智，等．海相碳酸盐岩储集层发育主控因素［J］．石油勘探与开发，2015，42（5）：545-554．

［63］鲜本忠，万锦峰，张建国，等．湖相深水块状砂岩特征、成因及发育模式——以南堡拗陷东营组为例［J］．岩石学报，2013，29（9）：3287-3299．

［64］赵文智，邹才能，冯志强，等．松辽盆地深层火山岩气藏地质特征及评价技术［J］．石油勘探与开发，2008，37（2）：129-142．

［65］屈红军，杨县超，曹金舟，等．鄂尔多斯盆地上三叠统延长组深层油气聚集规律［J］．石油学报，2011，32（2）：243-248．

［66］Wayne M.Ahr著．姚根顺，沈安江译．碳酸盐岩储层地质学——碳酸盐岩储层的识别、描述及表征［M］．北京：石油工业出版社，2013．

［67］吴时国，王大伟，姚根顺，等．南洋深水沉积与储层的地球物理识别［M］．北京：科学出版社，2015．

［68］乔占峰，沈安江，郑剑锋，等．基于数字露头模型的碳酸盐岩储集层三维地质建模［J］．石油勘探与开发．2015．42（3）：328-337．

深层油气储层地质学学科发展研究

油气储层地质学是油气地质学的重要分支学科。深层油气储层地质学是涉及高温高压地质条件下储层所处的成岩环境及在此环境中储层的成岩作用、成岩过程和成岩产物特征的学科。高温高压一般指地层温度大于 100℃、静岩压力大于 120MPa，对应的埋藏深度在我国西部油气盆地约大于 4500 米、东部油气盆地（如渤海湾盆地）约大于 3000 ~ 3500米。深层油气储层地质学近期由油气储层地质学衍生而来，起因于深层油气勘探的大量实践。其基本研究内容和方法与油气储层地质学有一致性或相似性，但深层油气储层地质学并非油气储层地质学的简单、线性衍生。

1 深层油气储层地质学的作用和地位

与中浅层储层比较，深层储层经历的成岩改造期次多，储层非均质性增强，储集空间类型、几何形态及控制因素趋于复杂，认识与预测难度显著加大。故在深层要寻找规模优质油气储量并实现高效油气开采，必须寻找规模优质储层。

深层储层是深层规模优质油气储量发现与高效油气开采的关键地质因素。我国深层油气资源丰富、大型圈闭发育、烃源岩 – 储层 – 圈闭配置良好、后期构造对油气藏保存的影响减弱，即我国深层的成藏条件较优越。但深层储层的形成条件很复杂，处于"多种沉积环境、不均一热体制、多旋回 – 多样式构造活动、多类流体性质和长期成岩演化"的地质环境，这决定了深层储层成岩环境及其演变的复杂性与成岩作用的特异性。与浅层储层比较，深层储层处于高温高压、封闭或较封闭流体的成岩环境，这种深、浅层成岩环境差异必然导致储层岩石的物理化学性质和流体特征发生重大改变，进而使成岩作用及成岩产物产生显著变化，表现在深层储层的塑性变形较强，化学反应主要遵从化学热力学，易形成化学反应动力学屏障，物质迁移受限，压溶与沉淀作用重要；而浅层储层的塑性变形较弱，化学反应主要遵从化学热力学与动力学，不易形成化学反应动力学屏障，溶解与沉淀作用均重要。正因为深层储层所处地质环境的复杂性与成岩作用的特异性，使深层储层具有强烈的物性、规模和结构形态的非均质性。而储层规模（即储层岩石体积，Vr）及其物性（如储层渗透性，K）决定了油气藏规模及其开采经济效益，Vr×K值越大，则油气储量越大，油气产量也越高；此外储层的储集空间类型也影响油气产量，储集空间从孔隙型、孔洞型到孔洞缝型变化，其油气产量会增加。

储层与油气运聚存在相互制约作用，但深层与浅层的这种相互作用应有差异。在高温高压与（较）封闭流体环境中，作为油气运聚载体的储层的储集性质与其中所含的流体相态及活动性均迥异于浅层，从而对深层油气运聚的影响存在显著差异。油气注入时的储层渗透性决定储层是二次油气运移的载体还是油气聚集的封闭体，而储层时空结构及其物性非均质性显著影响二次油气运移的方向、方式和效率。同时储层因油气的注入使其中的流体性质和相态发生变化，结果导致储层的成岩作用随之变化。而在深层，储层与油气的这种相互作用机制及效果与浅层应有较大差异。

深层油气储层地质学面临诸多重要理论问题。大量地质迹象及初步研究说明，深层成岩系统并非浅层成岩系统的简单、线性延伸，如深层储集物性不按"深度与物性呈负相关性"特点分布、深层（如我国大于6000米，国外甚至达10000米）仍发育高孔储层而有的浅层反而成为致密储层等。为何会出现深层储层物性反深度演化现象？深层高孔储层是如何形成或保存的？深层高孔储层是如何分布的？这些无疑对传统油气地质学提出了挑战。归纳之，深层储层面临的重要理论问题是深层物质-能量传输机制与溶蚀-沉淀效应、深层流体-岩石作用与成储-成藏效应、深层应力-应变机制与储层形成分布、深层成岩边界与储层量化预测。因此深层油气储层地质学的学科基础、技术方法和理论模型等需突破传统理论框架。

2 深层油气储层地质学发展现状与主要进展

在我国，碳酸盐岩和碎屑岩是深层主要油气勘探对象，其次为火山岩。受深层油气勘探开发驱动，国内外日益重视深层油气储层地质学研究，并取得丰富成果和认识，归纳起来有三点：①系统研究了深层储层的基本特征。已认识到深层发育规模有效储层，但储层的非均质性很强，其成因及演化很复杂；亦认识到深层储层与浅层储层有继承性并受制于浅层储层，但深层储层所处的热、构造、流体地质环境显著不同于浅层而具有成岩作用的特异性。正是这种特异性导致了深层储层的较强非均质性。②有效探讨了深层储层储集空间的成因机制。认识到沉积岩的沉积环境及产物是深层规模有效储层形成分布的基础，成岩叠加改造是其关键，而成岩叠加改造的强度受制于盆地动力环境及其演化；火山岩的喷发环境及产物控制了深层规模有效储层形成分布。③积极探索了深层储层的流体成岩作用及其成储效应，尤其对碳酸盐岩，利用地球化学和高温高压模拟实验分析碳酸盐岩成岩环

境和流体 – 岩石相互作用研究取得进展，提出表生环境（低温低压）是碳酸盐岩规模溶蚀的主要场所、流体的流动性控制先存孔隙的富集和贫化新观点；在碎屑岩方面，提出深层储层的压实作用与流体性质关系密切的流体压实效应新概念。

2.1 深层碳酸盐岩油气储层地质学

近期国内外深层碳酸盐岩油气勘探取得重要突破，推动了深层碳酸盐岩油气储层地质学发展。尤其国内，深层碳酸盐岩油气勘探的重大突破，引起了众多油气勘探家和沉积学家的浓厚兴趣，并从盆地的地质、地球物理到露头剖面，结合高温高压物理模拟实验，持续、系统地开展了塔里木盆地、四川盆地等深层碳酸盐岩岩溶缝洞型和白云岩孔洞型两大类储层研究，其研究范围包括储层形成的沉积基础、储层成岩作用与成孔（洞）作用、储层控制因素、储层表征与评价和储层预测，研究的重点在于深层碳酸盐岩储层孔隙成因和规模储层形成分布两方面，并取得大量成果认识，丰富了深层碳酸盐岩油气储层地质学。归纳起来，主要有以下 5 项认识。

2.1.1 深层碳酸盐岩孔隙体积很大程度上取决于深埋前孔隙的发育

国内外钻探结果表明，深度剖面上碳酸盐岩孔隙度的分布与深度并非呈线性减小，而是比较复杂，既有随埋深增加而减小，也有随埋深增加而增加的（图 1）。碳酸盐岩在大于 6000 米的埋深发育 15% ～ 20% 的孔隙度，大于 8000 米的埋深或古埋深仍保存

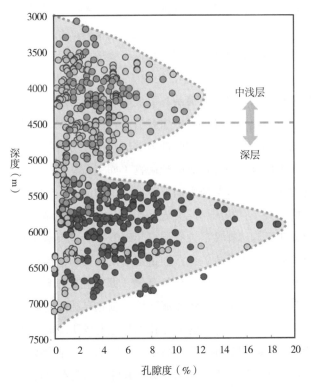

图 1　塔里木盆地海相碳酸盐岩孔隙度随深度变化图

10% ~ 15% 的孔隙度，显示出碳酸盐岩孔隙度与埋深关系不大的现象。从碳酸盐岩孔隙成因研究表明，这些孔隙多形成于深埋前的各种成岩环境，尤其表生环境。也就是说，深层碳酸盐岩孔隙体积主要取决于深埋前孔隙的发育，而深埋期间储层孔隙受埋深影响不大或只是局部性的影响。当然从图 1 也可看出，在深层，一定深度的碳酸盐岩孔隙度变化较大，这既与构成碳酸盐岩储层的原始物质特征有关，也与碳酸盐岩在埋藏期间经历局域性溶蚀增孔和沉淀减孔作用有关，这也是深层储层非均质性强烈的重要原因。

2.1.2 碳酸盐沉积产物奠定深层碳酸盐岩储层发育的物质基础

与浅层储层经历的成岩作用时间较短、成岩改造较弱不同，深层储层经历长期、复杂的成岩叠加改造，因此储层的原始沉积物质对储层演化显得更重要。在我国沉积盆地，礁滩相，尤其滩相，是深层碳酸盐岩储层较普遍发育的主要物质基础已成为地质家们的共识。无论是灰岩岩溶型储层，还是白云岩孔洞型储层，礁滩相均构成深层碳酸盐岩储层的主体原岩。其原因在于礁滩相的原始孔隙较发育，为漫长的埋藏期成岩改造，包括白云石化和溶蚀作用，提供流体渗流空间；同时礁滩相的颗粒结构也利于孔隙保存。高温高压下碳酸盐岩的溶蚀实验也揭示礁滩相同样是岩溶储层发育的最佳岩性。

除礁滩相外，（半）干旱、咸化水体中沉积的、富含藻类（或蓝细菌）的泥晶灰岩也是深层碳酸盐岩储层发育的重要物质基础，此沉积环境下形成的、富含易被溶蚀的膏盐的泥晶灰岩易产生白云石化和准同生期溶蚀，形成晶间孔和溶孔较发育的（藻）云坪。此类储层层较薄但分布广，是我国海相沉积盆地中下古生界和元古界重要的有效储层，鄂尔多斯盆地奥陶系、四川盆地寒武系和震旦系、塔里木盆地寒武系均发育此类含气储层。而其他沉积环境中沉积的泥晶灰岩要成为储层一般需经受较强构造活动并遭受强烈的大气水溶蚀才能形成。

2.1.3 表生环境是深层碳酸盐岩储层孔隙发育的重要场所

表生环境中碳酸盐岩储层孔隙的形成主要有 3 种成因机制，此类成因的储层孔隙构成碳酸盐岩储集空间的主体，并为深层碳酸盐岩储层孔隙发育打下关键性的基础。一是沉积原生孔隙；二是早表生环境中不稳定碳酸盐矿物（如文石、高镁方解石等）的溶解形成组构选择性溶孔。这种孔隙的形成与海平面下降、沉积物遭受大气淡水淋溶有很大关系，往往与三四级层序界面相关。在我国，此类成因孔隙分布较广，显得很重要；三是晚表生环境碳酸盐岩溶蚀形成非组构选择性溶蚀孔洞，与碳酸盐岩地层暴露并遭受大气淡水淋溶有关，往往与三级及以上层序界面相关。溶蚀量定量模拟实验也揭示类似于表生环境（即低温低压环境）的碳酸盐岩溶蚀量远大于深埋环境（即高温高压环境）。目前对表生环境中的溶蚀作用有以下 3 点主要认识：①流体流动性控制先存孔隙的富集和贫化，开放体系高流体势能区是孔隙富集的场所，低势能区是孔隙贫化的场所，而封闭体系是先存孔隙的保存场所。②先存储层物性影响溶蚀强度。高温高压模拟实验结果揭示在相同或相似溶蚀流体性质条件下，埋藏溶孔的发育程度受到埋藏前孔隙（或先存孔隙）大小的影响，先存孔隙大，则埋藏溶孔发育。先存孔隙的分布控制了埋藏溶孔的分布，具良好的继承性；③深埋条件下白云岩更易形成溶孔储层。高温高压模拟实验结果揭示矿物成分影响溶蚀强度，浅埋藏（较低温度）时，灰岩的溶蚀速率大于白云岩；而深埋藏（较高温度）时，白云岩的溶蚀速率大于灰岩。

2.1.4 埋藏环境是深层碳酸盐岩储层孔隙保存并局部调整的场所

实例剖析和定量模拟实验均得出深埋环境实质上是碳酸盐岩孔隙保存和局部调整的场所，根据质量守恒定律，地层的孔隙净增量应近于零。埋藏期孔隙的保存主要表现在埋藏深度和沉淀作用两方面。在现有钻探揭示的埋深范围内，埋藏深度对先存孔隙的影响似乎不大（如前所述），而沉淀作用是影响深层孔隙保存的重要因素，它减少孔隙，其减少量取决于沉淀量的多少。目前国际上对深层沉淀作用规律，尤其沉淀量，还知之甚少。但从深层储层所处的地质环境可以分析其基本规律。首先随着深埋环境中地层温度和压力的提高，岩石的压溶增强，游离出的离子会在附近发生沉淀；其次当深埋环境中有外来流体进入或发生较强热对流时，也会在某地产生沉淀。上述两种现象可能较普遍，但其沉淀量或许是有限的或局部的。

深埋环境中也会发生溶蚀作用，使局部储层的孔隙有所增加，其溶蚀流体主要为有机酸、TSR 和热液，局部有通过断裂渗入的大气水。近期通过深入研究似乎越来越明显地表明，深埋环境中的溶蚀强度是有限的或其溶蚀范围是局部的，这主要受到溶蚀流体量和流体源的控制，如有机酸、TSR 在深埋条件下其量变得较有限、流体的迁移也变得困难；热液和大气水的流体量有时可以较大，但其流径的范围较有限，常常沿断裂带渗流，故其溶蚀范围也受到限制。

2.1.5 深层相控型储层发育于三类沉积背景，而成岩型储层的形成条件复杂

国内沉积学家通过深层规模碳酸盐岩储层的主控因素和发育规律研究，认为与沉积相关系密切的深层相控型规模储层主要发育于碳酸盐蒸发台地、缓坡及台地边缘三类沉积背景中。这三种沉积环境中礁滩相的沉积规模基本奠定了深层储层发育的规模；而与埋藏期成岩改造密切相关的深层成岩型规模储层发育的控制因素要复杂得多，其分布规律具有较大的不确定性。这类储层的发育规模受制于先存储层规模、表生期大气水与埋藏期热液等溶蚀规模和深埋期沉淀规模。

2.2 深层碎屑岩油气储层地质学发展现状

近期国内为配合深层油气勘探，持续开展了深层碎屑岩储层研究，主要如库车拗陷、准噶尔盆地和渤海湾盆地等深层碎屑岩储层，研究范围包括储层形成的盆地动力学背景、成岩作用与成岩相、储集空间类型及成因、储层评价与预测等。

归纳起来，碎屑岩储层受压实、胶结（交代作用对储层物性影响较复杂，也较有限）、溶蚀和破裂四大因素控制，前二个因素是储层的破坏性作用，后两个为储层的建设性作用。近期国内在储层岩石学研究基础上，结合高温高压物理模拟实验，深入探究了盆地动力环境对储层的改造机制及效应，取得新进展，实质揭示了碎屑岩储层在盆地动力场

中的演化与分布规律，合理解释了我国油气盆地普遍存在的传统埋藏成岩理论难以解释的"异常成岩现象"，推动了油气储层地质学的发展。

2.2.1 深层发育优质碎屑岩储层，但时空分布复杂

我国钻井揭示深层存在高效储层并显现较广分布态势，如库车拗陷地层温度为130～150℃（埋深为5200～6300米）发育渗透率达50～400md（孔隙度为13.5%～25%）的高效砂岩储层，鄂尔多斯盆地二叠系地层温度大于200℃处发育渗透率为5md～20md（孔隙度为8%～14%）的中-高效砂岩储层。但我国深层碎屑岩的储层物性及储集空间类型变化大，在深度剖面上，碎屑岩储层孔隙度与深度也并非呈线性减小，而是比较复杂，常常出现"浅埋低孔与深埋高孔"现象，如我国松辽盆地约2000米深度的储层孔隙度多小于10%，西部盆地大于6000米仍发育15%～25%的孔隙度，国外近10000米还发育约20%的孔隙度（如前苏联Amu-Darya盆地）。在平面上，储层物性变化较大，并且目前仍未较好掌握其变化规律。这既与构成碎屑岩的物质基础有关，也与碎屑岩在埋藏成岩期所处的盆地动力环境及其经受的成岩改造机制与强度有关。

2.2.2 储层岩石成分和结构是深层发育优质碎屑岩储层的物质基础

深层碎屑岩储层要经受更高的地层温度和压力，而温压的提高会增加储层岩石的塑性，尤其岩屑和长石颗粒为主的岩石，这对孔隙（包括原生孔和溶孔）的保存和形成提出了更高的储层物质组成的要求，即要求储层岩石具有更高的抗压性和在此基础上的具可溶蚀性。系统分析国内外近几十年来的研究成果表明，深层发育的优质碎屑岩储层常常有一个良好的沉积背景，它们多属于三角洲（包括辫状河三角洲、扇三角洲和正常三角洲）、滨岸、滨浅湖和河流等高能、较高能环境。这些沉积环境中形成的砂岩由于沉积时水动力较强，分选较好，淘洗较充分，杂基含量较低，结构成熟度较高，使岩石的抗压性提高，同时原始孔隙发育。这为埋藏期原生孔隙保存和流体溶蚀增孔奠定很好的基础；母岩成分是决定岩石抗压性的重要因素，花岗质岩、硅质岩等成分的提高有利于提高储层岩石的抗压性。储层岩石具可溶性利于溶蚀作用规模发生，是溶孔型储层发育的必要条件。

2.2.3 盆地动力是深层碎屑岩储层发育的关键因素

除沉积背景外，碎屑岩储层的演化过程与大地构造背景、颗粒表面的绿泥石等胶结形成的包壳、深部的溶蚀作用、构造挤压、地层压力、烃类注入、热循环流体对流、膏盐高导热效应、砂泥岩互层状况等因素与深层优质储层的发育有密切关系。早期长期浅埋，晚期短期快速深埋，造成压实弱，原生孔隙得以很好保存。早期在颗粒表面形成的伊利石膜、绿泥石膜、石英质次生加大边可以增强岩石的抗压能力，抑制压实作用，使原生孔隙得到保存。深层储层除了原生孔隙的保存作用外，深部溶蚀作用对深层优质碎屑岩储层形成也有影响，如有机质成熟产生的有机酸对长石、碳酸盐胶结物、岩屑产生溶蚀，形成次生孔隙；有机酸到深层再次脱羧产生 CO_2，形成的碳酸可对深部长石和方解石胶结物产生溶蚀。此外大地构造背景、构造侧向挤压、局部构造演化、异常高压、早期烃类注入、热循环流体对流、膏盐高导热效应、砂泥岩互层状况等因素对深层优质储层形成有重要影响。

盆地动力环境与砂岩压实之间存在相关关系，沉积、热、构造和流体动力是碎屑岩储层形成、演化的四大盆地动力，控制了碎屑岩储层的演化与分布。其中沉积动力是基础和内因，研究已较成熟；热、构造和流体动力是关键和外因，目前的研究尚不够成熟，尤其对深层而言是个较新的课题。近期研究较多的是热、构造和流体动力的压实效应，热压实指热应力引起碎屑岩储层压实量变化的作用，受热大小（如温度、地温梯度和TTI等热指标）和热作用方式（即热增减的快慢及过程）控制。温度升高，储层的压实量变大；地温梯度提高，储层的压实速率显著加快，这使得相同埋深或温度下，储层的压实程度有很大差异。构造压实指构造活动（如挤压变形）引起碎屑岩储层压实量和储集空间类型变化的作用，受构造变形强度、变形样式和变形史控制，并表现出突变性和短期性的作用特点。构造压实作用在我国西部盆地中很普遍，也很重要，如库车拗陷最大构造压实量可达16.5%。与构造作用有关的另一效应是形成裂缝（包括切穿颗粒或岩石的裂缝，即宏观裂缝；分布于颗粒内部的裂缝，即微观裂缝）。初步研究表明，裂缝开始形成于构造应力大于60MPa、发育于构造应力大于80MPa。国外曾提出宏观裂缝可以发育于高孔砂岩的成岩演化阶段（即高孔变形带），国内从实例剖析和物理模拟实验指出微观裂缝发育于砂岩孔隙度约在15%～25%之间的成岩演化阶段。流体压实指流体性质引起的碎屑岩储层压实量的变化，一是国内外已研究很多的地层流体压力对压实作用的影响，认为高地层流体压力可抑制压实作用；另一是国内通过实例剖析和物理模拟实验得出的地层流体酸碱度对压实作用有重要影响的新认识，认为酸性流体中砂岩的压实速率要大于碱性流体，表现出流体酸碱度提高，砂岩压实速率变小趋势。

2.2.4 三类流体的溶蚀是深层碎屑岩溶孔储层发育的主要机制

溶蚀作用增加碎屑岩储层的孔隙体积，但这种增孔作用往往是局部性的，尤其深埋状态下的（较）封闭成岩环境。因为与前面已阐述的碳酸盐岩的溶蚀作用一样，深埋状态下成岩环境中储层发生溶蚀时还会伴随沉淀作用。此外，一般而言，深层往往是（较）封闭成岩环境，因而会大大限制深层的溶蚀增孔效果。故深层规模溶孔储层的形成主要取决于深埋前的溶蚀增孔量及深埋期的保存。

在我国油气盆地，溶孔储层的形成机制主要有大气水、碱性水、腐殖酸和有机酸四类流体的溶蚀作用，其中规模溶孔储层的形成机制主要有大气水、碱性水和腐殖酸三类流体的溶蚀作用。由于溶蚀作用发生的时间及储层先存孔隙的不同，故其增孔效果是不同的。碱性水溶蚀发生于沉积期至成岩期，由于碱性水十分丰富、溶蚀发生时砂岩或沉积物的孔隙体积大，故流体的置换率高，流体与岩石之间不易达到化学平衡，即流体中的物质可以不断地迁移，且溶蚀持续时间长。因此碱性水溶蚀的增孔效果高，可以形成大面积优质溶孔储层，如准噶尔盆地西北缘二叠系砂（砾）岩大面积发育的碱性水溶蚀孔隙。腐殖酸溶蚀发生于早成岩期，与碱性水溶蚀条件类似，即流体来源较丰富、溶蚀发生时砂岩的孔隙体积较大，流体的置换率较高，故亦可形成大面积优质溶孔储层，如鄂尔多斯盆地二叠系大面积发育的腐殖酸溶蚀孔隙。大气水溶蚀主要发生于盆地后期地层抬升－剥蚀期间，初步研究表明其流体活动方式主要有沿断裂的纵向下渗型和沿不整合面或暴露面的顺层下渗型，这两种流体活动方式所形成的溶孔储层的几何形态有明显区别，前者主要沿断裂分布，后者沿不整合面或暴露面顺层分布。大气水来源往往较丰富，故流体置换率也较高，其溶蚀规模受先存砂岩孔隙或裂缝的发育程度控制。我国西部油气盆地中该类溶孔储层较发育，如塔里木盆地塔北地区志留系和准噶尔盆地西北缘二叠系。有机酸溶蚀作用自20世纪70年代以来国际上一直在研究，主流观点是有机酸溶蚀作用发生于任何只要有低成熟至成熟烃源岩的沉积盆地，且在80～120℃的地层温度段溶孔最发育，是储层增孔的重要溶蚀机制。近期国内有学者研究认为有机酸溶蚀并非总能形成规模溶孔，相比较于上述三种流体的溶蚀作用，有机酸溶蚀增孔效果常常是最低的。其原因在于埋藏成岩过程中，有机酸大量生成时，储层的孔隙体积已大量消失，较多储层可能已成为致密储层，即地层中的流体量少且活动性弱、流体的置换率低。这将大大限制有机酸溶蚀的增孔量；此外酸源层（生油层）与储层之间的距离也影响有机酸的溶蚀效果，我国西部盆地中，酸源层与储层之间的距离较远，不利于溶孔发育，而东部油气盆地的酸源层与储层之间的距离较近，利于溶孔发育。

2.2.5 五类深层碎屑岩成岩相分布受控于盆地构造背景

碎屑岩成岩相一般指岩石在成岩过程中经受的各种物理、化学和生物作用而形成的成岩产物，并可指示岩石的成岩演变过程。据此将成岩相分为早期压实－胶结成岩相、溶解作用成岩相、晚期再胶结成岩相、紧密压实及裂隙发育成岩相和表生成岩相5种类型。需要指出的是，国际上成岩相研究尚处于初级阶段，成岩相分类尚可斟酌，尤其成岩相的边界确定仍需攻关；此外深层成岩相无疑与浅层成岩相有继承性，但深层成岩相类型及成因更复杂，目前尚缺深入、系统的研究。

成岩相在我国主要油气盆地中有环带状和单斜状两种分布样式。环带状成岩相分布样式以坳陷型盆地为典型，如吐哈盆地中侏罗统，盆地或凹陷周缘为早期压实－胶结成岩相，其中早期胶结成岩微相局部发育，成岩作用相对较弱；盆地或凹陷中－东部地区为溶解作用成岩相，主要为颗粒和方解石溶解成岩微相；盆地或凹陷西－西北部地区为晚期胶结成岩亚相。从成岩相分布可以说明碎屑岩成岩作用是由东向西、由盆缘向盆内逐渐增强。成岩相与油气分布有良好关系，溶解作用成岩相分布区是有利的油聚集区，而晚期胶结作用成岩相分布区则以气聚集为主。单斜状成岩相分布样式以类前陆盆地为典型，如库车坳陷下侏罗统，靠近北侧坳陷边缘的逆冲断裂带砂岩的成岩作用最强，为紧密压实及裂隙成岩相；向南远离逆冲断裂带，砂岩的成岩作用逐渐减弱，为中等压实及溶解作用成岩相（包括表生淋滤作用）。在坳陷的东西方向上，由西向东成岩作用逐渐变弱，呈现出由紧密压实及裂隙成岩相向中等压实及溶解作用成岩相过渡。类前陆盆地成岩相的这种分布特点除受热成岩效应的影响外，还与逆冲断裂带叠加构造成岩效应以及可能来自深部热流体的影响有关。从成岩相分布可以说明该类盆地的冲断带易形成致密储层而成为油气聚集的封堵体，斜坡带可以形成渗透性储层而成为油气聚集场所。

2.3 深层火山岩油气储层地质学发展现状

沉积盆地中火山岩油气储层的研究已有一个多世纪的历史。1887 年，在美国加利福尼亚州的 San Juan 盆地发现了世界上第一个火山岩油气藏，国内于 1957 年首次在准噶尔盆地西北缘发现了火山岩油气藏，目前在世界范围内共发现了 336 个油气藏；但与世界上占主导地位的砂岩油气藏（约占 59%）和碳酸盐岩油气藏（约占 40%）相比，目前全球火山岩油气藏探明油气储量仅占总探明油气储量的 1% 左右。同时相对于碎屑岩和碳酸盐岩储层而言，火山岩油气储层研究目前还比较薄弱。

火山岩具有岩性和岩相变化快、储集空间和成藏系统复杂等特点。国外已发现的火山岩油气储层以中新生界为主，主要形成于被动大陆边缘环境；岩性以中基性玄武岩、安山岩为主，裂缝对储层改善作用明显。近年来，国内松辽、准噶尔、三塘湖和渤海湾等盆地火山岩油气勘探取得重要进展，储层有中新生界，也有古生界；形成环境有陆内裂谷，也有碰撞造山后裂谷及岛弧；岩性既有侵入的辉绿岩、花岗岩，又有喷发玄武岩、安山岩、流纹岩、粗面岩等，还有火山角砾岩和凝灰岩；储层类型既有原始气孔为主的原生孔型储层，又有溶蚀孔、裂缝为主的次生风化型储层；油气藏类型既有近源岩性型，又有远源地层型。

随着火山岩油气藏的不断发现和认识的深入，与火山岩有关的石油地质学基础理论和技术方法也取得较快发展。20 世纪 90 年代末期，出现了一门边缘学科——火山岩储层地质学。经过近 20 年的发展，火山岩储层地质学的研究内容不断深化。目前对火山岩发育特征及其分布规律、火山岩喷发方式与喷发类型、火山机构特点、火山岩孔隙结构特征及其形成机理与分布规律、火山岩储层类型与含油性等均开展了不同程度的研究，但主要集中于储集空间类型与成因、储层成岩演化、储层发育控制因素等方面，且描述性研究较多，机理性研究较少。

近期我国深层火山岩储层有以下主要认识：①6 相、10 亚相岩相成因模式，结合盆地火山作用方式或喷发、搬运方式、火山活动与火山岩分布特点，按照"岩性—组构—成因"划分标准建立岩相模式（图 2），强调盆地火山岩相研究中的可操作性，注重岩相与储层物性的关系。②储层非均质性强。火山岩储集空间可分为原生储集空间和次生储集空间两类，进一步可分为原生孔隙、原生裂缝、次生孔隙、次生裂缝四大类。但这些储集空间的时空分布很复杂，表现出强烈的储层非均质性。这与火山岩孔洞的形成作用密切相关，无论是火山作用阶段，还是后期成岩改造阶段，火山岩孔洞的形成机制都会使储层表现出强烈的非均质性。这无疑大大增加了火山岩储层的预测性。③储层演化过程更复杂。火山岩储层形成与演化可分为火山作用和后期成岩改造两个主要阶段，火山作用阶段包括火山喷发期火山作用及岩浆期后热液蚀变作用阶段．主要是火山物质喷溢至地表形成气孔、冷凝收缩缝和火山角砾间孔等；后期成岩改造阶段包括火山喷发间歇期风化淋滤改造、埋藏成岩期改造、抬升剥蚀期改造和构造断裂改造等作用，形成溶蚀孔洞和缝及各种矿物的充填破坏。④深层火山岩储层取决于火山岩作用阶段孔洞的发育程度，而深埋期主要受控于胶结作用。火山岩岩性、喷发环境、成岩作用及构造破裂作用是储层的主要影响因素，玄武岩和安山岩是火山岩储集空间发育的主要岩性，水上喷发火山岩的储集空间较水下喷发火山岩发育，经历风化和大气水溶蚀作用以及构造破裂作用的火山岩储集空间较发育。深埋期储层孔洞的保存与埋深无关，而主要取决于局部胶结程度，这从火山岩储层物性或孔洞的发育与埋深无关便可看出，即压实作用对火山岩储层的影响甚小。

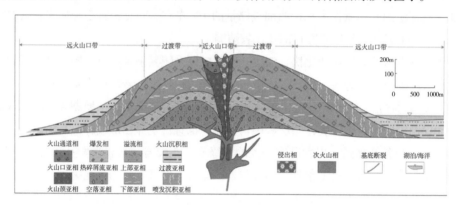

图 2 　火山岩岩相发育模式

3　国内外深层油气储层地质学发展对比

国内外在深层油气储层地质学发展对比上有两个方面的差异：①国外在碳酸盐岩储层成因研究方面总体保持优势，国内近期在碎屑岩储层成因研究方面有优势。国外通过持续、系统的储层实例剖析，提出诸多新的认识或学说，并总结出有普遍指导意义的地质模式，尤其碳酸盐岩储层成因机理及作用过程的研究领先于我国，如白云岩成因及其溶蚀－沉淀过程与机理、碳酸盐岩储层的地球化学成因判别等，而国内则总体处于跟踪研究层次；近期国内在碎屑岩储层成因研究方面有优势，深入探究了盆地动力环境与碎屑岩成岩关系，提出碎屑岩动力成岩学说，突破了传统埋藏成岩理论。②国外在流体－岩石作用研究方面总体处于领先地位，但国内近期也取得研究进展。国外进行了成岩过程中物质－能量迁移、流体－岩石作用行为及成岩效应的大量研究，并建立基于化学热动力学原理的流体－岩石反应模拟软件。国内也大量开展了流体－岩石作用研究，建立碳酸盐岩化学反应实验模型，近期通过高温高压溶解动力学物理模拟实验得出了含先存孔缝的碳酸盐岩的溶解速率并非随温压升高而增加以及岩石成分和孔隙类型控制溶蚀效果的新认识。

3.1　国内外深层碳酸盐岩油气储层地质学发展对比

在国外，20 世纪 50—70 年代是碳酸盐岩油气储层地质学的形成及飞速发展时期，出现了大量代表性成果，例如 Ginsburg 对南佛罗里达和巴哈马新生代碳酸盐岩沉积作用的研究、Folk1959 年出版的《石灰岩的实用分类》、Choquette 和 Pray1970 年提出的碳酸盐岩孔隙地质分类和命名、Bathurst1971 年出版的《碳酸盐沉积物及其成岩作用》、Wilson1975 出版的《地质历史中的碳酸盐相》等，时至今日，这些经典的理论及学术思想依旧被沿用。20 世纪 60—80 年代，地球化学方法被引入到碳酸盐岩研究中，推动了对碳酸盐岩沉积环境恢复、成岩作用、孔隙演化史等碳酸盐岩储层的综合研究。80 年代末至 90 年代初，层序地层学理论被广泛应用于碳酸盐岩的早期成岩作用和孔隙演化研究中，给碳酸盐岩研究带来了新的思路。90 年代至今，碳酸盐岩成岩作用研究已经转向系统过程研究，以盆地沉积与构造演变中的成岩时空分布研究为重点的盆地动力学及流体 – 岩石作用体系研究正在兴起，流体 – 岩石作用模拟走向深入。这期间，Moore、Tucker、Lucia 等发表了系列专著，分别就碳酸盐岩沉积环境、成岩作用、储层演化等进行系统总结。

我国碳酸盐岩油气储层地质学是在引进和传播国外先进科学思想的基础上发展起来的。在 20 世纪 50—70 年代国外碳酸盐岩油气储层地质学的迅猛发展期间，我国的碳酸盐岩油气储层地质学"几乎落后了一个历史时代"。70—80 年代，以冯增昭教授为代表的学者对国外的一系列碳酸盐岩著作积极进行引进和传播后，这些先进的科学思想很快在我国扎了根，并促进了我们自己的创作，中国的碳酸盐岩油气储层地质学也就相应地形成了。经过近 40 年的发展，在岩类学、化石岩石学、白云岩、生物礁、沉积后作用、沉积环境、沉积相及岩相古地理等方面取得了相当丰富的成果，且与生产实践结合密切，有效地促进了我国油气勘探和开发事业的发展。目前，我国的碳酸盐岩油气储层地质学在岩类学、沉积环境及沉积相的研究上，逐渐赶上了国外；在碳酸盐岩岩石学研究的基础上，开展定量岩相古地理学研究，定量地恢复各地质历史时期的岩相古地理，已超出了国外碳酸盐岩岩相学的研究范围，居国际领先地位。冯增昭、强子同等人的著作可以作为我国碳酸盐岩油气储层地质学的代表作。近期通过实例剖析和高温高压物理模拟研究，提出表生环境（即低温低压环境）是碳酸盐岩溶孔储层的主要发育场所的新认识，并认为流体流动性控制先存孔隙的富集和贫化，先存储层物性影响溶蚀强度。

当前，深层碳酸盐岩储层研究已由定性向半定量 – 定量转变，由单一学科向多学科转变。基于精细层序地层格架下的沉积 – 成岩继承性关系研究，白云石化对孔隙的改造作用，构造 – 流体 – 岩石的系统作用过程分析，构造 – 盆地演化下深层优质储层形成的成岩环境、时空分布与预测等是深层碳酸盐岩优质储层研究的重要方向。目前，针对深层碳酸盐岩储层研究的技术方法，例如微区原位地球化学示踪、碳酸盐 Clumped isotope 温度计、成岩矿物测年、质量平衡计算、基于岩石结构及孔隙定量化研究的成岩作用分析、储层 3D 建模等新技术在国外已经呈现、发展，有些已日益普及。与国外相比，我国在这方面还有较大的差距。

3.2　国内外深层碎屑岩油气储层地质学发展对比

碎屑岩埋藏成岩理论基础由国外奠定于 20 世纪 80 年代前，近期国外聚焦于非常规储层研究，突出于储层微观孔喉结构类型、成因及其发育特征研究；相较于国外，国内近期深层碎屑岩储层被众多油气勘探家和沉积学家所关注，开展了许多研究，观察到诸多有悖于国外创立的传统埋藏成岩理论的地质现象，并取得不少成果认识。总体而言，近期国内碎屑岩储层研究进展要大于国外。

国外自 1990 年以来，有以下主要的储层研究进展：①大量开展流体地质学研究，取得较多成果，推进了流体地质学的发展。认为流体在地质作用及过程中具有十分重要的意义，并提出流体自组织机制概念，较好地解释了诸多地质现象，如大尺度穿层幕式胶结作用等。同时进行了基于化学反应原理的成岩数值模拟，但该数值模拟更多的是理论上的意义，因为地质流体作用及过程太复杂。②探索压溶沉淀作用，深化了压溶沉淀规律认识。认为压溶沉淀是一种高温高压下常见的成岩现象（尤其在碳酸盐岩中，不少碳酸盐沉淀物可能源自地层内部的压溶作用），并从化学动力学建立了石英砂岩的石英压溶量的化学反应模型。③提出"高孔变形带"新概念，改变了传统认识，有助于认识复杂构造背景的储层演化特征。认为高孔砂岩在外力作用下可以发生形变而产生裂缝发育带和"似糜棱岩化"条带，极大改变了砂岩的渗透性及其非均质程度，即裂缝发育带的高渗透性和"似糜棱岩化"条带的低渗透性，详细讨论了渗透率的变化规律。④分析了深层（约 5000 ~ 6000 米）高孔砂岩的成因。认为深层高孔砂岩主要是地层异常高压抑制压实而得以保存及早期绿泥石胶结膜保护了孔隙等。

国内在 20 世纪 90 年代以来，尤其在 2000 年以来，大量开展了深层碎屑岩储层研究，相较于国外，国内主要有以下研究进展：①提出砂岩动力压实研究新思路，突破了传统压实理论，有助于深入认识深层砂岩储层发育规律及量化预测。其理论内涵是分析盆地动力环境与成岩关系，探究热压实、构造压实和流体压实等多源动力的压实机制及效应，并通过物理模拟实验证实了"流体压实效应"和国外提出的"高孔变形带"的存在。②大量研究砂岩的溶蚀作用，进一步明确了溶孔发育特征，讨论了砂岩的溶蚀机制、溶蚀发生时间的增孔效应和溶蚀增孔规模，指出大气水、腐殖酸和碱性水溶蚀是规模溶孔形成的重要机制，也是深层规模溶孔储层得以存在的基础。③较深入地研究成岩相类型及其分布特征。提出成岩相的系统分类方案，建立基于热指标的成岩相数值模拟，总结典型盆地的成岩相分布特征。④探讨储层演化与油气成藏关系，指导了岩性油气藏勘探。恢复基于动力成岩学说的储层演化过程，分析砂（砾）岩储层物性演化与油气成藏关系，指导了岩性油气藏勘探。

3.3 深层火山岩油气储层地质学发展对比

国外侧重研究火山地质和岩石矿物学，而对油气储层实验分析技术研究相对较少。20世纪 60 年代，火山地质学家 R L Smith、Spark 等通过对火山喷发作用过程、火山机构研究，初步揭示了火山岩储层分布特点与控制因素。70 年代，通过深部物质来源及动力学背景研究，刻画了板块构造与火山岩类型间的内在联系。80 年代以来，研究范围扩展到火山岩矿物成分、化学成分、结构构造、岩石系列类型与演化趋势、火山作用、岩相等方面。近年来，随着火山岩储层油气田的不断发现，国外开始重视火山岩储层发育机理方面的研究。Patricia Sruoga 通过对阿根廷"Austral and Neuquén"盆地火山岩储层的系统研究，认为火山岩储层的孔隙度、渗透率取决于其原生岩石特征及后期成岩改造过程，将火山岩储层的形成分为原生过程和次生过程两部分。

国内对火山岩地质、储层及与油气成藏关系均有较多研究，其研究的深度和广度要大于国外。20世纪80年代—2000年，邱家骧、陶元奎、谢家莹根据对中国东部地区火山岩研究，提出了火山岩多种喷发相类型、相模式、火山机构类型及火山构造等。1994年发布了火山岩储集层描述行业标准（SY/T 5830–93），为火山岩储层的描述、分类和评价提供了依据。我国学者通过各种火山岩类储集空间及其形成机理研究，较系统总结了我国岩浆岩储集岩的基本特征、形成条件、储集空间、储集性能、分布规律及含油气性，提出了火山岩油气藏研究方法与勘探技术。松辽盆地营城组火山岩储层研究中，正式提出了火山岩储层岩性、岩相划分及地层对比方案。中国陆相东、西部地区火山岩储层发育的差异性主要表现为：①东部地区发育的火山岩时代新，以中、新生代陆内裂谷环境为主；西部地区火山岩时代相对偏老，以古生代岛弧和碰撞后陆内裂谷环境为主。②东部地区以中酸性火山岩为主，主要沿深大断裂呈中心式喷发，喷发期次较单一，原位性保持好，火山机构较完整；单个火山岩体延伸距离短，横向变化大，地震剖面上有明显反射特征；储集层物性主要受岩相、岩性和裂缝控制，其中爆发相火山岩物性最好，易于形成富集高产。西部地区以中基性火山岩为主，具有裂隙式、中心式2种喷发模式，喷发期次多，后期改造强，火山机构保存不完整，异位性强；风化淋滤对火山岩储集层有显著的控制作用，区域不整合面之下一定深度范围内物性最好。③东部地区火山岩油气藏以岩性、构造–岩性型为主，成藏受生烃中心、深大断裂和火山结构联合控制，断裂带周围是主要的油气富集带，油气分布规律性强；西部地区火山岩油气藏以地层不整合型为主，不整合面、烃源岩和大型断裂是成藏主要控制因素，油气分布受区域不整合面控制，分布规律更为复杂。至2010年前后，我国学者系统总结了中国火山岩储层特征、类型及其油气成藏形成机理、火山岩储层地质学内涵、研究核心及相关研究技术和方法、建立了火山岩储层成岩与孔隙演化模式。

4 深层油气储层地质学发展趋势与对策

深层油气储层地质学是油气储层地质学的衍生和拓展，但并非简单、线性式的衍生和拓展，因深层储层所处的成岩环境及成岩作用有其特异性。近期国内外，尤其国内，已大量研究深层储层特征，取得重要研究进展，并尝试建立深层油气储层地质学这一新学科。但目前无论对深层油气储层特征的认识，还是对深层油气储层地质学学科的系统性仍处于方兴未艾阶段，有诸多重要理论问题待探究。

基于我国油气盆地深层的地质实际，深层油气储层地质学将呈现以下四个发展趋势：

①流体－岩石作用与成储－成藏效应是深层油气储层地质学研究的核心。流体作用贯穿整个成岩－成藏过程，是成岩－成藏作用的重要动力，也是应力的传递者和热量与化学组分的传输者。由于深层流体经历了漫长的演化过程，故古流体性质及其活动性的判别是流体－岩石作用及其效应研究的首要任务。其次要研究区带，甚至整个盆地的流体活动性及其时空分带性，并进一步研究流体－岩石作用类型、过程、边界及其成储－成藏效应。②应力－应变机制与储层形成分布是深层油气储层地质学研究的重点。应力－应变指储层成岩过程中，包括热、构造、流体在内的应力作用于储层并引起储层形态、储集空间发生变化的作用。应力－应变是储层形成、演化的重要机制，而深层的应力－应变对储层演化的重要性要远大于浅层。因此深层盆地动力源特征及驱动机制、动力应变及成储－成藏效应研究十分重要。③成岩－成藏动力过程与系统演变是深层油气储层地质学研究的难点。经历长期多原动力作用的深层储层的成岩－成藏叠加改造变得很复杂，恢复其演变过程也变得很困难。但客观了解这一过程是深层油气储层地质学发展的要求，也是认识油气成藏规律的必需。④成岩边界与量化储层预测是深层油气储层地质学研究的目的。成岩边界的确定无疑面临重大挑战，但它又是储层预测的地质基础。进行不同尺度成岩边界识别、边界分布的控制因素研究并在此基础上建立量化储层预测模型具有十分重要的理论和应用意义。

深层油气储层地质学发展的对策是：①构建深层油气储层地质学理论体系。从油气地质学学科角度界定"深层"的含义，进一步梳理含油气沉积盆地中深层地质环境及成岩作用对浅层而言的特异性，明确深层储层地质学的理论内涵和研究内容，建立深层储层地质学的术语系统、行业规范和标准及理论框架。②紧紧围绕深层储层的储集空间演化规律这一核心问题。深层储层的储集空间演化涉及储集空间保存和形成两个方面，据目前初步认识，在深层，"储集空间保存"更重要，"储集空间形成"则有可能是局部的或有限的。而"储集空间保存"显然与深埋前的储集空间有继承性，或依赖于深埋前的储集空间。因此需要分别研究深埋前储层储集空间的形成机制及发育规律与深埋期储层储集空间的变化机制及其规律。③从多学科、多技术探究大尺度成岩动力系统中的储层发育机制及规律。将盆地或区带作为一个成岩动力系统，进一步明确与储层演化关系密切的热－构造环境及演变与流体性质及活动分带性，并从地质、地球化学和模拟等手段深入研究热－构造－流体共控的深埋前储层形成机制及发育规律和深埋期储层变化机制及其规律。

4.1 国内外深层碳酸盐岩油气储层地质学发展趋势与对策

国内外深层碳酸盐岩油气储层地质学将展现以下 5 个发展趋势：

4.1.1 深层碳酸盐岩构造－岩相古地理恢复

以往油气碳酸盐岩储层研究的重点在于储层特征及成因上，较少关注规模储层发育的构造背景，而构造背景对古地理及沉积作用有重要控制。所以深层碳酸盐岩构造－岩相古地理恢复是深层相控型碳酸盐岩规模储层分布预测的关键。但由于深层可用的钻井资料较少，地震资料品质较差，不能满足地震相分析的需要。如何根据有限的钻井资料精细解释岩性和测井相、如何提高地震资料品质和在有限的井资料的标定下提高地震相解释的精度是实现深层碳酸盐岩构造 – 岩相古地理恢复的有效途径。开展提高深层碳酸盐岩地层成像精度技术攻关和建立碳酸盐岩沉积相模型，尤其礁滩分布模型，是解决深层碳酸盐岩构造 – 岩相古地理恢复这一关键技术问题的对策。

4.1.2 深层碳酸盐岩储层孔隙形成机理、规模和分布规律的深化认识

以往主要基于地质分析和判断，对深层碳酸盐岩储层孔隙形成机理、发育规模和分布规律取得定性认识，未来的发展趋势是从储层模拟和地球化学信息角度深化孔隙形成机理、发育规模和分布规律认识。

储层模拟是解决深层碳酸盐岩形成机理、规模和分布规律的重要手段。埋藏环境下通过有机酸、TSR 及热液等的溶蚀作用可以新增孔隙这一观点已为地质学家们所接受，但溶孔的形成机理、能形成多大规模的溶孔、溶孔又是如何分布的等一系列问题均处于定性认识阶段。通过地质与储层模拟实验结合，有望使这些认识达到定量水平。要达到这一目的，深层碳酸盐岩埋藏过程中的温压场和流体场恢复是决定储层模拟实验成败的关键。

地球化学信息对成岩产物的成因解释至关重要，但在深层高温高压和复杂成岩流体的条件下，地球化学的分馏作用更为复杂，故建立深层成岩产物的地球化学识别图版是分析深层碳酸盐岩储层成岩 – 孔隙演化史的关键，为深层碳酸盐岩储层孔隙成因、规模和分布规律认识提供重要依据。

4.1.3 岩性和孔喉结构对深层碳酸盐岩储层储集空间发育样式的控制研究

我国深层古老碳酸盐岩的储集空间发育有其特殊性，基质孔型储层主要发育于白云岩中，而岩溶缝洞型储层主要发育于灰岩中。由于深层古老碳酸盐岩经历了多期次的成岩叠加改造，很难见到基质孔型的灰岩储层，这与中东地区中新生代碳酸盐岩储层有很大的差别，基质孔型灰岩储层在中东中新生代碳酸盐岩储层中占很大的比例。显然，岩性和孔喉结构对深层碳酸盐岩储层储集空间发育样式起到重要的控制作用，如何从储层形成机理的角度定性解释深层古老碳酸盐岩储集空间特有的发育样式对深层碳酸盐岩储层类型预测有重要的指导意义。

4.1.4 深层碳酸盐岩储层物性和孔喉结构变化规律研究

相似地质背景及储层组分和结构的条件下，碎屑岩储层随埋藏深度的增加，储层物性和孔喉结构总体趋于变差，这不但是地质家们的共识，也为大量的勘探实践所证实。但碳酸盐岩储层似乎不遵循这种变化趋势，深层储层物性和孔喉结构随埋藏深度的增加既有逐渐变好的趋势，也有逐渐变差的趋势。如何从定性到定量的层次解释深层碳酸盐岩储层物性和孔喉结构特有的变化趋势对深层优质碳酸盐岩储层预测有重要的意义。

4.1.5 深层碳酸盐岩储层评价标准的建立

虽然已经建立了基于孔隙度和渗透率的碳酸盐岩储层评价标准，但深层碳酸盐岩储层有效性的控制因素要比浅层复杂得多，它除了孔隙度和渗透率两个影响因素外，流体属

性和地层压力对储层有效性的影响更大，例如气层的有效储层下限要比油层要小得多。由于深层以气为主，故深层碳酸盐岩有效储层的下限会比浅层低得多。同样，储层的孔喉结构、地层压力均控制深层碳酸盐岩储层的有效性。故建立基于储层孔喉结构、流体属性、地层压力的深层碳酸盐岩储层评价标准对深层碳酸盐岩储层评价具有重要意义。

4.2 深层碎屑岩油气储层地质学发展趋势与对策

碎屑岩的成岩过程是个呈阶段性的连续或持续的成岩过程，亦是说深层碎屑岩储层与浅层碎屑岩储层的成岩作用具有成因联系性或继承性，深层碎屑岩储层的最终储集空间保存量取决于深埋前（即浅层埋藏期）的过程储集空间剩余量和深埋期的过程储集空间变化量。但由于深层地质环境及成储改造机制不同于浅层，因此深层碎屑岩油气储层地质学还需加强研究盆地深层储层形成分布的动力环境及其改造机制、成储边界及效应、成储过程以及深层储层评价方法和预测技术。从深层碎屑岩油气储层地质学的学科发展趋势，主要有以下四方面的发展趋势与对策：

4.2.1 由岩石学研究向盆地动力成储作用研究发展

岩石性质是储层成岩的物质基础和内在控制因素，但基于岩石学的碎屑岩成岩作用研究已不能解释我国油气盆地中的诸多成岩现象，如深埋 - 高原生孔储层与浅埋 - 低原生孔储层成因或高温 - 高原生孔储层与低温 - 低原生孔储层成因、冲断带 - 低原生孔储层与斜坡带 - 高原生孔储层成因等。在我国油气盆地中，包括深层，这些"异常"成岩现象的出现与储层所处的盆地动力环境有着密切的联系，如深埋发育高原生孔储层而浅埋成为低原生孔储层的机制与盆地的地温场和流体场有内在联系，具体而言，主要与盆地的升温速率和热过程有关，其次与古地层流体压力有关；又如冲断带成为低原生孔储层而斜坡带发育高原生孔储层的成因与后期构造活动密切相关。因此把储层的岩石学与盆地动力学紧密结合起来，辅之以高温高压物理模拟实验，有助于深入认识深层储层成因与演化规律，也将使成岩作用研究更具综合性、实用性和预测性。

4.2.2 深埋压实机制及效应是深层碎屑岩储层研究的核心

在我国油气盆地，除了干旱气候下发育的咸化沉积水体及成岩期局部地层水发生咸化的地质条件下胶结作用较发育外，碎屑岩储层的压实作用是储层孔隙体积（包括原生孔隙和溶蚀孔隙）减少的主要原因。对深层储层而言，这种压实作用可能显得更为重要，因前已述及，深埋条件下地层中流体的量变得更少，流体的活动性变得较弱，故溶蚀作用的持续进行变得很困难。尽管目前国内外对此持有不同观点，但深埋条件下，整体处于（较）封闭状态的地层流体要形成规模溶孔储层无疑会变得困难是合乎理论的，也是比较客观的，因为目前深层存在的溶孔不排除是早期形成的，晚期只是局部形成溶孔或对前期溶孔进行一定程度的改造。

碎屑岩储层的压实作用受很多因素控制，远非经典碎屑岩成岩理论认为的与上覆岩石重量有关（即机械压实作用），常见储层原生孔隙反深度分布的现象也说明压实作用的复杂性。储层的压实作用与其岩石学特征有关，更与盆地动力密切相关，包括盆地的热、构造和流体动力。目前国内有学者（寿建峰等，2005）已探索基于盆地动力环境与碎屑岩储层压实的关系，但尚缺乏研究的系统性和深度，更少涉及深层动力压实机制及效应。因此基于盆地动力环境及演变基础上的深层压实机制及规律研究将发展深层碎屑岩储层地质学，并为深层碎屑岩储层分布量化预测奠定理论基础。

4.2.3 流体溶蚀－沉淀机制及规模是深层碎屑岩储层研究的难点

已有研究表明，大气水、碱性水和腐殖酸由于其流体丰富、流体溶蚀持续时间长而成为碎屑岩储层规模溶蚀增孔的主要机制。我国油气盆地均发育此三类溶蚀机制，可为我国深层规模优质碎屑岩储层形成奠定基础。国内外学者对大气水溶蚀做了大量研究，而对碱性水和腐殖酸溶蚀作用的研究较少。但该三类溶蚀流体的驱动机制、溶蚀发生时间的增孔效应、流体溶蚀持续时间及溶孔发育规律是有区别的，目前尚不能对三类溶蚀孔隙的分布进行比较客观的预测，故需要深入开展地质、地球化学和高温高压物理模拟结合的基础研究，主要包括三类溶蚀流体性质的岩石学及地球化学判识，更重要的是三类流体溶蚀的规模、时空溶孔发育规律及溶孔储层预测模型。

与干旱气候下发育的咸化沉积水体相关的沉淀作用是碎屑岩储层减孔的重要原因，与溶蚀作用一样，沉淀作用在时空上也具有较强的非均质性或多变性。这给沉淀规律认识带来很大困难。但从区域尺度考虑，沉淀作用是有规律可循的，为此需要深入研究以下内容：①沉淀机制，即是饱和、分子交代、还是热对流引起的沉淀，它们的沉淀机制不同，对储层的影响也是有差异的；②流体性质与沉淀规模的关系，包括流体的盐度（咸化度）与沉淀规模的关系，流体活动性与规模沉淀分带性的关系以及引起沉淀分带的控制因素；③区域沉淀规律及沉淀模型。

4.2.4 成储边界及效应是深层碎屑岩储层研究的学科亮点

储层在其成岩过程中会受到各种作用强度不同的成岩改造，并对其储集性质产生重大影响。受储层的成岩物质特征和盆地动力环境变化的制约，这种成储作用及其对储集性质的影响在时空是有变化的，则成储作用的边界在何处，如何确定其边界，边界内的储层物性如何变化。这需要以岩石学和盆地动力学相结合为研究思路，在单一成储作用的类型、控制因素、时空变化及与储集性质关系的研究基础上，综合分析各成储作用的叠加效应。这是深层碎屑岩储层研究的学科亮点，也是深层碎屑岩储层量化地质预测的关键。

4.3 深层火山岩油气储层地质学发展趋势与对策

火山岩油气储层地质学作为一门多学科、多技术的综合性学科，研究范围包括含油气盆地中火山岩储层发育构造环境、成因类型、特性、形成、演化、几何形态、分布规律、储层研究方法和描述技术以及储层评价和预测等。火山岩油气储层地质学，尤其深层火山岩油气储层地质学的研究，必须重视多学科的交叉和综合，即与构造地质学、储层地质学、火山学、火山地质学和油层物理学等的结合以及地震、非地震、测井、数学地质和计算机等技术的综合运用。

由于火山岩的岩石结构和矿物组成及成因、储集空间形成演化、成储过程和主控因素等均明显有别于沉积岩储层。因此针对火山岩储层特殊性，应重点研究以下内容：①火山岩发育构造环境与火山岩旋回层序及岩相古地理：包括含火山岩沉积盆地的区域构造格局、盆地性质、重大构造 – 火山事件等；在此基础上研究火山岩发育期次、旋回划分对比、火山岩发育古地貌、发育环境及空间分布模式等。②储层岩性 – 岩相特征、储集空间及其非均质性：包括火山岩岩性、喷发模式与火山岩岩石学特征、火山岩岩相和各亚相地质特征与岩相模式及火山机构、火山构造、火山岩体分布等，在此基础上研究储层原生孔隙、次生孔隙和裂缝发育特征、组合及其丰度，各类孔隙连通状态等，分析孔隙度、渗透率、流体饱和度、喉道类型、孔喉配置关系以及这些参数的空间分布特征等。③火山岩储层成因及演化：火山岩储层形成演化机理的研究是储层研究的核心问题，包括火山作用、岩浆期后热液蚀变作用、喷发间歇期风化淋滤改造作用、埋藏期成岩改造作用、抬升剥蚀淋滤作用和构造作用等，以及这些作用对储层发育的影响。目前对成岩作用类型及其影响因素研究较多，而对成岩作用如何影响储层发育，通过何种方式改造储层结构与构造、各种成岩作用发生的化学热力学条件是什么等问题需要加深入研究。④火山岩储层地质建模与开发储层评价：火山岩储层岩性、岩相复杂，储层展布与内部结构更为复杂，储渗组合类型多，储渗能力差异大，致使开发评价难度大。因此必须精细刻画火山岩储层形态、内部结构和属性，建立储层地质属性模型及火山岩油气储层评价体系，明确火山岩储层结构表征及分布规律，以指导火山岩油气储层的勘探与开发。⑤储层综合评价预测：不断完善火山岩地震储层预测、大型压裂等勘探配套技术，形成一套成熟的火山岩储层评价预测配套技术及流程，不断攻关目标识别、储层预测及流体检测技术，以提高其准确率；在此基础上进行火山岩储层单井储层评价、区域储层评价、开发储层评价、储层敏感性评价以及储层动态评价等。

—— 参考文献 ——

［1］寿建峰. 成岩场与砂岩孔隙度的关系研究, 世界石油工业, 1999, 6（2）.

［2］寿建峰, 张惠良, 斯春松, 等. 砂岩动力成岩作用. 北京：石油工业出版社, 2005.

［3］寿建峰, 斯春松, 朱国华, 等. 塔里木盆地库车拗陷下侏罗统砂岩储层性质的控制因素, 地质论评, 2001, 43（3）.

［4］寿建峰、朱国华. 砂岩储层孔隙保存的定量预测研究, 地质科学, 1998, 32（2）：244-249.

［5］寿建峰、朱国华, 等. 开鲁盆地陆西凹陷侏罗系火山岩屑砂岩的成岩作用特点, 石油勘探和开发, 1995, 22（5）：81-86.

［6］寿建峰、朱国华、张惠良, 等. 构造侧向挤压与砂岩成岩作用 – 以塔里木盆地为例, 沉积学报, 2003, 21（1）：90-96.

［7］寿建峰、赵澄林. 国外碎屑岩储层的次生孔隙研究, 世界石油科学, 1988, 9（2）.

［8］ 应凤祥，罗平，何东博，等. 中国含油气盆地碎屑岩储集层成岩作用与成岩数值模拟，石油工业出版社，2004，26-133.

［9］ 应凤祥，王衍琦，王克玉，等. 中国油气储层研究图集（卷一）碎屑岩，石油工业出版社：1994，60-138 .

［10］ 冯增昭主编. 中国沉积学（第二版），石油工业出版社，2013，76-132.

［11］ Lundegard, P. D., 1991, Sandstone porosity loss—A "big picture" view of the importance of compaction：Journal ofSedimentary Petrology, v. 62, p. 250-260.

［12］ Bjørkum, P. A., E. H. Oelkers, P. H. Nadeau, O. Walderhaug, and W. M. Murphy, 1998, Porosity prediction in quartzose sandstones as a function of time, temperature, depth, stylolite frequency and hydrocarbon saturation：AAPG Bulletin, v. 82, p. 637-648.

［13］ Scherer, M., 1987, Parameters influencing porosity in sandstones：a model for sandstone porosity prediction：AAPG Bulletin, v. 71, p. 485-491.

［14］ Schmoker, J. W., and D. L. Gautier. 1988, Sandstone porosity as a function of thermal maturity：Geology, v. 16, p. 1007-1010.

［15］ Robinson, A., and J. Gluyas, 1992, Model calculations of loss of porosity in sandstones as a result of compaction and quartz cementation：Marine and Petroleum Geology, v. 9, p. 319-323.

［16］ Oelkers, E. H., P. A. Bjørkum, and W. M. Murphy, 1996, A petrographic and computational investigation of quartz cementation and porosity reduction in North Sea sandstones：American Journal of Science, v. 296, p. 420-452.

［17］ Walderhaug, O., 1996, Kinetic modelling of quartz cementation and porosity loss in deeply buried sandstone reservoirs：AAPG Bulletin, v. 80, p. 731-745.

［18］ Bonnell, L. M., R. H. Lander, and J. C. Matthews, 2000,Probabilistic prediction of reservoir quality in deep water prospects using an empirically calibrated process model（abs.）：AAPG Annual Convention Program, v. 9, p. A15.

［19］ de Souza, R. S., and E. F. McBride, 2000, Diagenetic modeling and reservoir quality assessment and prediction：An integrated approach（abs.）：AAPG Bulletin, v. 84, no. 9, p. 1495.

［20］ Lander, R. H., and O. Walderhaug, 1999, Porosity prediction through simulation of sandstone compaction and quartz cementation：AAPG Bulletin, v. 83, p. 433-449.

［21］ Bloch, S., R. H. Lander, and L. M. Bonnell, 2002, Anomalously high porosity and permeability in deeply buried sandstone reservoirs：Origin and predictability：AAPG Bulletin, v. 86, p. 301-328.

［22］ Taylor, T. R., M. R. Giles, L. A. Hathon, T. N. Diggs, N. R. Braunsdorf, G. V. Birbiglia, M. G. Kittridge, C. I. Macaulay, and I. S. Espejo, 2010, Sandstone diagenesis and reservoir quality prediction：Models, myths, and reality：AAPGBulletin, v. 94, p. 1093-1132.

［23］ Ehrenberg, S. N., P. H. Nadeau, and Ø. Steen, 2008, A megascale view of reservoir quality in producing sandstones from the offshore Gulf of Mexico：AAPG Bulletin, v. 92, p. 145-164.

［24］ Paxton, S. T., J. O. Szabo, J. M. Ajdukiewicz, and R. E.Klimentidis, 2002, Construction of an intergranular volume compaction curve for evaluating and predicting compaction and porosity loss in rigid-grain sandstone reservoirs：AAPG Bulletin, v. 86, p. 2047-2067.

［25］ Joanna M. Ajdukiewicz and Robert H. Lander, 2010, Sandstone reservoir quality prediction：The state of the art：AAPGBulletin, v. 94, p. 1083-1091.

［26］ Bloch, S., and K. P. Helmold, 1995, Approaches to predicting reservoir quality in sandstones：AAPG Bulletin, v. 79, p. 97-115.

［27］ Advances in Sandstone Reservoir Quality Prediction, AAPG Bulletin. August, 2010 , special issue , Edited by Joanna M. Ajdukiewicz and Robert H. Lander.

［28］ Reservoir Quality Prediction in Sandstones and Carbonates, Julie A. Kupecz, Jon Gluyas, Salman Bloch, AAPG Memoir 69：1997.

［29］ Schmidt, V., and D. A. McDonald, 1979, The role of secondary porosity in the course of sandstone diagenesis：SEPM

Special Publication 26, p. 175–207.

［30］ Ronald C. Surdam, Steven W. Boese, Laura J. Crossey, 1984, The Chemistry of Secondary Porosity: Part 2. Aspects of Porosity Modification, AAPG Special Volumes, Volume M 37: Clastic Diagenesis, P. 127 – 149.

［31］ 康竹林. 中国深层天然气勘探前景［J］. 天然气工业,2000, 20（5）: 1–4.

［32］ 杜小弟, 姚超, 等. 深层油气勘探势在必行［J］. 海相油气地质, 2001, 6（1）: 1–5.

［33］ 赵文智, 沈安江, 胡素云, 等. 中国碳酸盐岩储集层大型化发育的地质条件与分布特征［J］. 石油勘探与开发, 2012, 39（1）1–12.

［34］ 王招明, 谢会文, 陈永权, 等. 塔里木盆地中深1井寒武系盐下白云岩原生油气藏的发现与勘探意义［J］. 中国石油勘探, 2014, 19（2）1672–1677.

［35］ 刘忠宝, 杨圣彬, 焦存礼, 等. 塔里木盆地巴楚隆起中、下寒武统高精度层序地层与沉积特征［J］. 石油与天然气地质, 2012, 33（1）70–76.

［36］ Eberli,G.p,and R.N.Ginsburg. 1987, Sedimentation and coalescence of Cenozoic carbonate platforms,northwestern Great Bahama Bank: Geology, v.15, 75–79.

［37］ 杨威, 魏国齐, 金惠, 等. 川东北飞仙关组鲕滩储层成岩作用与孔隙演化［J］. 中国地质, 2007, 34（5）822–828.

［38］ James N P, Choquette P W. Paleokarst［M］. New York: Springer–Verlag, 1988

［39］ 赵文智, 沈安江, 潘文庆, 等. 碳酸盐岩岩溶储层类型研究及对勘探的指导意义 – 以塔里木盆地岩溶储层为例［J］. 岩石学报, 2013, 29（09）3213–3222.

［40］ 汤济广, 胡望水, 李伟, 等. 古地貌与不整合动态结合预测风化壳岩溶储集层分布 – 以四川盆地乐山 – 龙女寺古隆起灯影组为例［J］. 石油勘探与开发, 2013, 40（6）674–681.

［41］ 乔占峰, 沈安江, 邹伟宏, 等. 断裂控制的非暴露型大气水岩溶作用模式 – 以塔北英买2构造奥陶系碳酸盐岩储层为例［J］. 地质学报, 2011, 85（12）2070–2083.

［42］ 赵文智, 沈安江, 胡素云, 等. 塔里木盆地寒武 – 奥陶系白云岩储层类型与分布特征［J］. 岩石学报, 2012, 28（3）: 758–768.

［43］ Cai CF,Li KK,Li HT and Zhang BS.2008.Evidence for cross formational hot brine flow from integrated Sr/Sr,REE and fluid inclusions of the Ordovician veins in Central Tarim.Applied Geochemistry,23: 2226–2235.

［44］ Graham R.Davies and Langhorne B.Smith.2006.Structurally controlled hydrothermal dolomite reservoir facies: An overview. AAPG Bulletin, v. 90, no. 11（November 2006）, pp. 1641–1690.

［45］ 金之钧, 朱东亚, 胡文瑄, 等. 塔里木盆地热液地质地球化学特征及其对储层的影响［J］. 地质学报, 2006, 80（2）: 245–254.

［46］ Surdam R C.Crossey L J.Gewan M.1993.Redox reactions involving hydrocarbons and mineral oxidants: A mechanism for significant porosity enhancement in sandstones.AAPG Bull.77（9）: 1509–1518.

［47］ Surdam R C.Crossey L J. Hagen E S et al.1989.Organic–inorganic interactions and sandstone diagenesis.AAPG Bull.73（1）: 1–23.

［48］ 蔡春芳, 梅博文, 马亭, 等. 塔里木盆地有机酸来源、分布及对成岩作用的影响［J］. 沉积学报, 1997, 15（3）: 103–109.

［49］ 范明, 胡凯, 蒋小琼, 等. 酸性流体对碳酸盐岩储层的改造作用［J］. 地球化学, 2009, 38（1）: 20–26.

［50］ 肖礼军, 汪益宁, 滕蔓. 川东H_2S气体分布特征及对储层的后期改造作用［J］. 科学技术与工程, 2011, 11（32）: 7892–7898.

［51］ Bildstein RH and Worden EB. 2001. Assessment of anhydrite dissolution as the rate–limiting step during thermochemical sulfate reduction.Chemical Geology, 176: 173–189.

［52］ Cross M, Manning D A C, BottrellSH, et al. Thermochemical sulphate reduction（TSR）: Experimental determination of reaction kinetics and implications of the observed reaction rates for petroleum reservoirs［J］. OrganicGeochemistry,2004,35: 393–404.

［53］蔡春芳，李宏涛. 沉积盆地热化学硫酸盐还原作用评述［J］. 地球科学进展，2005，20（10）：1100-1105.

［54］朱光有，张水昌，梁英波，等. TSR 对深部碳酸盐岩储层溶蚀改造 – 四川盆地深部碳酸盐岩优质储层形成的重要方式［J］. 岩石学报，2006，22（8）：809–826.

［55］张水昌，朱光有，何坤. 硫酸盐热化学还原作用对原油裂解成气和碳酸盐岩储层改造的影响及作用机制［J］. 岩石学报，2011，27（3）：2182–2194.

［56］罗厚勇，王万春，刘文汇. TSR 模拟实验研究与地质实际的异同及可能原因分析［J］. 石油实验地质，2012，34（2）：186–198.

［57］赵文智，沈安江，郑剑锋，等. 塔里木、四川及鄂尔多斯盆地白云岩储层孔隙成因探讨及对储层预测的指导意义［J］. 中国科学，2014，44（9）：1925–1939.

［58］赵文智，沈安江，周进高. 礁滩储集层类型、特征、成因及勘探意义—以塔里木和四川盆地为例［J］. 石油勘探与开发，2014，41（3）：257–267.

深层油气成藏地质学学科发展研究

深层油气成藏地质学是深层油气地质学的重要组成部分，主要研究盆地深层埋藏至目前深度的过程中油气得以成藏的地质条件，关注盆地深层油气来源、有效储集空间、封盖条件、圈闭形式、保存条件等基本要素以及将这些要素有机联系在一起的油气运移、聚集机理和过程，目的在于认识深层油气藏的分布规律、评价勘探前景、预测规模性勘探目标。

1 在深层油气地质学科中的地位和作用

与盆地中–浅层相比，盆地深层经历了复杂而漫长的盆地演化和埋藏历史，目前处于相对高温高压环境中。其对应的温压场、有机质成烃过程与流体相态变化、储层成岩过程等与盆地中浅层也存在明显的不同，油气形成、运移、聚集的动力学条件及机理、油气富集规律等也必然具有其特殊性和复杂性。深层油气成藏地质学相应地要在总结相关深层油气勘探发现、油气地质学研究认识的基础上，更多地从动力学角度关注深层地质条件下储层的有效性，梳理油气供源、运移、聚集、散失后再次运移等动态过程，分析盆地深层油气的多期生成、多期运聚、多期调整改造的时间序列、承袭关系及影响因素，并在此基础上通过综合分析，认识深层油气藏形成机制，总结深层油气分布规律，评价和预测规模性油气聚集目标。

深层油气成藏地质学研究的目标直接面向于勘探决策，因而其研究认识的正确与否、水平高低决定了深层油气地质学理论的深入程度和水平，也关乎石油工业向深层领域发展的速度、效率与前景。

盆地深层长期被排除在油气勘探的黄金地带之外，相应的研究和认识都很少。近十多年来随着勘探发现的不断增多才引起人们的认识、关注和研究，面对诸多前人尚未涉及的科学前沿问题，深层油气成藏地质学研究在理论创新和学科发展方面任重道远。

2 深层油气成藏地质学发展现状和进展

近十年来，随着对盆地深层油气勘探的逐步开展和深层油气的重要发现，在深层油气成藏地质学方面的研究也不断深入，获得了一些盆地深层成藏的理论认识、分析测试技术和评价预测方法。

2.1 深层油气成藏的环境与条件

2.1.1 盆地深层温压场特征

高温高压环境是盆地深层油气成藏特殊而重要的地质条件，盆地所处的板块位置、火山活动、岩石圈结构、岩石热物性及深部断裂–热流体活动等多种因素控制深层地温场的分布。目前，钻井揭示的深层油藏温度范围可达 150～230℃，世界上油藏温度最高的俄罗斯滨里海盆地布拉海深层油藏达到 295℃，远远超出了传统干酪根晚期生油理论的液态烃生成的温度范围。具有较低地温梯度的盆地在深层可以保持相对较低程度的热状态，有利于减缓有机质的成熟速率，使得生烃深度范围扩大。但对深层而言，曾经历的最高地温阶段对于烃源的形成演化最为关键。近年来，随着深层钻井温压测试数据的增多，以及流体包裹体、裂变径迹、（U–Th）/He 和数值模拟等古温压恢复技术的发展，人们对于深层温压场特征有了更深入的认识，不同类型盆地在不同的演化阶段差别很大，即使在同一盆地内，不同时期的地温场变化往往也很大（图 1）。

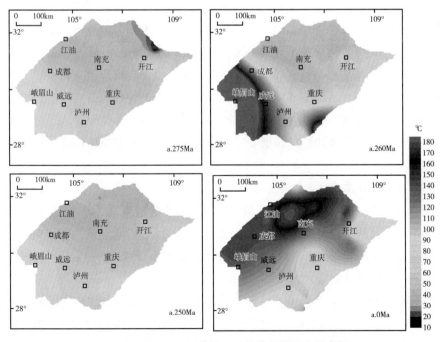

图 1　四川盆地下二叠统烃源岩古温度图

盆地深层普遍具有异常高的地层流体压力（超压），其形成机制主要有不平衡压实、有机质热解生烃和超压传递作用等，而构造应力增压作用可视为比侧向应力更为重要的压实作用。一般认为异常高压的存在可以抑制有机质的热演化、保护储集空间、增强盖层封闭性和完整性，并成为深层油气运移的重要动力，这为深层油气藏形成、保存创造了有利条件。

2.1.2 深层条件下油气相态特征及变化规律

盆地深层高温高压条件下，深层烃类的演化顺序为液态石油 – 凝析油 – 湿气 – 干气，由不稳定的高分子结构向稳定小分子转化，多种流体相态可以共存，形成了由气态烃、石油蒸气、液态石油、水蒸气和液态水等构成的复杂流体系统。从目前油气勘探开发来看，深层油气的相态以凝析气和气相为主，也有液相油及水溶气相。高温高压生烃模拟和烃类稳定性模拟实验表明，深层条件下油气相态主要受有机质类型、流体组成、温度压力条件等因素制约，此外热化学还原反应、气洗作用等对烃类相态也有重要影响。随着温压升高，油、气相互溶解成油气混相，水的参与使得烃类相态更加复杂，甚至可能达到液相和气界面消失的临界状态。深层烃类密度和黏度降低、油气水混溶、界面张力变小等物性变化，都将极大降低深层油气运移、聚集所需的储层物性条件。

2.1.3 深层条件下的储层矿物颗粒表面润湿性特征

深部储层普遍经历了多期次油气注入，早期中浅层阶段的原油注入，因其利于深部储层物性的保持，更重要的是导致储层矿物润湿性的反转，部分储层毛细管力转变为油气运移的动力，极大降低了深层油气成藏的动力条件要求。在浅埋藏阶段，水是储层的初始饱和流体，岩石骨架颗粒表面基本呈亲水性，储层毛细管力被认为是油气运移的阻力。然而，实际上很多储层并不完全是亲水的，岩石中碳酸盐、含铁黏土及多晶高岭石等矿物常表现出亲油的趋向，石油中沥青质、胶质等极性有机分子容易吸附于矿物表面上，也会改变矿物颗粒表面的润湿性，使储层岩石总体上表现为中性或弱亲油性。影响储层岩石润湿性改变的因素众多，包括：原油性质、岩石矿物类型、地层水化学性质以及温度等等，相同岩石学组成的储层处于不同的深层温、压和流体环境，其润湿性的差异也会很大。

2.1.4 盆地深部流体与流体活动

作为物质和能量传输的重要载体，水在盆地内发生的各种地质活动过程中扮演着十分重要的角色。在盆地深层，水的流动及与外界的交换似乎已非常困难，因而来自盆地基底之下的地壳甚至地幔的深部流体对于油气成藏也就具有十分重要的意义，深部流体直接参与成藏过程的证据也很常见。

深部流体不仅带来了有机质热演化所需的热能，还带来一些沉积盆地内含量较少的物质，如氢、钒、铬等。深部热流体进入盆地可以快速提高相关地层温度，促进烃源岩生烃，并可能传递超压，促进烃源岩排烃。在盆地深层有机质热演化程度较高，生烃母质多富碳贫氢，深部富氢流体的介入则有可能促进烃源岩大量生烃。富 CO_2 的深部流体沿深大断裂进入盆地，对原已致密的储层加以改造，产生次生孔隙，形成具有较高孔渗物性的优质深埋改造型储集体，为深层条件的油气运移提供通道和储集空间。

下地壳－上地幔温压条件下可以形成和保存相当丰富的无机成因烃类，从成藏条件来讲，这些烃类最有可能随着深部流体进入盆地深层而形成气藏。此外，富含 CO_2、He 等气体的深部流体也最有可能在盆地深层合适的部位富集，形成重要的天然气资源。

2.2 深层成藏的基本要素与作用

2.2.1 深层烃源与供烃条件

深层油气的来源多种多样，包括了原油裂解、古油气藏溢出／破坏、再次生烃、他源供烃等种种可能。近年来的研究表明，深层烃源岩在较高的热演化阶段仍具有相当大的成烃潜力，即使在 R_o 值为 2.4% 时，生成的油并没有全部裂解成甲烷气，甚至仍以油为主。深层烃源岩经历多期生烃、停滞和再生烃的过程，仍可形成二次生烃高峰。研究发现，烃源岩中滞留烃量高达 40% ~ 60%，在运移通道和调整改造的古油藏中也存在大量散失的可溶有机质，这些液态烃裂解成气的最佳时机为 $-R_o$ 值 1.6% ~ 3.2%，产气量是等量干酪根的数倍。模拟实验和动力学计算表明，原油裂解温度受升温速率控制，在地质体中其完全裂解温度大约在 170 ~ 200℃之间。因而，在深层高－过成熟阶段，规模性的油气物质来源仍然有保障，深层油气勘探勘探潜力巨大。

2.2.2 深层储层特征与有效性

深层－超深层条件下仍可保存或形成良好储层，储层有效性似乎与深度无关。盆地深层储层往往经历过长时间多种地质因素的作用与改造，经历过多期次复杂的有机－无机流体活动，发生过多期次油气充注，成岩和成藏过程非常复杂。储层孔渗物性随深度增加趋向变低。但勘探实践发现深层－超深层条件下储层仍可保存或形成良好物性，表现出强烈的非均质特征，储层有效性似乎与深度无关。但总体而言，向盆地深处，油气可以进入孔渗物性更小些的储层，且在相同条件下，油气总是在储层中物性相对较好的部分运聚（图 2）。

从油气成藏角度，那些在成藏事件发生时油气可以进入其中发生运移、聚集的岩石才是有效储层。因而储层的有效性取决于油气运聚成藏期温压条件下的储层物性、流体性态与油气运移动力间的关系，而与深度没有直接的关系。深部优质碎屑岩储层的形成受其所处的大地构造背景、古地温、古沉积条件、溶蚀作用等多种因素控制；深埋碳酸盐岩储层中原生孔隙几乎消失殆尽，储集空间以次生孔隙、裂缝和溶洞构成的复合系统为主；相对于深层碳酸盐岩和碎屑岩储层而言，火山岩储集体的基质骨架支撑作用强，埋藏深度对火山岩储层物性影响较小，但由于孔、洞的大小和分布极不均一，储集空间的连通性较差，造成火山岩储集体物性变化大，表现出更强烈的非均质性。

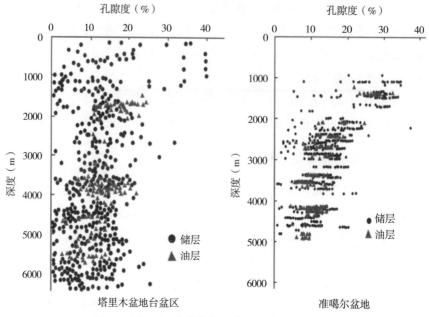

图2　实际观测获得的储层孔隙度随埋深的变化

2.2.3　深层盖层封闭性与有效性

深层盖层对大油气田的形成至关重要，主要有泥页岩盖层、蒸发岩盖层和碳酸盐岩盖层，毛细管封闭和水力封闭是主要封闭机理。利用2012年IHS数据库对世界2478个深层油气田盖层发育特征进行的统计发现，深层盖层从寒武系到第四系均有分布。从岩石类型看，泥页岩盖层占82.1%、蒸发岩盖层占5.9%、碳酸盐岩盖层占6.8%，区域性盖层控制着油气聚集。深层条件下，毛细管封闭机理和水力封闭机理仍是盖层最主要的两种封闭机理。由于油－水界面张力和气－水界面张力随着温度增加而降低的速率不同，使深层盖层对油和气的封闭能力和演化规律具有明显差异。压力、温度和活性较强的极性化合物等往往可能导致深层盖层局部由水润湿变为油润湿，减小了盖层毛细管压力，从而形成不连续的微渗漏空间。在盆地深层的温压和成岩条件下，若泥岩层不存在异常压力，则脆性增强，在构造作用下形成断裂和裂缝都有可能导致盖层完整性的破坏。

2.2.4　深层圈闭的类型及特征

目前发现的深层含油气圈闭主要为构造圈闭，其次为复合圈闭和岩性地层圈闭。深层构造圈闭广泛发育于前陆盆地、被动陆缘盆地和裂谷盆地，构造圈闭的形成多与盐岩、泥岩滑脱相关。深层地层圈闭受沉积、成岩的影响，成岩改造强烈。其中，碳酸盐岩地层圈闭主要受白云岩化、溶蚀和TSR（硫酸盐热化学还原反应）等作用的影响；碎屑岩地层圈闭则受绿泥石薄膜、溶蚀作用、早期油气充注、异常高压和矿物组成等的影响；火成岩地层圈闭储集层内常发育风化壳溶蚀孔、气孔和收缩缝等。深层复合圈闭则受地层、构造和水动力等多因素影响。

2.2.5 深部断层对于油气成藏的作用

深部断层和裂缝控制深层油气圈闭的形成和优势运移通道，直接影响油藏的形成和分布。根据 IHS 数据库和对我国深层油气藏的统计，60% 深层油气藏受断裂控制。前陆冲断带逆冲断裂和裂陷盆地张性断裂相关褶皱为深层油气聚集提供了有利的圈闭条件。致密储层内断裂带内部结构整体由断层角砾岩、断层泥构成的"断层核"和由裂缝切割围岩形成的"破碎带"构成，断裂伴生裂缝有效改造储层，断层角砾岩和破碎带渗透率比母岩高 1 ~ 6 个数量级，因此也是油气垂向优势运移通道。

2.3 深层油气成藏的机理与过程

2.3.1 深层条件下的油气运移与聚集

源 – 储及油藏之间的压力是深层油气运聚的主要动力，深埋成岩作用会对运聚的动力和阻力有所改变，但浮力仍起主导作用。因埋深大，深层储层更多地表现为低 – 超低孔渗的物性特征，成岩改造作用强烈，次生孔隙或裂缝是最主要的储集空间；有机质裂解、深部流体活动及构造应力的作用所造成的源 – 储之间、油气藏之间的高压力差可能成为更为重要的运移动力。但由于储层在长期的埋藏过程中受到的成岩改造也有可能造成油气运聚的动力和阻力发生重大的改变，在深层仍保持良好孔渗物性的储层中，浮力仍起主要作用，传统的成藏理论和方法仍然有效。

总体上，对于深层条件下的油气运移与聚集的认识还十分肤浅，目前多是在中浅层相关理论和认识的基础上推演获得，需要结合实际的深入研究，加以证实和总结。

2.3.2 深层油气成藏过程与调整改造

深层油气藏调整改造的过程和机制多种多样：①圈闭调整型油气藏，该类油气藏受后期的构造变动影响，导致了圈闭外部环境条件的改变；②组分变异型油气藏，该类油气藏主要是后期的地球化学组成特征发生了显著变化；③相态转换型油气藏，该类油气藏形成后的相态随油气藏的温压条件、介质环境和烃类组分性质等的不同而改变；④规模变异型油气藏，由于构造变动，导致了油气逸散，规模较大的油气藏经调整改造后规模变小。

2.3.3 深层油气藏保存、破坏与再次供烃

盆地深层在复杂而漫长的盆地演化过程中往往经历了更多导致已聚集油气藏破坏的过程。深层油气藏的破坏形式多样，盖层因为各种地质作用产生断裂裂缝而失效、地层的构造变形和上覆地层的剥蚀抬升都可能造成已聚集油气散失，而上覆地层的持续增加使得深层地层埋藏更深也会造成聚集的油气藏发生原油热裂解、烃类体积大幅增加而突破地下圈闭的溢出条件。此外，来自更深处的流体的加入也可能造成深层油气藏的化学成分变化，使得一部分油气散失。

在盆地深层，这些因油气藏发生破坏从古油气藏溢出或热裂解成气的烃类，都比中浅层更有机会在逸散过程中遇到新的圈闭条件再次聚集成藏。

2.3.4 深层油气成藏过程的叠加复合

深层油气藏由于经历了多期的构造变动以及多期的生排烃，油气成藏呈现多期次复合和多过程改造的特征，主要包括深成油气藏和深埋油气藏两类。深成油气藏指在深部地质条件下形成的油气藏，深埋油气藏指油气藏在浅部形成后埋藏到深部经改造的油气藏。深成油气藏成藏过程相对较单一，属于晚期成藏。而深埋油气藏成藏过程较为复杂，包括致密油气藏和改造型油气藏。致密油气藏属于多期次复合成藏，如鄂尔多斯致密气藏，早期在中–浅层，储层孔渗较高，形成常规气藏，晚期经过深埋后，由于储层变得致密，变为致密气藏。改造型油气藏属于多过程改造油气藏，如塔里木盆地塔中奥陶系碳酸盐岩凝析气藏，早期在中–浅层形成碳酸盐岩油藏，中期由于构造变动，使得早期形成的油气藏经历了调整改造与破坏的过程，晚期由于温压较高，原油开始裂解成气，对早期形成的油藏进行气侵改造，形成了现今的凝析气藏。

2.4 深层油气成藏研究的技术与方法

深层油气形成条件严苛、复杂，历经多期多动力学环境的调整改造，对其研究困难重重。需要定量的测试技术和分析方法，解决定源、定时、定路、定量等动力学基本问题。目前取得进展的深层成藏研究技术主要集中在成藏年代学分析技术和油气源对比与示踪技术方面。

2.4.1 深层油气成藏年代学分析技术

传统的成藏年代学方法主要是定性地判断油气运聚成藏的相对时间，如生排烃史法、圈闭形成时间法、饱和压力–露点压力法、油藏地球化学法、有机岩石学法、油气水界面追溯法和流体包裹体均一温度–埋藏史投影法。目前，这些方法仍然是深层油气成藏研究的最基本的方法，为其他可能更为"准确"的定年方法提供了最为基本的约束。

2.4.1.1 包裹体定年法

依据储层成岩矿物和裂纹捕获的烃类包裹体产状、荧光颜色、均一温度以及与烃类包裹体同期的盐水包裹体均一温度、盐度系统检测，划分油气充注期次，将这些数据"投影"到标有等温线的埋藏史图上，即可获得各期油气充注的年龄。这是当前应用最多、也最为简便的油气成藏年代学的方法，但因在埋藏史获得和包裹体测试两方面均存在不确定性，其结果可靠性仍有争议。

2.4.1.2 发射性同位素定年法

近二十多年来，随着对油气运聚成藏动力学研究的需要，人们提出了多种放射性同位素直接测年的方法，通过测量原油、沥青和干酪根中微量金属 U–Pb、Pb–Pb、Rb–Sr、Sm–Nd 和 Re–Os 等蜕变体系的各种同位素含量，或者测量自生钾长石和伊利石等矿物中 K/Ar 和 Ar/Ar 放射性元素量及比例等，分析获得油气在储层中的充注时间。但这些方法也存在着系统在地质历史中如何保持封闭性、样品提纯和分离、多期成岩作用中的矿物转变等问题。

2.4.1.3　多方法综合应用定年

近年来的定年方法发展趋势是多种方法的综合运用，如将流体包裹体与高空间分辨的 UV 激光剥蚀自生钾长石 Ar-Ar 定年结合方法，获得温度 - 成分 - 时间数据来约束流体流动过程，从而有可能在较高可信度上实现对不同期次（含烃）流体活动的定年；激光显微探针与 $^{40}Ar/^{39}Ar$ 法的结合，形成了微区微量高精度高分辨率定年技术。储层沥青铼 - 锇（Re-Os）同位素方法在油气成藏年代学的应用取得突破性进展，不仅可以精确厘定油气运移和充注时间，还能够有效示踪油气来源，因而适合于盆地深层的油气成藏过程分析。

2.4.2　深层油气源对比与示踪技术

烃源是油气成藏过程的起始点，决定了成藏的物质基础，油气源对比与示踪是成藏研究的基础需求。在中低成熟度条件下，生烃母质成油气过程中通常保持较好的母质继承性、热力学分馏和同位素累积效应，这也成为利用元素、分子和同位素示踪和定年技术进行油气成藏过程示踪研究的重要线索。但在盆地深层，烃源岩成熟度普遍较高，已经过了主力生烃阶段，而以原油、沥青等形式存在的再生烃源起重要作用，形成了多种烃源并存、连续或叠置生烃的特征，加之高过成熟阶段普遍发生的有机质裂解作用，使得油气分子和同位素组成发生了显著变化，大量的地球化学参数失去了指示效能。在这种条件下辨识烃源、追踪运移过程无疑困难极大。

最近的研究发现，较高成熟度油气主要组分的碳同位素组成仍很大程度上保持着母质继承性和热力学分馏效应。对于深层多期多源成藏导致的油气混合，可以利用油藏储层孔隙、喉道及包裹体中正构烷烃单体烃碳同位素来分析原油的混源特性，并估算不同烃源的贡献；利用有机质同位素继承效应对烃源岩、储集岩进行酸解气、脱附气碳同位素研究，并与相应天然气进行对比，则是气源对比的重要手段。

利用无机体系的微量元素、放射性同位素与稀有气体及其同位素也是深层油气源对比及运移示踪的重要方向。幔源物质以富 ^3He 和 ^{40}Ar 为特征，随幔源物质的增加，天然气中 $^3He/^4He$ 和 $^{40}Ar/^{36}Ar$ 比值增大，因而可以利用这种变化来确定壳幔物质交换过程和壳幔物质贡献比例，结合地质背景推断成藏过程。

3　国内外深层油气成藏地质学发展比较

深层勘探开发困难大、成本高。国外石油公司的目标是寻找巨大型油气田，一般不会在一个地区长期坚持，因而对于深层油气很少开展系统的研究。而我国西部盆地地温梯度普遍较低，油气资源埋藏深度也相应较大，而且油气探区的持有时间长、范围大，石油公司普遍重视系统的基础地质研究，以追求长远效益。因而我国在深层勘探方面工作多、发现多，研究也相对系统。

3.1 国外深层油气成藏地质学发展

3.1.1 国外深层油气勘探与发现

由于勘探程度和成本的原因,目前世界上深层发现的大油气田个数和储量均还较低。截至 2014 年底,全球共发现 1614 个埋深大于 4500 米的深层油气藏,主要分布于全球 108 个盆地,探明石油可采储量 115.5 亿吨、天然气 76 亿吨油当量,分别占全球油气总储量的 3.3% 和 3.2%。深层油气田主要发现于被动陆缘、前陆和克拉通盆地,油气总储量分别占深层总储量 55%、21% 和 18%。深层油气藏中 1349 个位于陆上,占 83.5%,表明目前深层油气勘探仍以陆上为主,海域勘探主要集中于墨西哥湾、南里海、埃及海域等地区。

目前已发现的深层油气田中,单体规模大者其储量贡献明显更高。储量大于 5 亿桶 (0.7 亿吨)的大油气田,深层有 45 个,探明石油可采储量 74 亿吨,天然气 46 亿吨当量,分别占深层油气总量的 65% 和 61%。

在世界范围内,已发现的深层油气田仍集中发现于 4500 ~ 5500 米,石油和天然气储量分别占深层油气总储量 80% 和 84%。这些油气田主要分布于中新生界,特别是白垩系和第三系,其中白垩系石油和天然气储量分别占深层油气总储量的 48% 和 24%。

从目前深层勘探形势来看,全球仅有 1/3 的盆地进行了深层油气勘探,仍有众多经历多期原型盆地演化、地层发育较全的盆地深层尚未进行勘探。未来深层的勘探方向主要位于克拉通盆地的古老油气系统及早期裂陷槽、前陆盆地的逆冲褶皱带、被动陆缘盆地的早期裂谷层序、三角洲盆地的下部层序以及经过长期暴露和风化剥蚀的基岩潜山等领域。

3.1.2 国外深层油气成藏相关研究突破

国外早就认识到深层油气巨大的勘探潜力,并提出了一系列综合运用构造学、沉积学、地球化学方法的成藏流体历史研究的新方法。前苏联学者早就提出埋深大于 4500 米的盆地深层具有巨大的油气潜力,大部分盆地中"生烃窗"可从 3 ~ 6 千米下延至 8 ~ 17 千米,油气藏也同样向深处下延。针对深部油气藏形成过程复杂、多期成藏 – 成岩作用交互发生的事实,近些年来的国际地质流体大会将沉积盆地和造山带流体流动和流体 – 岩石相互作用的定年列为一个重要主题,提出了根据化学再磁化作用确定与有机质成熟作用相关的烃源岩成岩过程的绝对年龄、运用放射性同位素(K–Ar)和稳定同位素(δ^{18}O)并结合埋藏史分析确定断层排替和流体运动的时间、根据自生钾长石和伊利石 K–Ar 校正年龄确定水 – 岩相互作用的时间、运用沉积学和地球化学方法结合埋藏事件综合确定流体历史的一系列新方法。

深部有效储层的发育与岩石成分、酸性流体、超压发育、黏土包膜等地质因素有关。砂岩储层在深埋成岩过程中,部分原生孔隙可以被保存下来,前提条件是原始沉积物富含抗压实的刚性颗粒、少量塑性岩屑和泥质杂基及较好的颗粒分选磨圆性。石油在生成和运移过程中产生的 CO_2 及有机酸的注入会导致白云石、铁白云石以及铝硅酸盐的溶蚀,从而改善储层储集物性，而同时形成的水铝英石、伊利石、高岭石的沉淀会在一定程度上填充孔隙，大大降低储层的渗透率。盆地深层异常高流体压力带内往往存在物性良好的储层，其原因应该是超压可部分抵消压实作用，并代表了与外界流体和物质隔绝的环境。深层岩石颗粒表面润湿性改变主要受到孔隙流体性质、水相离子、pH 值及温压条件的影响；沥青质和一些极性分子容易吸附在岩石表面，从而改变岩石表面的润湿性质、降低储层含水饱和度及孔隙水相对流动速度，影响了石英胶结作用的发生。

盆地深层经历多期埋藏 – 抬升改造过程，盖层封闭能力动态演化过程决定封闭有效性和深层油气勘探潜力。抬升过程中，伴随应力释放和围压减小，盖层易于产生裂缝而失效。基于盖层封闭能力动态演化过程来确定有效盖层分布、研究深层盖层有效性保持的机制和条件是当前深层油气成藏与保存研究的主要方向。

3.2　国内深层油气成藏地质学发展

与国外的研究相比，我国的深层成藏研究更多的是在吸收国外新理论认识的基础上，分析和总结我国近年来在盆地深层油气勘探领域取得的重要突破，提出对深层油气成藏的总体认识和模式。

3.2.1　对已发现深层油气藏的成藏模式总结

总结我国深层 – 超深层最新油气勘探进展，按勘探领域大致可以划分出四类深层 – 超深层成藏组合模式。

3.2.1.1　前陆盆地领域 – 陆相偏腐殖型烃源岩控制前陆同生型凝析气成藏模式

以塔里木盆地库车拗陷的发现与认识最为典型。库车拗陷山前深层具有独特的成藏条件：偏煤系烃源岩、陆相砂岩储集层、膏盐岩盖层、背斜构造圈闭、高温高压下凝析气形成环境。前陆构造带挤压变形过程中深层地层发生分层收缩变形，塑性层之上的刚性地层发生褶皱冲断并大幅抬升，形成类似"屋脊状"的构造，在深层条件下保持了良好油气储集空间，天然气沿多级多尺度断 – 缝网络输导体系持续强充注，油气始终在屋脊之下的构造带内局限调整，导致大范围叠置连片分布，整体富集。

3.2.1.2　碳酸盐岩领域 – 海相腐泥型烃源岩控制台盆区古隆起天然气成藏模式

近期我国海相碳酸盐岩深层领域的勘探和研究取得重要进展。塔里木盆地塔北 – 塔中奥陶系不断扩大，寒武系白云岩获得新发现；四川盆地寒武系发现安岳大气田，震旦系获得新突破；鄂尔多斯盆地奥陶系靖边气田不断扩大，在东西两个方向均获得新发现。围绕这些地区各自独特的石油地质条件提出了相对独立的深层 – 超深层成藏组合模式。

（1）塔里木盆地塔北、塔中隆起深层 – 海相腐泥型烃源岩控制台盆区气侵型凝析油气藏成藏模式。油气有效成藏受油源断裂与层间顺层岩溶发育程度控制，层间岩溶储层及羽状断裂破碎带控制油气富集。油气藏受多期构造影响，表现为多期充注，晚期气侵凝析气藏特点，形成不整合岩溶储集体控制的碳酸盐岩缝洞型准层状凝析气藏，海相腐泥型烃源岩在成熟阶段以生油为主、高 – 过成熟阶段以原油裂解气为主，晚期形成的裂解气进入油藏发生气侵改造作用形成凝析气藏成藏组合。

（2）四川盆地深层－海相腐泥型烃源岩控制台盆区源内、近源古隆起天然气成藏模式。海相碳酸盐岩台盆区古隆起高部位寒武系烃源岩与灯影组优质储层侧向对接，源储匹配良好，有利于油气近源侧向运聚成藏；大型鼻状构造背景上的岩性气藏表现为下生上储、上生下储、不整合输导、侧向与直接膏盐封盖、构造控藏、古油藏裂解气原位高效聚集的成藏特点。

（3）鄂尔多斯盆地深层－海相腐泥型烃源岩控制台盆区风化壳层间岩溶天然气成藏模式。马家沟组五段台坪相带藻屑滩白云岩储集体发育－准层状大面积分布，浅埋藏混合水云化作用控制了白云岩储层横向展布，与风化壳之上的上古生界煤系烃源岩直接接触，天然气沿不整合面及古沟槽垂向或侧向运移，构成良好成藏匹配条件。天然气藏具有不整合输导、风化壳层状白云岩岩溶、上倾方向岩性遮挡、膏泥岩封盖、上古气源侧向运移、干气聚集等成藏特点。

3.2.1.3 火山岩领域－陆相断陷腐殖型烃源岩控制源内晚期天然气成藏模式

松辽盆地深部断陷下组合可以作为火山岩天然气成藏模式的典型。松辽盆地具有"上坳下断"二元结构特征，深部每个断陷都形成一个独立的油气系统，天然气成藏主要发育于松辽盆地深层断陷下组合，天然气均为源内近源成藏，火山机构与火山旋回、不整合风化壳控制成藏；火山旋回、沉积间断界面控制作用显著形成火山岩岩性气藏与砂砾岩致密气藏。气藏主要围绕生烃中心附近、沿断裂分布，属近源成藏，受岩相岩性、生烃中心、供烃断裂控制；气藏多位于火山喷发旋回顶部，受火山机构与火山旋回不整合界面控制；具有"多期连续、晚期成藏、晚期保存"特点。

3.2.1.4 潜山领域－陆相断陷腐泥型烃源岩控制源内潜山成藏模式

渤海湾盆地深层潜山具有典型性。渤海湾盆地为新生代沉积盆地，古近系沙河街组与东营组油页岩与暗色泥质为有效烃源岩，克拉通结晶基底、沉积盖层为储集层，基底风化壳泥岩为盖层；主要构成新生古储油气藏。深层潜山油气藏成藏主要受"生油窗"高度与生油强度控制，均为源内成藏，古近系优质烃源岩生油与供油"窗口"控制潜山含油性及含油幅度；优势岩性是造就潜山油藏分段发育内幕油藏的基础，顶部可形成风化壳构造、构造－岩性油藏，潜山内部可形成潜山内幕岩性油藏；异常高压发育的潜山油气富集。古凸起构造背景、紧邻高效烃源中心、良好的古潜山风化壳储层溶蚀改造是其有效成藏关键，主要形成陆相断陷腐泥型烃源岩控制源内潜山成藏组合模式；油气藏具有古潜山构造控藏、储集岩性多样、异常高压、高产特点。

3.2.2 对深层条件下油气成藏机制与过程的探索

3.2.2.1 深层碳酸盐岩油气成藏机制与过程

深层碳酸盐岩层系中的油气成藏受古老海相烃源岩晚期规模生烃与规模运移范围的控制，顺层、层间岩溶和热液溶蚀、白云石化作用多期次叠加改造，古隆起围斜区及台缘带广泛发育地层、岩性圈闭群，断裂与不整合构成的油气输导格架的有效性受到多种地质作用的影响，至少发育 3 种类型大面积成藏模式：

（1）隆起斜坡区岩溶储层似层状大面积成藏模式，受隆起斜坡带区似层状岩溶储层控制，油气成藏经历了"浮力蓄能、裂缝疏导、洞－缝搭配控相、幕式充注、阶梯式运聚"过程，形成的油气藏以地层型油气藏为主，具有似层状大面积分布的特点。

（2）古潜山风化壳岩溶储层倒灌式大面积成藏模式，受古潜山风化壳岩溶储层控制，上覆烃源岩形成的油气在源－储压力差作用下向下运移，形成的油气藏以地层型油气藏为主，具有沿侵蚀基准面呈薄层状大面积分布的特点。

（3）礁滩储层大范围成藏模式，烃源岩排出的油气以断层、不整合为运移通道，侧向运移、垂向运移并存，形成的油气藏以岩性油气藏为主，呈带状大范围分布。

根据碳酸盐岩压实研究的认识，埋深 3500 米的碳酸盐岩孔隙度不到 3%，基本不具备勘探价值。随着盆地深层碳酸盐岩地层中取得重大油气突破，发现深层条件下碳酸盐岩优质储层仍很发育，在地表岩溶、白云岩化、鲕粒和团粒滩、生物礁、微孔隙储层及微裂缝等多种类型的储层中均有规模油气发现。

3.2.2.2 深层碎屑岩油气成藏机制与过程

深层碎屑岩储层的结构性强非均质性形成的微观网络系统控制油气运聚单元分布与成藏。

油气往往在物性相对好的储层中聚集。对于深层油气藏储层含油气性及其与孔渗物性关系的分析发现，盆地深层低渗储层岩性和物性普遍具有强烈的非均质性特征，油气往往聚集在储层中物性相对较好的部分。宏观上表现为油气藏内物性较好的油气层被不同尺度致密岩层分隔的现象，储层内不同组成部分的岩石矿物组成、成岩作用及演化的差异性显著。致密隔夹层一般是泥质岩、富含软岩屑的砂岩和强烈胶结的砂（砾）岩。

深层结构性非均质性的深部储层／输导层中，流体流动受到网状隔夹层空间结构的影响和限制，油气的运移路径形态和聚集样式与宏观均匀储层截然不同。油气将逐个在众多的分隔单元中发生运移和聚集，侧向运移路径的非均质性更加突出；油气能够在相互连通的分隔单元中形成若干个独立的小油气藏，每个油气藏的油气水关系受控于分隔层开启的位置；同时，储层中一些缺少有效通道沟通的孤立分隔单元，可能形成从来没有发生油气运移和聚集的水层；储层宏观上形成油水同层、含油饱和度差异极大的特点，甚至油水界面大幅度倾斜的特殊现象，油气聚集也不完全受圈闭范围的控制。

近年来研究表明，盆地深层储层结构性非均质性控制下的油气运聚过程具有普遍性和重要性。该运聚成藏模式在我国西部塔里木盆地、准噶尔盆地、鄂尔多斯盆地和东部的渤海湾盆地均已经得到了证实，并有效地指导了深层的油气勘探和开发部署。

3.2.2.3 深层火山岩油气成藏机制与过程

我国火山岩油气藏主要发育在准噶尔盆地晚古生代和东部盆地中生代，与风化壳相关的多类储集体控制火山岩油气藏的类型与分布。储层多为低孔特低渗火山岩储层，岩相变化、不整合面或火山旋回界面控制优质储层的形成，火山通道相和爆发相是有利的储集相带，火山喷发后间歇期近地表风化淋滤作用形成优质储层，最大间歇期形成的大型不整合面附近优质储层厚度最大，油气最富集。油气沿断裂和多期火山喷发旋回顶界面形成的风化壳构成"断-壳"有利的输导体系运移，天然气垂向运移后再沿风化壳侧向运移，多数在火山口聚集成藏。同一构造带发育多层多种类型火山岩油气藏，每层风化壳均可形成油气藏，构造-岩性和岩性油气藏在同一构造带共存。

3.2.2.4 深层油气复合成藏模式与油气分布规律

基于含油气盆地深层存在的浮力成藏下限、油气成藏底限和油气生成底限，可将含油气盆地划分为三个动力场，即自由流体动力场，局限流体动力场和束缚流体动力场。3个动力场地层内发育不同类型的油气藏，具有特征各异的分布规律。

（1）自由流体动力场地层内，浮力对油气运移和聚集起主导作用，形成常规油气藏。油气分布具有以下3个方面的基本特征：①高点汇聚、高位封盖、高孔富集、高压成藏；②油气分布面积小、油气储量规模小；③含油气目的层与烃源岩层分离。常规油气藏的运聚动力以浮力为主，主控因素为烃源灶、区域盖层、沉积相和低势区。

（2）局限流体动力场地层内油气藏分布比较复杂，可分为局限流体动力场构造稳定区和局限流体动力场构造较活动区。①在局限流体动力场构造稳定区地层内，浮力不能对油气运移和聚集起主导作用，介质内部之间的毛细管力差、分子体积膨胀力、有机网络中烃浓度差产生的扩散作用都是油气运聚成藏的主要动力，主要形成致密油气藏，可分为4个亚类油气藏：致密常规油气藏，致密深盆油气藏，致密复合油气藏和原生致密油气藏。②在局限流体动力场构造较活动区地层内，致密储层受到构造应力的改造或地流体的溶蚀，产生裂缝或溶洞，形成局部高渗储层，主要形成改造类油气藏，可以分为三个亚类油气藏：改造型裂缝油气藏；改造型溶洞油气藏；改造型缝洞油气藏，它们的储层介质致密，但局部地区孔隙度和渗透性好，油气藏显示出常规油气藏的地质特征，具有沿断裂、不整合面、溶洞分布的特点。

（3）束缚流体动力场主要位于盆地最深层，它们之中的油气都是早前聚集和保存下来的，由于在此阶段目的层埋深较大、孔渗非常小、地层能量缺少，勘探和开发油气风险大。

4 深层油气成藏地质学发展趋势与对策

综合已有的工作与认识，可以将深层油气成藏地质学最为根本的科学问题归结为"盆地深层温、压、流体性质、相态条件下的油气运移通道和储集空间形成演化过程及对应的流体动力条件"。深层油气地质条件的非均质性对于油气成藏的重要性越发突出，定性分析与概率统计的风险增加，对于成藏过程的定量动力学研究势在必行。

4.1 盆地深层-超深层温-压体制与演化过程

目前对于深层温压场的研究往往是以静态的、定性的推理研究为主，真正能够经得起实际资料和定量方法检验的研究工作并不多，盆地深层－超深层有效的古地温分析技术和异常高压的成因机制等方面的认识仍存在很大不确定性。深层经历了漫长的构造演化过程，古温标早期热记录被后期构造－热事件叠加改造，需要建立深层－超深层有效的古温标剖面，开展古温标热史反演的分析，科学厘定叠合盆地早期热历史，恢复构造－热演化过程。在压力场方面，需要总结深层流体压力分布规律，定量研究压力异常成因机制及其对压力异常空间分布的作用，恢复盆地不同时期流体压力场特征及其变化，确定其在深层－超深层油气运移、成藏、改造中的作用。

4.2　海相烃源岩形成富集环境

对于多期成藏改造的深层油气藏，原始烃源岩的确定和演化过程恢复则是研究认识油气成藏、调整、改造过程的关键点和着力点。我国含油气盆地大都经历了多期构造变革，位于盆地深层的海相原型盆地多已改造得面目全非，加之油气成藏过程复杂多变，不同来源、不同期次、不同类型的油气混合改造，仅靠目前能够获得的地球化学指标不能确定高成熟烃源岩性质的评价、有效区分油气来源，更难以理清其相互关系与演化过程，油源问题争论很大，影响到了深层油气勘探方向的决定和勘探目标的确定。

在当前不能直接钻遇实际烃源岩、获得岩心样品的条件下，盆地深层油气成藏研究应更加关注那些富有机质的烃源岩，通过盆地深层海相原型盆地恢复、重建古构造背景控制下古地理环境，借助前人对于不同时期、不同类型海洋强生物生产力与有利埋藏环境的研究认识，从全球构造和全球气候变化的角度探讨盆地富有机质烃源岩的聚集与沉积环境的关系、与盆地构造背景的关系、与全球古气候变化的关系、与全球性及区域性缺氧事件的关系，揭示盆地深层－超深层富有机质烃源岩发育的主控因素，建立深层－超深层富有机质烃源岩分布预测模型。

4.3　盆地深层－超深层条件下流体相态、性质及渗流机理

近期的地质发现和模拟实验结果表明，自然界中液态石油的保存深度要大于传统认识的深度。盆地深层 R_o 达到 3.0%、温度超过 300℃ 的条件下液态烃仍能存在，气态烃的温度上限可达 350℃。另外，油气藏的后期调整改造对烃类相态有重要的影响。热化学硫酸盐的还原反应（TSR 反应）对于碳酸盐岩储层内油气的改造非常明显，造成烃类分子向非烃类小分子转化；同时，蒸发分馏和气洗作用也会对油气相态产生影响。在深层凝析油气藏中，地层水对于凝析气体系相态的影响也不能忽视。CO_2 是深层有机热演化过程最为常见的伴生产物，相对于盆地深层，其达到临界状态的条件很低，在深层温压条件下基本处于超临界相态。

面对深层储层总体孔渗物性较差、非常规储层多的特征，需要发展高温高压条件下测试分析与分子动力学模拟等技术，研究认识盆地深层－超深层流体的物理化学性质与相态特征，分析流体成分的变化与温压场间的关系，认识深层油气藏油气相态特征及其随盆地

的演化过程。

4.4 盆地深层–超深层储层有效性与输导体系特征

将储集空间形成与油气运聚过程研究紧密结合，认识储层有效性及相关输导体系随深埋过程的演化，是深层–深层油气成藏研究的基础。

近年来的研究表明，非均质性不是随机的，而是受到了储层沉积作用及在埋藏过程中的成岩作用控制，表现出一定的结构性。在具有这样的结构性非均质性储层/输导层中的油气运移、聚集与宏观均匀储层中的差异很大，具有强非均质性，运移路径分布范围大。先前被油占据过的储层空间内成岩作用受到抑制、岩石颗粒表面润湿性受到改造，十分有利于后期油气的运移聚集，往往成为后期油气运移的提高和聚集的甜点。结构性非均质性储层/输导层中的成岩演化过程应该是今后深层油气成藏研究的重要内容。

4.5 盆地深层–超深层油气成藏动力学机制和过程

深层–超深层油气成藏的动力学条件和过程是深层–超深层油气勘探理论亟待解决的关键科学问题。从目前的研究认识来看，早期油气在储层中的充注是原生孔隙保存的最为有效和确定的机理，有可能在盆地深层形成规模性的有效储层，构成深层条件下油气得以有效运聚成藏的空间范围。今后的成藏研究应着力研究中浅层埋藏条件下曾发生过的原油运移聚集对储层深埋成岩过程的作用和影响，开展储层成岩动力学研究，认识储层的致密化过程，分析油气充注期次，理清储层成岩过程与油气充注关系，分析其对原生孔隙空间的保护作用效应，将储集空间形成与油气成藏过程紧密结合，统一认识有效储层形成保存与油气成藏的机制和过程。

4.6 发展盆地深层定量研究的方法

盆地深层油气成藏是地质历史时期中各种地质作用耦合的过程，定性的成藏地质要素分析和简单叠加都无法确定油气运聚的方向和空间分布，加之盆地深层的勘探程度很低，资料采集的成本高、数量少，定量的研究工作十分困难。这就需要发展盆地模拟技术，耦合盆地埋藏过程、三场演化、油气生成动力学及过程、储层成岩动力学、油气运聚动力学等，预测深–超深层油气运移和聚集的过程。

数值盆地模拟方法在深层条件下的应用还存在许多困难，主要有深层原型盆地恢复基础上的三维地质模型建立、深层盆地动力学边界条件与参数的确定、深层盆地演化过程恢复，特别是上覆地层中多期的沉积间断、抬升剥蚀的恢复等。此外，还需针对盆地深层的特殊地质条件，以低渗–特低渗储层油气成藏过程的研究为基础与核心，认识关键时期的成藏动力学条件，建立盆地深–超深层流体动力学条件分析–输导格架量化恢复及油气运聚成藏过程模拟方法，定量预测油气运移和聚集规律。

—— 参考文献 ——

［1］ Agosta F., Aydin A., 2006. Architecture and deformation mechanism of a basin-bounding normal fault in Mesozoic platform carbonates, central Italy. Journal of Structural Geology, 28（8）：1445–1467.

［2］ Ajdukiewicz J. M., Lander R. H., 2010. Sandstone reservoir quality prediction: The state of the art. AAPG Bulletin, 94（8）：1083.

［3］ Barclay S. A., Worden R. H., 2000., Effects of reservoir wettability on quartz cementation in oil fields. Quartz cementation in sandstones（Eds Worden R. H. & Morad S.）. Special Pubilication, 29: 103–117.

［4］ Bjørlykke K., 1994. Pore-water flow and mass transfer of solids in solution in sedimentary basins. in: Quantitative Diagenesis: Recent Developments and Applications to Reservoir Geology. Springer, 189–221.

［5］ Bloch S., Lander R. H., and Bonnell L., 2002. Anomalously high porosity and permeability in deeply buried sandstone reservoirs: Origin and predictability. AAPG Bulletin, 86（2）, 301–328.

［6］ Brandan M. T., 1992. Decompostion of fission-track grain age distributions. American Journal of Science, 292: 565–536.

［7］ Clauer N., Liewig N., Zwingmann H., 2012. Time-constrained illitization in gas-bearing Rotliegende（Permian）sandstones from northern Germany by illite potassium-argon dating. AAPG bulletin, 96（3）: 519–543.

［8］ Di Primio R. and Horsfield B., 2006. From petroleum-type organofacies to hydrocarbon phase prediction. AAPG Bulletin, 90, 1031–1058.

［9］ Dyman T. S., Crovelli R. A., Bartberger C. E., et al.,, 2000. Worldwide estimates of deep natural gas resources based on the US Geological Survey World Petroleum Assessment. Natural Resources Research, 11（3）: 207–218.

［10］ Ehrenberg S. N., and Nadeau P. H., 2005. Sandstone vs. carbonate petroleum reservoirs: A global perspective on porosity-depth and porosity-permeability relationships. AAPG Bulletin, 89（4）, 435–445.

［11］ Farley, K., 2000. Helium diffusion from apatite: General behavior as illustrated by Durango fluorapatite: Journal of Geophysical Research-Solid Earth, 105（B2）: 2903–2914.

［12］ Feng Z. Q., 2008. Volcanic rocks as prolific gas reservoir: A case study from the Qingshen gas field in the Songliao Basin, NE China. Marine and Petroleum Geology, 25（4–5）: 416–432.

［13］ Gale J. F. W., Laubach S. E., Olson J. E., et al., 2014. Natural fractures in shale: A review and new observations. AAPG Bulletin, 98（11）: 2165–2216.

［14］ Gluyas J, Oxtoby N H., 1995. Diagenesis；a short（2 million year）story；Miocene sandstones of central Sumatra, Indonesia. Journal of Sedimentary Research, 65（3a）: 513–521.

［15］ Gudmundsson A., Simmenes T. H., Larsen B., et al., 2010. Effects of internal structure and local stresses on fracture propagation, deflection, and arrest in fault zones. Journal of Structural Geology, 32（11）: 1643–1655.

［16］ Hamilton P. J., Kelley S., Fallick A. E., 1989. K-Ar dating of illite in hydrocarbon reservoirs. Clay Minerals, 24（2）: 215–231.

［17］ Hao F. , Sun Y. C. , Li S. T, et.al., 1995. Overpressure Retardation of Organic-Matter Maturation and Petroleum Generation: A Case Study from the Yinggehai and Qiongdongnan Basins, South China Sea1. AAPG Bulletin, 79（4）: 551–562

［18］ Ingram G. M., Urai J. L., Naylor M. A., 1997. Sealing processes and top seal assessment . In: Norwegian Petroleum Society Special Publications.

［19］ Ingram G. M., Urai J. L., 1999. Top-seal leakage through faults and fractures: the role of mudrock properties. Geological Society, London, Special Publications, 158（1）: 125–135.

［20］ Jarvie, D. M. , Hill R. J., Ruble T. E., et al., 2007. Unconventional shale-gas systems: The Mississippian Barnett Shale of north-central Texas as one model for thermogenic shale-gas assessment: AAPG Bulletin, 91（4）:475-499.

［21］ Jin Z., Yuan Y., Sun D., et al., 2014. Models for dynamic evaluation of mudstone/shale cap rocks and their applications in the Lower Paleozoic sequences, Sichuan Basin, SW China. Marine and Petroleum Geology, 49: 121-128.

［22］ Luo R. L. and Vasseur G., 2015. Overpressure dissipation mechanisms in sedimentary sections consisting of alternating mud-sand layers. Marine and Petroleum geology, submitted.

［23］ Maast T. E., Jahren J., Bjørlykke K., 2011. Diagenetic controls on reservoir quality in Middle to Upper Jurassic sandstones in the South Viking Graben, North Sea. AAPG Bulletin, 95（11）: 1883-1905.

［24］ Meulbroek P. , Lawrence C. , and Whelan J. K., 1998. Phase fractionation at South Island Block 330. Organic Geochemistry, 29: 223-239.

［25］ Meulbroek, P., 2002. Equations of state in exploration: Organic Geochemistry, 33:613-634.

［26］ Muhammad, Z. and D. N. Rao., 2001. Compositional Dependence of Reservoir Wettability. SPE International Symposium on Oilfield Chemistry. Houston, Texas.

［27］ Navon O. , Hutcheon I. D. , Rossman G. R. , et al., 1988. Mantle-derived fluids in diamond micro-inclusions. Nature, 335.

［28］ Neruchev S. G. , 何炜 ., 1989. 沉积盆地深层和超深层地带油气生成的定量模型 . 地质科技情报 , 4: 29-30.

［29］ Nygård R., Gutierrez M., Bratli R. K., et al., 2006. Brittle – ductile transition, shear failure and leakage in shales and mudrocks. Marine and Petroleum Geology, 23（2）: 201-212.

［30］ Parnell J., Swainbank J., 1990. Pb-Pb dating of hydrocarbon migration into bitumen-bearing ore deposit, North Wales. Geology, 18: 1028-1030.

［31］ Price L. C., 1993. Thermal stability of hydrocarbons in nature: limits, evidence, characteristics, and possible controls. Geochimica et Cosmochimica Acta, 57（14）: 3261-3280.

［32］ Reiners P. W., Farley K. A., 2004. Zircon（U-Th）/He thermochronometry: He diffusion and comparisons with 40Ar/39Ar dating. Geochimica et Cosmochimica Acta, 68（8）: 1857-1887.

［33］ Sayyouh M. H., Dahab A. S., Omar A. E., 1990. Effect of clay content on wettability of sandstone reservoirs . Journal of Petroleum science and Engineering, 4（2）: 119-125.

［34］ Muhammad, Z. and Rao D. N., 2001. Compositional dependence of reservoir wettability. SPE International Symposium on Oilfield Chemistry. Houston, Texas.

［35］ Schowalter, T. T., 1979. Mechanics of secondary hydrocarbon migration and entrapment. AAPG Bulletin, 63（5）: 723-760.

［36］ Selby D, Creasera R. A., 2003. Re-Os geochronology of organic rich sediments: an evaluation of organic matter analysis methods. Chemical Geology, 200: 225-240.

［37］ Suppe J., 1983. Geometry and kinematics of fault-bend folding. American Journal of science,（283）: 684-721.

［38］ Surdam R. C., Crossey L. J., Hagen E. S., et al., 1989. Organic-inorganic and sandstone diagenesis. AAPG Bulletin, 73（1）: 1-23.

［39］ Swarbrick R. E., Osborne M. J., 1998. Mechanisms that generate abnormal pressures: an overview. In: Law B. E., Ulmishek G. F., Slavin V. I., ed. Abnormal pressures in hydrocarbon environments（AAPG Memoir 70）. Tulsa: American Association of Petroleum Geologists, 13-34.

［40］ Taylor T. R., Giles M. R., Hathon L. A., et al., 2010. Sandstone diagenesis and reservoir quality prediction: Models, myths, and reality. AAPG Bulletin, 94（8）: 1093-1132.

［41］ Teige G. M. G., Hermanrud C., Thomas W. H., et al., 2005. Capillary resistance and trapping of hydrocarbons: a laboratory experiment. Petroleum Geoscience, 11（2）: 125-129.

［42］ Tweheyo M T, Holt T, Torsæter O., 1999. An experimental study of the relationship between wettability and oil production characteristics. Journal of Petroleum Science and Engineering, 24（2）: 179–188.

［43］Walderhaug O., Bjørkum P. A., Aase N. E., 2006. Kaolin–Coating of Stylolites, Effect on Quartz Cementation and General Implications for Dissolution at Mineral Interfaces. Journal of Sedimentary Research, 76（2）: 234–243.

［44］Waples D. W., 2000. The kinetics of in–reservoir oil destruction and gas formation: Constraints from experimental and empirical data, and from thermodynamics. Organic Geochemistry, 31: 553–575

［45］Watts N. L., 1987. Theoretical aspects of cap–rock and fault seals for single–and two–phase hydrocarbon columns . Marine and Petroleum Geology, 4（4）: 274–307.

［46］Wilkinson M., Haszeldine R. S, Fallick A. E., 2006. Hydrocarbon filling and leakage history of a deep geopressured sandstone, Fulmar Formation, United Kingdom North Sea . AAPG Bulletin, 90（12）: 1945–1961.

［47］蔡长娥, 邱楠生, 徐少华. Re–Os 同位素测年法在油气成藏年代学的研究进展［J］. 地球科学进展, 2014, 29（12）:1362–1371.

［48］陈红汉. 油气成藏年代学研究进展［J］. 石油与天然气地质, 2007, 28（2）: 143–150.

［49］戴金星. 加强天然气地学研究 勘探更多大气田［J］. 天然气地球科学, 2003, 14（1）: 55.

［50］窦立荣. 蒂索的生烃模式在深层遇到挑战（Ⅰ）［J］. 石油勘探与开发, 2000, 27（2）: 42.

［51］范嘉松. 世界碳酸盐岩油气田的储层特征及其成藏的主要控制因素, 地学前缘（中国地质大学: 北京）, 2005, 12（3）:23–30.

［52］蔡希源. 塔里木盆地大中型油气藏成藏主控因素与分布规律［J］. 石油与天然气地质, 2007, 28（6）: 693–702.

［53］冯子辉, 印长海, 刘家军, 等. 中国东部原位火山岩油气藏的形成机制——以松辽盆地徐深气田为例［J］. 中国科学: 地球科学, 2014, 44（10）: 2221–2237.

［54］付晓飞, 平贵东, 范瑞东, 等. 三肇凹陷扶杨油层油气 "倒灌" 运聚成藏规律研究, 2009, 27（3）: 558–566.

［55］付晓飞, 沙威, 于丹, 等. 松辽盆地徐家围子断陷火山岩内断层侧向封闭性及与天然气成藏, 2010, 56（1）: 60–70.

［56］付晓飞, 袁红旗, 孙永河, 等. 火山岩内断裂带结构、封闭性及与油气运聚和保存的关系. 内部科研资料, 2014.

［57］高瑞祺, 蔡希源. 松辽盆地油气田形成条件与分布规律［M］. 北京: 石油工业出版社, 1997.

［58］耿新华, 耿安松, 熊永强, 等. 海相碳酸盐岩烃源岩热解动力学研究: 气液态产物演化特征［J］. 科学通报, 2006, 51（05）: 582–588.

［59］何登发, 贾承造, 李德生, 等. 塔里木多旋回叠合盆地的形成与演化［J］. 石油与天然气地质, 2005, 26（1）: 64–77.

［60］侯连华, 罗霞, 王京红, 等. 火山岩风化壳及油气地质意义——以新疆北部石炭系火山岩风化壳为例［J］. 石油勘探与开发, 2013, 40（3）: 257–274.

［61］胡才志, 张立宽, 罗晓容, 等. 准噶尔盆地莫西庄地区三工河组低渗储层成岩演化与油气充注过程研究［J］. 天然气地球科学, 特刊.

［62］金之钧, 杨雷, 曾溅辉, 等. 东营凹陷深部流体活动及其生烃效应初探［J］. 石油勘探与开发, 2002, 29（2）: 42–44.

［63］康玉柱. 再论塔里木古生代油气勘探潜力［J］. 石油与天然气地质, 2004, 25（5）: 479–483.

［64］李明诚. 地壳中的热流体活动与油气运移［J］. 地学前缘, 1995, 2（3–4）: 155–162.

［65］李明诚. 石油与天然气运移（第3版）［M］. 北京: 石油工业出版社, 2004.

［66］李素梅, 庞雄奇, 杨海军, 等. 塔里木盆地海相油气源与混源成藏模式［D］. 地球科学——中国地质大学学, 2010, 35（4）: 663–673.

［67］刘国勇, 张刘平, 金之钧. 深部流体活动对油气运移影响初探［J］. 石油实验地质, 2005, 27（3）: 269–275.

［68］刘文汇，王杰，陶成，等. 中国海相层系油气成藏年代学［J］. 天然气地球科学，2003，24（2）：199-209.

［69］刘文汇，王杰，腾格尔，等. 中国海相层系多元生烃及其示踪技术［J］. 石油学报，2012，32（2）：253-269.

［70］刘文汇，陈孟晋，关平，等. 天然气成藏过程的三元地球化学示踪体系［J］. 中国科学D辑，2007，37（7）：908-915.

［71］刘文汇，王杰，腾格尔，等. 中国南方海相层系天然气烃源新认识及其示踪体系［J］. 石油与天然气地质，2010，31（6）：819-825.

［72］罗晓容. 构造应力超压机制的定量分析［J］. 地球物理学报，2004，47（6）：1086-1093.

［73］罗晓容，张刘平，杨华，等. 鄂尔多斯盆地陇东地区长81段低渗油藏成藏过程研究［J］. 石油与天然气地质，2010，31（6）：770-778.

［74］马永生. 四川盆地普光超大型气田的形成机制［J］. 石油学报，2007，28（2）：9-21.

［75］马永生，蔡勋育，赵培荣，等. 深层超深层碳酸盐岩优质储层发育机理和"三元控储"模式——以四川普光气田为例［J］. 地质学报，2010，84（9）：1087-1094.

［76］庞雄奇，周新源，姜振学，等. 叠合盆地油气藏形成、演化与预测评价［J］. 地质学报，2012，86（1）：1-103.

［77］庞雄奇，姜振学，黄捍东，等. 叠复连续油气藏成因机制、发育模式及分布预测［J］. 石油学报，2014，35（5）：795-828.

［78］宋国奇，徐春华，王世虎，等. 胜利油区古生界地质特征及油气潜力［M］. 武汉：中国地质大学出版社，2000.

［79］孙龙德，方朝亮，李峰，等. 油气勘探开发中的沉积学创新与挑战［J］. 石油勘探与开发，2015，42（02）：129-136.

［80］孙龙德，邹才能，朱如凯，等. 中国深层油气形成，分布与潜力分析［J］. 石油勘探与开发，2013，40（6）：641-649.

［81］妥进才. 深层油气研究现状及进展［J］. 地球科学进展，2004，17（4）：565-571.

［82］汪集暘，胡圣标，庞忠和，等. 中国大陆干热岩地热资源潜力评估［J］. 科技导报，2012，30（32）：25-31.

［83］王璞珺，衣健，陈崇阳，等. 火山地层学与火山构架：以长白山火山为例［J］. 吉林大学学报：地球科学版，2013，43（2）：319-338.

［84］王先彬，欧阳自远，卓胜广，等. 蛇纹石化作用、非生物成因有机化合物与深部生命［J］. 中国科学：地球科学，2014，44（6）：1096-1104.

［85］王招明. 塔里木盆地库车拗陷克拉苏盐下深层大气田形成机制与富集规律［J］. 天然气地球科学，2014，25（02）：153-166.

［86］王震亮. 盆地流体动力学及油气运移研究进展［J］. 石油实验地质，2002，24（2）：99-105.

［87］徐永昌，沈平，陶明信，等. 东部油气区天然气中幔源挥发份的地球化学—Ⅰ. 氦资源的新类型：沉积壳层幔源氦的工业储集［J］. 中国科学D辑，1996，26（1）：1-8.

［88］徐永昌，沈平，刘文汇，等. 东部油气区天然气中幔源挥发份的地球化学—Ⅱ. 幔源挥发份中的氦、氩及碳化合物［J］. 中国科学D辑，1996，26（2）：187-192.

［89］岳伏生，郭彦如，李天顺，等. 成藏动力学系统的研究现状及发展趋向［J］. 地球科学进展，2003，18（1）：122-126.

［90］翟晓先，顾忆，钱一雄，等. 塔里木盆地塔深1井寒武系油气地球化学特征［J］. 石油实验地质，2007，29（4）：329-333.

［91］张博全，关振良，潘琳. 鄂尔多斯盆地碳酸盐岩压实作用［J］. 地球科学，1995，20（3）：299-305.

［92］张景廉，朱炳泉，张平中. Pb-Sr-Nd同位素体系在石油地球化学中的应用［J］. 地球科学进展，1997，

12（1）：58-61.

［93］ 张荣虎，杨海军，王俊鹏，等．库车拗陷超深层低孔致密砂岩储层形成机制与油气勘探意义［J］．石油学报，2014，35（6）：1057-1069.

［94］ 张水昌，朱光有，何坤．硫酸盐热化学还原作用对原油裂解成气和碳酸盐岩储层改造的影响及作用机制［J］．岩石学报，2011，27（3）：809-826.

［95］ 张水昌，朱光有，杨海军，等．塔里木盆地北部奥陶系油气相态及其成因分析［J］．岩石学报，2011，27（8）：2447-2460.

［96］ 张涛，闫相宾．塔里木盆地深层碳酸盐岩储层主控因素探讨［J］．石油与天然气地质，2007，28（6）：745-754.

［97］ 赵洪，罗晓容，肖中尧，等．塔里木盆地哈得逊油田东河砂岩隔夹层特征及其石油地质意义［J］．天然气地质科学，2014，25（6）：824-833.

［98］ 赵靖舟，李秀荣．晚期调整再成藏—塔里木盆地海相油气藏形成的一个重要特征［J］．新疆石油地质，2002，23（2）：89-93.

［99］ 赵文智，胡素云，刘伟，等．再论中国陆上深层海相碳酸盐岩油气地质特征与勘探前景［J］．天然气工业，2014，（04）：1-9.

［100］ 赵文智，朱光有，苏劲，等．中国海相油气多期充注与成藏聚集模式研究——以塔里木盆地轮古东地区为例［J］．岩石学报，2012，28（03）：709-721.

［101］ 赵文智，王兆云，何海清，等．中国海相碳酸盐岩烃源岩成气机理［J］．中国科学D辑-地球科学，2005，35（7）：638-648.

［102］ 赵文智，王兆云，王红军，等．再论有机质"接力生烃"的内涵与意义［J］．石油勘探与开发，2011，38（2）：129-135.

［103］ 钟大康，朱筱敏，王红军．中国深层优质碎屑岩储层特征与形成机理分析［J］．中国科学D辑：地球科学，2008，35（S1）：11-18.

［104］ 朱光有，张水昌．中国深层油气成藏条件与勘探潜力［J］．石油学报，2009，30（6）：793-802.

［105］ 邹才能，赵文智，贾承造．中国沉积盆地火山岩油气藏形成与分［J］．石油勘探与开发，2008，35（3）：57-272.

深层地球物理勘探技术发展研究

　　深层已经成为全球油气勘探开发的热点和现实领域，近十年来深层油气勘探取得的各项重大突破，绝大多数与钻井、地球物理勘探工程技术的进步密切相关。地球物理勘探技术是运用地球物理理论，采用人工激发地震波场或电磁场、天然的重力场、地磁场、地电场等方法，勘查地下地质构造或地质目标的空间分布和物理特征。它包括地震勘探、重力勘探、磁法勘探、电（磁）法勘探、放射性勘探和地球物理测井。

　　在深层油气勘探中，"深层"隐含地层相对古老、埋深大、高温高压环境，因此，深层油气勘探面临比常规油气勘探更复杂的问题。首先，我国深层勘探对象多为叠合盆地下部残留的古老层系，经历多期构造运动改造，地下构造复杂，岩溶作用强烈，原生孔隙多被封闭，次生孔隙和裂缝成为主要的储集空间，储层物性差，以天然气为主。地震勘探面临复杂构造成像、复杂储层预测和气藏识别的挑战，测井面临复杂岩性和含油气性识别、储层参数定量预测的难题。其次，勘探深度普遍大于现阶段油气资源勘探深度，东部地区埋深多大于 4500 米，中西部地区埋深多大于 6000 米。埋深大，地层压实程度高，物性差异小，地震反射能量弱，地震资料信噪比低，增加了地震构造成像和储层预测的复杂程度。高温高压极端环境制约了测井仪器的有效性。

　　因此，深层油气勘探在勘探策略和技术上与中浅层勘探存在差异。地球物理勘探技术描述对象处于现阶段油气勘探技术关注的"视野"边缘。首先，需要更具"穿透力"的信号采集技术，拓展探测深度，将深层目标纳入有效视野之内，使深层地质目标能够"探得到"；其次，需要更具"抗噪力"的信息处理技术，进一步提高重磁电、地震技术对深层地质体的成像精度，使深层地质目标能够"看得清"；第三，需要适应苛刻温度压力环境下的测试装置，确保在深层高温高压条件下测井仪器能够"下得去"，且有效工作，使深层地层参数能够"测得准"。

1 在深层油气勘探中的作用和地位

在油气勘探中，最直接的途径是钻探，由于钻探目标深埋在数千米地下，看不见，摸不着，在地表土、沙漠、沼泽和海洋覆盖地区选择钻探目标，像盲人摸象，风险极大，尤其是深层油气勘探，钻探成本更高、风险更大。地球物理勘探技术是人类透视地球的"眼睛"，它能够直接观测地下的地质目标，帮助落实构造和圈闭、预测储层和油气，对钻探目标进行评价，降低勘探风险和成本，油气勘探离不开地球物理勘探技术。

地球物理勘探技术是根据观测的地球物理数据，分析被探测对象同围岩存在的密度、磁性、电性和速度等物性差异，推断地下可能存在的地质构造、沉积体系、油气圈闭的空间展布。油气勘探大致可分为盆地勘探、区带勘探和油气田评价三个阶段。盆地勘探属于区域普查阶段，多采用重力、磁法、电法勘探技术，配合少量地震勘探手段划分划分盆地内区域构造单元、确定沉积凹陷，圈定二级构造带。在区带勘探阶段，多采用地震技术确定有利含油气构造和圈闭，为探井部署提供依据。在油气田评价阶段，主要应用三维地震、测井、地质和钻探资料，对油藏进行精细描述，估算油气储量，优化勘探和开发井部署方案。重磁电、地震和测井技术在油气发现中作用不同。

重磁电勘探技术是认识深层盆地格局、划分裂陷、锁定勘探区带的主要技术，它具有施工效率高、成本低、周期短，是进行宏观、区域、深层研究必不可少的技术。重力勘探、磁力勘探和电磁勘探分别是通过探测目标与周围介质的密度差异、磁性差异和电阻率差异，识别地下地质体的构造形态和展布特征。地面观测的重磁异常是地下深部各种异常体的综合反映，通过面积重磁勘探可以有效地揭示深层地质体物性（密度或磁性）的横向变化，为深层构造研究提供区域隆坳结构和断裂分布信息（见图1）。

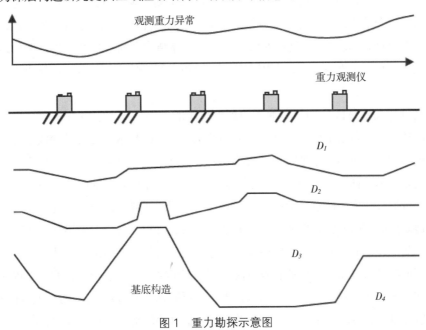

图 1 重力勘探示意图

不同深度地质体对不同频率天然电磁场的衰减特性不同，大地电磁剖面勘探通过地面观测分析不同频率的电磁场，不仅可以揭示地质体电性的横向变化，而且还可以揭示地质体电性的垂向变化（图2），为深层构造研究提供宏观分层结构、断裂空间展布特征，甚至含油气特征。在实际应用中，为了发挥重磁电勘探技术的优势，通过平面重磁勘探与剖面电磁勘探联合观测采集和综合处理解释，可以明显提高深层构造识别和刻画的能力。

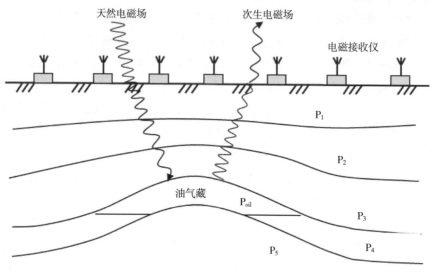

图2　大地电磁勘探示意图

重磁电勘探技术精度和分辨率不如地震方法，但是在研究深部构造、基底结构、火成岩分布等方面具有独特的优势。例如，在油气勘探早期，利用重力、电法、大地电磁等方法确定盆地隆坳结构，优选有利构造带，是油气勘探的先导。在深层复杂构造区，利用电磁（CEMP）技术和高精度重磁技术研究深层地质体结构和断裂体系，为复杂构造建模提供初步模式。在深层火成岩区，利用重磁相关分析进行岩性岩相划分，优选火山岩分布有利相带。

地震勘探技术是区带勘探和油气田评价阶段的核心技术，它具有效率高、勘探范围广、预测精度高，是精细刻画油气资源分布特征最重要的技术。地震勘探技术是在地面人工激发地震波，利用多通道地震记录仪器，采取二维或三维观测方式，在地面接收来自地下的反射地震波（图3），利用连续密集采集的地震反射波场来重构地下的地质图像。地震波场携带地层结构的信息，地震波旅行时反映地下地质界面的形态，地震波反射振幅反映地下地质界面两侧的物理性质，是获取地下构造、沉积、岩性、储层和流体特征的主要途径。除测井外，地震方法是精度最高的物探方法，它包括地面地震、井中地震和海洋地震。地面地震是深层油气勘探的有效方法，深层能量穿透与反射能力影响地震资料采集的信噪比和分辨率，是制约深层地震勘探技术的主要瓶颈。通过加大采集排列长度增加深层地震反射能量，通过增加采集密度和覆盖次数来提高深层地震资料信噪比，改善深层地震成像精度，查清有利含油气构造，预测储层，描述圈闭，为钻探提供有利目标和靶区。

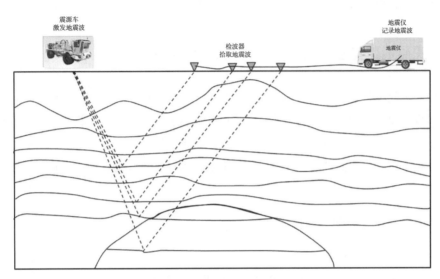

图3 地震勘探技术原理示意图

测井技术是评价油气储量和钻井工程质量的重要技术。测井技术是将观测仪器放置在井筒中，直接测量地层的物理参数，解释地层的岩性、物性和含油气性。在所有石油物探技术中，测井是应用现代物理学知识门类最多的物探方法，也是精度最高的技术，它包括常规测井、随钻测井、声波测井、核测井和成像测井等。由于测井是在井筒中观测，深层高温高压环境是制约测井技术应用的主要瓶颈。通过发展适应深层高温高压极端环境的测井仪器装备和成像测井解释技术，解决深层复杂岩性、储层和油气识别，以及裂缝和储层参数定量预测问题。

深层油气勘探具有高风险、高难度、高投入的特点。加强综合地质研究、深化油气成藏规律认识，寻找相对优质、规模大的有效储集体是提高深层勘探效益的关键，物探技术已成为深层油气勘探不可或缺的关键技术。据 IHS（Information Handling Services）统计，1972—2008 年全球共发现埋深大于 6000 米的油气藏 156 个，其中 2000—2008 年发现 105 个，占总发现数的 66.5%，与同期地震、钻井和完井技术的突破和进展关系密切。相对于国外，中国陆上深层油气勘探难度更大，更离不开地质理论与地球物理勘探技术进步的推动作用。以四川盆地川中地区深层白云岩勘探为例，1964 年 10 月，威基 1 井发现了震旦系灯影组气层，并由此发现威远大气田。此后经过 50 多年的探索，一直未能突破。直到近年，随着地质认识不断深化，深层地震资料采集品质、处理和解释水平不断提高，落实了深层储层和圈闭；在钻井工程技术进步、测井适应高温高压能力提升的基础上，2011 年在高石 1、2012 年在磨溪 8 等井取得突破，发现川中震旦 – 寒武系超万亿立方米的大型整装气田。塔里木库车盐下构造的碎屑岩、台盆区碳酸盐，松辽盆地深层火山岩等油气田的发现也有类似的过程。由此可见，地质理论与勘探技术进步是陆上深层油气业务快速发展的关键，特别是深层地球物理勘探技术，直接关系着深层油气勘探开发的成败、效益和进程，在深层目标的发现和评价过程中有着不可替代的作用。

2 深层地球物理勘探技术发展现状和应用进展

我国石油物探行业经过多年的发展，已建立了比较完整的工业技术体系，成为国际物探技术市场重要的力量。在复杂山地、黄土塬、江河水网及海陆过渡带等复杂区地震勘探技术处于国际先进水平。在高端技术研发方面，高密度地震、全数字地震、多波和陆上低频震源等技术也有显著的进步，在深层复杂油气藏勘探方面形成了重磁、地震、测井等配套技术，应用初见实效。

2.1 深层地球物理勘探技术发展现状

2.1.1 重磁电勘探技术

针对深层地质勘探，重磁电技术比地震技术在勘探深度和勘探效率上有一定的优势。近10年来，重磁电勘探技术获得了较大的发展，体现在3方面：

（1）仪器设备更新换代。重磁仪器体积大大缩小，采用连续自动记录存储方式，观测精度大幅度提高。从美国引进的 Lacoste D 型重力仪精度可达 $5 \sim 10 \mu$ Gal，比 20 世纪 60 年代提高了数百倍；HC90 K 型氦光泵磁力仪精度可达 0.0025n T 以上，提高了近 1000 倍。电法仪器的进步也很明显，主要得益于大量移植地震仪成熟的技术，现代电磁仪的动态范围、采样率与地震仪的主要性能指标相当，如 24 位模数转换，无线电或 GPS 同步方式等技术与地震仪相同，不足之处是电法仪器的道数较少。

（2）减少多解性。为了减少解释的多解性，在重磁电的定量反演中，特别注重约束反演、联合反演以及 3D 反演方法研究，完善了重磁电资料处理解释系统。随着微机和工作站的普遍应用，提高了大数据的处理能力，交互处理解释成为可能，三维处理解释也在实施之中。东方地球物理公司在地震处理解释软件 GeoEast 基础上，开发了重磁电资料综合处理解释软件 GeoGME，实现了重磁电与地震资料联合处理解释。近年来，并行处理和三维可视化技术的开发利用，提高了工作效率，增强了重磁电资料地质解释的可靠性和准确性。

（3）针对中国复杂的地表和地下地质条件，形成了重磁电配套的勘探技术系列。针对火山岩油气勘探，形成了初步配套的重磁电震综合处理解释技术，在松辽盆地、准噶尔盆地和渤海湾盆地的区带优选、风险探井评价和高产井部署方面发挥了积极作用；针对山前复杂构造带，形成了三维重磁电勘探配套技术，为中西部前陆冲断带复杂构造解释、浅层速度结构建模和深层构造联合交互反演提供了有效手段；针对东部深层潜山，形成了重磁电资料综合处理解释技术，通过大中小比例尺勘探成果融合，各种资料相互约束、相互补充、相互验证，获得深层潜山形态，优化地震钻探部署。

2.1.2 地震勘探技术

地震勘探技术广泛应用于地质结构调查和油气勘探，是深层油气勘探的主导技术。它具有探测范围广、探测深度大，预测精度高的优势。随着采集装备能力的不断提升，在油气勘探中已形成了以反射法为基础的地震勘探技术，探测深度达数千米；在深部地壳测深中已形成了以广角反射或折射法为基础的地震勘探技术，探测深度可达数十千米。地震技术包括地震采集、处理、解释三个环节。

（1）在数据采集方面，针对深层地震反射能量弱和资料信噪比低的问题，形成了以大激发能量和长排列为核心的数据采集技术。根据不同的探测深度，通过优选激发方式提高下传能量，例如，利用大吨位可控震源加大下传能量，利用宽频带可控震源，特别是拓宽可控震源低频成分激发，获得更清晰的深部地质体的图像。通过增加排列长度加大地震采集观测孔径，提高深层目标照明强度。对于深层陡倾角构造带的勘探，最大炮检距可达目的层深度的 2 ~ 3 倍，远大于常规地震勘探中 1.7 倍的要求。通过优化观测系统设计，提高地下照明的均匀性和地下反射点的覆盖次数，为后续的提高信噪比和偏移成像处理奠定资料基础。

（2）在资料处理方面，围绕改善深层资料信噪比和深层构造成像精度，形成了以提高深层弱信号和速度建模精度为核心的叠前深度偏移成像技术。深层勘探对象多为经历多期构造运动改造后的残留盆地，地下构造复杂，采集的地震数据中各种干扰波发育，干扰波能量远大于深层的反射能量，有效信号淹没在背景噪音之中。通过低频补偿提高深层反射能量，通过消除近地表噪音，压制层间多次波，剔除强屏蔽层影响，提高深层弱信号强度，突出深层有效信号。野外采集获得的地震反射数据是以波场传播时间的形式记录地层信息，在地层倾斜情况下，时间域地震剖面表现的位置坐标与深度域地下空间位置坐标存在偏差。这就好比我们观察鱼缸中的金鱼，由于水对光的折射效应，眼睛看到金鱼的位置并不反映金鱼真实的空间位置。目前，国内外都是采用波动方程数值解法，利用超大规模计算机，对野外采集的地震数据进行空间偏移归位。偏移成像离不开速度模型，深层地下结构的模糊性导致速度建模的不确定性，采用地震和地质一体化、地震和重磁电结合的办法，提高深层速度建模精度。中国西部深层油气勘探面临地表条件复杂、地下构造复杂的双重困难，速度建模采用从地表出发的研究思路。偏移成像技术从叠前时间偏移向叠前深度偏移延伸，并逐步各向异性深度偏移发展。

（3）在资料解释方面，针对中国深层油气勘探对象复杂的特点，以寻找大型构造圈闭和大型含油气储集体为主，形成了以高精度构造解释为基础的圈闭评价技术和以复杂储层描述为核心的地震相带预测技术。构造解释主要利用地震波运动学特征，采用三维可视化解释技术进行层位追踪，通过地震和地质一体化的速度建模技术提高深层构造落实的精度。相带预测主要利用地震波动力学特征，采用古构造和古地貌恢复预测沉积相带，利用地震属性分析技术预测有利沉积相带和储层非均质性，采用地震反演预测储层物性，采用 AVO 和吸收衰减技术检测储层流体性质，采用方位各向异性反演技术，在低孔渗背景中寻找高孔渗砂岩储层发育带，在礁滩型、岩溶型和白云岩化的碳酸盐岩中寻找缝洞－孔缝储层发育带，提高复杂储层预测精度。

近年来，已形成了中国特色的深层地球物理勘探技术系列，包括深层致密油气藏甜点预测技术、深层白云岩储层定量识别技术、深层岩溶型和礁滩型碳酸盐岩油藏缝洞雕刻技术，较好地解决了塔里木盆地、准噶尔盆地、四川盆地深层油气勘探和开发的问题。深层地球物理勘探技术的进步，促进了我国在深层低孔渗碎屑岩、强非均质碳酸盐岩和复杂岩性火成岩三大勘探领域取得突破性进展。

2.1.3 测井技术

测井技术是在井筒中开展声学、电性、放射性测量，直接探测地层岩性、物性和含油气性，为储层参数定量描述及含油气性测试提供依据，主要用于评价油气储量和钻井工程质量，是探测精度最高的技术。

（1）深层测井面临高温高压极端环境，常规测井装备不适应。近年来，国内外竞相发展适合深层高温高压环境的常规测井和成像测井仪器装备，通过改善测井装备的耐高温高压性能，测井技术的适应性不断提高，已经能在 5000 ～ 6000 米以下深度，150 ～ 170℃地温、120 ～ 140 MPa 压力环境下稳定工作，形成了适应超深超高压井筒的采集技术和工艺方案。中油测井公司研发了微电阻率成像测井仪器 MCI，最高温压指标提高到175℃ /140MPa，性能接近国外同类产品，打破了国外深层测井技术的垄断。中国石油渤海钻探公司研发了远探测反射声波测井仪，使得测井径向探测深度可达 10 米。

（2）复杂岩性、储层和流体识别、储层和裂缝参数定量预测是深层测井解释面临的主要挑战。成像测井技术（电成像、核磁共振成像测井、阵列声波等）已经在岩性识别、沉积相沉积微相划分、缝洞参数定量评价、岩石力学分析等方面得到广泛应用。

（3）经过多年的技术攻关，我国已初步形成了针对中国深层致密碎屑岩、复杂碳酸盐岩和火成岩含油气性识别与储层参数定量预测的测井技术系列，包括裂缝性低孔渗砂岩储层有效性评价方法和流体性质识别技术、以成像测井为核心的碳酸盐岩储层有效性和流体定量识别技术组合、以成像测井和声波测井为基础的火山岩岩性和裂缝定量识别技术，在准噶尔盆地、塔里木盆地、四川盆地和松辽盆地深层油气勘探中取得了良好的应用效果。

2.2 深层地球物理勘探技术应用进展

我国深层油气地球物理勘探一直伴随着石油工业的发展而发展，在深层复杂构造、深层碳酸盐岩、深层火山岩等领域油气勘探中发挥了重要的作用。

2.2.1 深层火山岩气藏勘探

松辽盆地深层火山岩地质成因背景和储层形成机制复杂，不同岩性和速度的地层相互穿插，导致波场复杂、地震资料信噪比极低。火山机构形态复杂多样，储层物性横向变化大，导致勘探目标识别难度大，优质储层分布预测难，特别是制约火山岩储集性能的裂缝、孔洞预测难度更大。这是松辽盆地火成岩气藏勘探面临的主要挑战。

针对松辽盆地深层火山岩气藏特点，已形成了适合松辽盆地火山岩气藏识别评价的地球物理勘探技术组合。以重磁资料为基础，结合地震、电法、地质、钻井等资料，圈定火山岩发育区，优选有利火山岩分布区，缩小勘探靶区。以地震方法落实火山岩气藏钻探目标，采用"小道距、长排列、高覆盖、宽线"地震采集技术，提高了深层地震资料品质；采用各向异性叠前深度偏移技术，显著改善了地震成像精度，清晰揭示了地层结构和断裂特征；利用地震资料识别火山岩几何外形及相带特征，锁定有利目标区；通过地震相分析、多参数反演、曲率分析等技术识别和预测有效储层及裂缝；通过叠前反演和吸收衰减技术预测含油气性，最终落实钻探目标。测井采用成像测井和声波测井定量识别火山岩岩性、裂缝和气藏。

通过由火山岩区带到有利储集相带、由形态到内幕、由储层到流体、逐步深入的深层地球物理勘探策略，大大提高了预测精度，有力地推动了深层火山岩勘探。在徐家围子断陷部署徐深 1 井，在长岭断陷部署长深 1 井，在营城组火山岩均获高产天然气，实现深层火山岩天然气勘探历史性突破。目前松辽盆地徐深、长深气田，准噶尔盆地克拉美丽气田等火山岩油气田已经顺利投产。

2.2.2 深层复杂构造勘探

塔里木盆地库车盐下构造发育于天山山前冲断带，地表起伏大，激发接收条件差，干扰波发育；地下断裂发育、断块众多，地层产状变化大且高陡地层发育，造成地震波场极其复杂，资料信噪比极低，导致地震成像精度低、圈闭落实难。这是库车盐下构造深层碎屑岩勘探面临的瓶颈问题。

针对塔里木盆地库车拗陷的难点，经过多年技术攻关，形成了地震和重磁相结合的深层地球物理勘探配套技术。利用建场法电磁、高精度重磁技术，宏观上理清了库车凹陷断裂体系，揭示了库车拗陷 – 塔北隆起的"凹隆结构"及柯坪 – 温宿 – 却勒 – 西秋 – 东秋古构造背景特征，落实了凹陷基底岩性特征，为山前复杂构造建模提供了初步模式。在此基础上，形成了以宽线长排列（10 千米左右）二维和山地宽方位（大于 0.6）三维采集、基于起伏地表的各向异性叠前深度偏移、复杂构造综合建模和变速成图技术为核心的复杂构造地震勘探技术，提高原始资料信噪比和深层复杂构造成像的精度，落实了一批埋深大于 6000 米的深层构造，钻探克深 901（7950 米）、克深 5（6352 米）、博孜 1（7150 米）等井，均获得工业气流，深度误差降低到 2% 以内（行业标准为 5%），钻探成功率达到 80% 以上，为落实亿吨级天然气规模储量奠定了扎实基础。

2.2.3 深层震旦 – 寒武系白云岩气藏勘探

四川盆地川中地区震旦 – 寒武系白云岩勘探历经 50 多年的探索。1964 年，威基 1 井钻遇震旦系气层，发现了威远大气田后，川中深层一直未能有新的突破，原因有地质认识的问题，储层分布对气藏具有重要的控制作用，也有工程技术的问题，由于地层埋藏深，资料信噪比低，地震成像困难，台缘礁滩相地貌刻画困难、储层识别与预测更难。

针对上述难题，形成了宽方位地震采集、高保真地震成像处理和基于岩石物理的储层定量预测技术。地震资料信噪比、分辨率和保真度都显著提高，目的层优势频带拓宽为10～70 Hz，能有效识别龙王庙储层的顶底，构造图精度大幅提高，钻探高石 1(5841 米)、高石 2（5468 米）等井。通过成像测井计算储层的物性参数，通过核磁共振测井和横波偶极测井进一步判别流体性质，通过储层改造措施在龙王庙组、灯影组获得高产工业气流，35 口井对比深度相对误差在 0.01%～0.95% 之间，储层预测总体符合率达 85%，为发现川中震旦–寒武系超万亿方的大型整装气田发挥出重要的作用。

3   国内外深层地球物理勘探技术发展对比

我国地球物理勘探行业是发展较快、国际化程度较高的行业，基本上与国外技术发展同步。近年来，随着深层油气勘探工作量不断攀升，加大装备和针对性技术研究力度，针对深层的地球物理技术有了进一步发展，使探测深度能力和探测精度有了显著提高，形成了针对深层的重磁电、地震、测井技术系列，基本满足了国内深层复杂构造、白云岩、火山岩等油气勘探需要。

3.1   重磁电技术发展对比

（1）在仪器装备方面，我国磁法、电（磁）法观测仪器基本与国外保持同步发展，高精度重力观测仪器研制方面相对滞后，我国自主研发的高精度磁测仪器达到国际先进水平。20 世纪 80 年代末，航空物探遥感中心研制的航空氦光泵磁力仪就出口美国，目前新一代 HC-2000K 和 HC-2007 高精度磁测仪已广泛应用于国民经济相关领域，同时还研制出了航空超导全张量磁梯度测量系统样机，与进口的 CS-3 和 G856 等先进磁力仪相比，在观测精度和稳定性上有一定的优势。东方地球物理公司开发了完全国产化的陆上大功率电磁装备，在输出电流稳定性和关断时间上均优于国外凤凰公司的 T200 系统，在发射功率上比 GDP32 和 V8 明显提高，接收系统性能与美国的 USEM-24 相近，达到国际先进水平，为时频电磁油气评价预测技术推广和应用奠定了坚实的装备基础。受西方国家高精度仪器和技术转让限制，目前我国的高精度航空重力测量低于国际水平。

（2）处理解释软件方面，国外已有多套成熟的软件，如 LCT、Oasismontaj 等，并且广泛应用于石油公司、政府部门和高校等。法国 Schlumberger 公司开发了 3DSJI 地震和电磁与地震和重力联合三维反演技术及软件，增加了一系列新的处理解释功能，包括重力优化速度建模、盐下构造三维电磁反演、震电油气综合预测等。在北海、西非、东南亚等海域探区得到初步应用。东方地球物理勘探公司在 Geoeast 软件系统上开发了重磁电采集系统（GMECS）和重磁电处理系统（GeoGME），基于 Geoeast 数据管理平台，借助地震资料约束，形成了一套重磁电综合的处理解释软件系统，已初步得到应用。

（3）技术应用方面，国外以海相地层油气勘探为主，构造相对简单、单体规模大、油气分布广，通常地震勘探可以取得很好的应用效果。在美国俄克拉荷马州 Arkoma 盆地复杂基底构造、意大利南部山区推覆构造、哥伦比亚拉诺斯前陆盆地、阿曼北部山地冲断构造带等复杂构造区的油气勘探中，地震勘探问题面临困难。西方一些大的石油公司和服务公司，如 BP、Shell、ENI、Schlumberger 等开展了重磁电震综合勘探研究，取得了较好的勘探效果。我国中西部地表和地下地质条件复杂，地震勘探面临激发条件差，地震资料信噪比低，很难有效揭示地下地质构造特征。10 多年来，通过物探技术联合攻关，初步形成了针对复杂构造和复杂岩性的重磁电震联合采集和综合处理解释的勘探模式，已成功应用于塔里木盆地砾岩发育区、柴达木盆地复杂地貌区、准噶尔盆地火山岩覆盖区等特殊岩性体和深层构造勘探中。

西方国家在海洋重磁电震联合勘探方面已形成了配套的勘探技术和仪器装备，特别是在海洋电磁勘探装备方面占有绝对优势。我国海洋重磁电勘探技术以引进为主，在技术装备方面处于跟随状态。

3.2　地震勘探技术发展对比

（1）地震采集装备方面，提高深层地震资料信噪比的关键是要增强震源下传的能量，提高深层地震反射的能量。低频能量具有更强的穿透地层的能力，提高可控震源宽频带激发能力，尤其是提高可控震源低频能量是发展的方向。中美合资的 INOVA 公司开发的谐波畸变压制技术和低频信号激发技术，提高了可控震源激发信号的质量和频带宽度。东方地球物理公司研制的 KZ34 大吨位可控震源和 KZ28LF 低频可控震源，增强下传能量，低频扫描频率可达 1.5Hz，处于国际先进水平。广角反射可以增强深层反射能量，地震采集需要更长的排列与更高的覆盖次数，要求地震采集装备具备管理更多地震道数的能力。国外 Sercel 公司陆地采集系统及配套装备已具备 15 万道以上的带道能力，并正向百万道发展。无线仪器、节点仪器没有道数限制，施工效率高，环境伤害小，是装备技术发展的方向之一。我国自主研制了 ES109 新型地震数据采集记录系统，填补了国内万道地震仪空白；INOVA 公司开发了 G3i 地震仪，兼容模拟检波器和数字检波器，兼容多种激发方式，支持可控震源高效采集，具有实用、高效、现场实时质控功能，带道能力达 24 万道。

（2）地震采集方面，地震采集技术向宽频带、宽（全）方位、高密度、单检波器和小面元等方向发展。美国 WestGeco 公司 UniQ 陆上采集技术，具有宽频带可控震源激发、单点检波器接收和全方位采集能力。法国 CGG 公司 EmphaSeis 陆上宽频可控震源采集技术，可以增加低频信号。我国物探工作者通过优化激发和接收观测设计，采用适当观测网格密度，实现对地下目标均匀观测，使得"宽频带、宽方位、高密度"的精细地震勘探技术得到推广应用。海上地震资料各种多次波干扰严重，集采集和处理为一体的压制"鬼波"技术成为近年来海上竞相发展的方向。WestGeco 公司的 Q-Marine 海上采集技术采用浅深双拖缆技术来压制"鬼波"和提高频宽。CGG 公司的 Broad Seis 海上采集技术采用变深度拖缆（6 ~ 50 米）压制鬼波，拓宽地震频带，采集资料的频宽达 2.5 ~ 150 Hz。美国 PGS公司完善了 GeoStreamer 双检电缆技术，提高了地震记录频宽。我国海上地震采集技术与国际水平相比存在较大的差距。

（3）地震处理方面，提高深层地震资料信噪比和偏移成像精度是资料处理的核心问题。陆上来自表层的干扰波严重，深层有效信号淹没在噪音背景中。目前多采用叠前多域去噪方法压制噪音，国外开始应用基于波场传播理论预测面波，用减去法消除面波，这是值得重视的去噪方法。复杂构造成像和复杂储层预测的需求，促进了以保护低频信息和速度建模为核心的地震波场处理与成像技术的发展。地震偏移成像方法向叠前深度偏移、逆时偏移、各向异性深度偏移方向发展。CGG 和 PGS 等公司发展了倾斜各向异性逆时偏移和全方位角逆时偏移，提高了复杂构造成像的精度。以色列 Paradigm 公司推出了 ES 360° 全方位角叠前成像处理技术，开辟了储层裂缝定量预测新途径。目前我国形成了 GeoEast、iCluster、GeoMountain、Lighting 等处理软件，在技术应用方面总体水平与国外同行相近，在部分领域具有领先水平。例如，针对我国中西部复杂地表条件下高陡构造成像，形成了以波场保真为基础、基于起伏地表速度建模为核心的深度域成像及处理配套技术。

（4）地震解释方面，地震解释依托地震解释软件，国外主流解释软件包括美国 Halliburton 公司的 OpenWorks、法国 Schlumberger 公司的 GeoFrame 和 Petrol 等，储层预测软件有 CGG 公司的 Jason 和 Strata、加拿大 Geomodel 公司的 VVA 等。我国综合解释和储层预测的软件处于发展阶段，形成了 GeoEast、NEWS、GeoMountain、GeoFrac 解释软件。地震解释技术涉及构造解释、储层预测和综合评价几个环节，地震解释技术应用水平大致与国外同步，地震属性分析、地震相预测、地震反演和烃类检测等技术在国内得到广泛应用，特别是叠前地震反演技术在国内应用的广泛程度要高于国外。针对中国深层叠合盆地古老层系的勘探领域，国内探索和形成了适合中国深层的低渗透碎屑岩、强非均质性碳酸盐岩和岩性成分复杂火成岩特点的集采集、处理和解释一体化的技术系列。

3.3　测井技术发展对比

深层高温高压环境对测井装备及采集技术，特别是对仪器装备的电子元器件性能提出了更严苛的指标，发展适合高温高压环境的测井成像装备是深层测井技术发展的重点。

（1）在电成像测井仪器方面，法国 Schlumberger 公司微电阻率扫描成像测井仪 FMI 代表目前最先进的水平，测量电极由原来的两个极板 54 个纽扣电极扩展到四个主极板与四个折叠极板 192 个纽扣电极，8 英寸井眼测量覆盖面积由原来的 20% 大幅提升到 80%。美国 Western Atlas 公司和 Halliburton 公司相继开发出 STAR-2 和 EMI/XRMI。这三款仪器最高温压指标均为 175℃/138MPa，初步满足 5000 ~ 6000 米深层高温高压环境下的测井需求。2008 年，中油测井公司向国内外市场推出了微电阻率成像测井仪器 MCI，最高温压指标提高到 175℃/140MPa，性能接近国外同类产品水平，但仪器稳定性有待进一步提高。

（2）在声波成像测井仪器方面，法国和美国测井公司陆续开发出基于偶极横波的新一代成像测井仪，例如，Schlumberger 公司的偶极横波成像测井仪器 DSI、Western Atlas 公司的多极子阵列声波测井仪 MAC 和 Halliburton 公司的 WaveSonic。2009 年，中油测井公司研发出多极子阵列声波测井仪器 MPAL，最高温压指标只有 150℃ /100MPa，性能指标与国外同类装备还存在差距。值得一提的是，2012 年中国石油渤海钻探公司自主研发的远探测声波反射波成像测井仪，将径向探测深度提升到 10 米，开辟了反射声波成像测井的新途径。

（3）在测井处理解释软件方面，国外以 Schlumberger 公司的 Geoframe 和 Techlog、美国 Baker Hughes 公司的 eXpress、Halliburton 公司的 DPP/Petrosite PRO 等软件为代表，除了具备测井处理解释基本功能外，最大的特点是对各自公司生产的测井仪器所采集的资料提供最好的信息提取和解释，但是，这些核心技术仅提供服务，且价格昂贵，应用受到极大的限制。国内从 20 世纪 90 年代初开始研发测井软件，先后研发了 CIF Sun 2000、Forward、LEAD 和 CIFLog 等几代具有自主知识产权的测井处理解释软件，打破了国际上对我国的技术垄断，基于 CIFLog 平台研发的电成像处理解释软件达到国际先进水平，并根据国内测井处理解释需求，实现特色化定制和属地化定制，CIFLog 已在中国石油和相关石油院校进行了推广和应用。

4 深层地球物理勘探技术发展趋势与对策

对比国内外深层领域油气勘探技术需求，共性问题体现在埋藏深、地层老、描述对象复杂，差别在于国内地表条件更差，后期改造作用导致的储层非均质性更强，油气成藏规律更复杂。中国深层地球物理技术发展需要密切跟踪国际技术发展动态，准确把握技术发展方向。

4.1 重磁电技术发展趋势

根据美国国家石油委员会（NPC）专家的评估，预测 2030 年电磁勘探技术的全球影响力将超过地震勘探，重磁电勘探将成为深层地质研究中最重要的手段之一。跟踪近 10 年来重磁电勘探发展现状，可以看到重磁电勘探技术发展的三大趋势：①发展三维重磁电勘探；②多学科联合勘探和综合处理解释；③面向油气田勘探开发的多参数油气预测评价。

三维重磁电勘探技术。以陆上多基点复式重磁观测和小面元的三维电磁观测为代表的三维重磁电勘探，国内已初步实现实时观测和现场数据分析，野外采集数据的信噪比和品质显著提高。今后将采用多台多道同时观测和并行处理技术，提高野外资料采集质量和处理时效。三维处理解释既要充分研究高精度三维地形改正、三维静校正等效应的影响，还要在反演过程中充分利用不同参数及其分量，建立实用有效的带地形真三维的正反演技术，提高处理解释效率和地质解释的精度。

重磁电与地震联合勘探与综合处理解释技术。我国在中西部复杂地表和复杂构造地区开展的重磁电与地震勘探综合处理研究取得了较好地质效果，今后将逐步推广到全国陆上和海上油气勘探，同时将借鉴国外大偏移距宽频地震采集与重磁电联合勘探模式，建立基于大数据处理平台的 3D 重磁电多参数约束反演及联合反演的处理解释平台。

多参数电磁油气预测评价技术。建立在观测油气藏及围岩的电阻率、极化率、介电常数、电化学活性等电磁响应特征基础上的一些非地震勘探技术，如多道瞬变电磁、时频电磁、大功率井地激电、氧化还原电位、复电阻率、微磁、化探等，被广泛应用于预测和评价勘探目标的含油气性。时频电磁和多道瞬变电磁油气检测技术将由二维剖面观测拓展到三维多次覆盖面积测量，消除地表不均匀性、场源效应和照明度不均匀等影响，进一步与其他油气检测技术联合，提高含油气饱和度预测的精度和准确性，将有可能成为深部圈闭含油气预测评价的重要技术手段。

4.2　地震技术发展趋势

分析近 10 年来深层地震勘探的需求和发展现状，可以看到地震勘探技术 3 大发展趋势：①发展长排列、宽频带、高密度地震采集技术；②发展提高信噪比的地震成像技术；③发展地震地质一体化的复杂储层预测和烃类检测技术。

长排列、宽频带、高密度和单点接收地震采集技术是主要发展方向。发展大吨位低频可控震源和低爆速炸药，增强激发能量低频成分，提高下传能量的能力；加大采集排列长度，拓宽采集观测孔径，提高深层反射能量接收能力；拓宽频带，提高深层资料分辨率，特别是拓宽低频能量有助于提高储层地震反演精度和改善烃类检测能力；高密度可以增加采集资料的覆盖次数，优化观测系统可以改善地下照明的均匀性，为提高深层资料信噪比和成像精度奠定资料基础。

提高信噪比的构造成像处理技术是发展重点。对于陆上资料，表层干扰波能量远大于深层反射能量，深层地震信号经过大地吸收衰减，并受到来自中浅层的强反射屏蔽，主频低、能量弱、信噪比低，其中多次波、各种次生干扰、偏移处理噪声等是影响深层成像精度的关键。叠前多域去噪、压制层间多次波、增强弱信号、补偿低频能量、深层拓频成为提高深层资料信噪比研究的重点。低频信息对于深层构造成像和储层反演十分重要，基于波场传播理论的减去法压制面波噪音，减少了对低频有效信号的伤害，这是值得重视的去噪方法。对于海上资料，各种多次波干扰严重，利用多次波在变深度排列采集信号频带上的差异压制"鬼波"成为海上地震宽频成像研究的热点。落实深层构造形态和断裂特征是深层偏移成像的目标，提高速度建模精度成为关键。在地表和地下构造复杂地区，采用从地表出发的速度建模；在地震资料品质差的地区，加强地质规律对速度建模的指导，重磁电资料可作为深层地震速度建模的补充。地震偏移方法是提高深层成像精度的核心，叠前地震偏移正从时间域向深度域、从单程波向双程波、从各向同性向各向异性延伸。

地震地质一体化解释是深化深层地质认识的关键。通常深层勘探对象为早期残留盆地，经历多期构造运动改造，油气成藏规律复杂，地震地质一体化解释成为发展的方向。

着力发展以高精度构造解释为基础的圈闭综合评价技术，重点是构造演化、古地貌恢复、层序地层学研究、有利沉积相带确定、油气成藏规律分析、深层油气资源潜力评价的相关技术。中国陆上深层勘探领域主要是岩性致密的碎屑岩、强非均质性的碳酸盐岩和岩性成分复杂的火成岩，着力发展以复杂储层描述为核心的地震相带预测技术，重点是沉积相带预测、复杂岩性识别、储层非均质性描述和烃类检测技术。勘探深度增加带来的复杂性，促使重磁电震解释一体化、地震采集－处理－解释一体化、地震－地质－油藏工程研究一体化。

4.3　测井技术发展趋势

回顾近 10 年来深层测井技术的需求和发展现状，可以看到测井技术 3 大发展趋势：①研发耐高温高压环境的测井仪器；②发展基于不同物理学原理的测井成像技术；③发展储层参数定量提取、流体特征定量识别技术。

测井装备和测井成像技术。发展耐高温高压的各类成像测井采集装备和技术是深层测井技术研究的方向。在测井装备方面，研发微电极成像、核磁成像和声波成像装备，增加采集数据的电极，加大对井筒的覆盖面，加大径向探测的深度。在处理解释方面，以成像测井技术为核心，发展适合不同类型复杂岩性的储层、裂缝、流体和储层参数定量识别技术；把成像测井与矿物测井、常规测井等资料结合，开展岩性、组分、流体识别、沉积微相的研究；把微电阻率成像、阵列侧向、阵列声波、偶极声波远探测等成像测井结合，解决近井壁及井壁外几十米缝洞定量刻画的难题；通过多尺度信息融合，形成特殊岩性体、复杂储层和流体特征成像测井综合评价技术。测井处理解释平台正向综合化、网络化、可视化方向发展，测井解释软件从单井解释向多井解释发展。

储层参数定量提取技术。国内外重点发展了基于成像测井和井震结合的储层描述技术。例如，成像测井识别储集空间类型，核磁与密度定量计算孔隙度，侧向与偶极横波分析 0 ～ 3 米储层连通性，远探测声波探测 3 ～ 10 米隐蔽储层，井震结合刻画缝洞油气藏技术，实现井壁、近井旁评价的技术体系。储层参数精确计算、储层有效性评价、流体性质识别、缝洞定量识别等方面是今后研究的重点。

实验室测井模拟技术。一个明显的趋势是物理模拟和数值模拟技术在测井装备研制和复杂储层定量解释中正发挥更大的作用。通过物理模拟和数值模拟为新型测井装备研制奠定理论基础。利用三维数字岩心技术，研究非均质碳酸盐岩的微观机理与孔隙结构，建立缝洞储层定量解释模型；开展高温高压岩石物理实验，刻度测井解释评价结果。

4.4　深层地球物理勘探技术发展对策与建议

针对我国目前深层油气勘探的需求和面临的挑战，深层地球物理勘探技术发展对策建议如下：

（1）物探装备技术：重磁电勘探重点发展三维重磁电采集、高精度航空重力、磁力全张量测量和海洋可控源电磁勘探技术和装备。地震勘探重点发展适应长排列、宽频带、宽方位和高密度地震采集的技术和装备，包括低畸变、宽频带可控震源、全频段数字检波器和管理超大道数（50万～100万道）的全数字地震仪。测井技术发展适应高温高压环境的各类测井成像技术和装备，重点是提高电子元器件耐高温高压水平和对井筒信息采集的覆盖密度。

（2）处理解释技术：重磁电勘探重点发展带地形的真三维重磁电处理解释技术，加强重磁电震三维约束反演和联合反演，发挥重磁电信息在盆地结构、复杂构造研究和复杂区速度建模中的作用。地震勘探重点发展适应"两宽一高"地震大数据的高精度保幅地震成像技术，着力发展提高深层地震资料信噪比技术，以及提高复杂构造区速度建模和叠前偏移成像精度的技术；重点发展以高精度构造解释为基础的圈闭综合评价技术和以复杂储层描述为核心的地震相带预测技术，主要是三维可视化构造解释、沉积相带预测、复杂岩性识别、储层非均质性描述和油气水检测技术。测井技术重点发展不同物理参数的成像测井技术，研发适合中国深层各类复杂岩性的岩性、储层和流体识别、储层参数定量评价的测井技术。

（3）物探软件技术：加大对具有自主知识产权的国产重磁电、地震和测井采集、处理和解释软件研发、集成和推广应用的支持力度，提升软件综合性、网络化和跨平台的水平；建立地质、重磁电、地震、测井一体化研究平台，提高自主创新能力。

（4）塔里木、四川、鄂尔多斯三大克拉通盆地下古生界–前寒武系是中国陆上深层接替领域，建议借助地球物理技术开展新一轮的盆地、区带、圈闭评价，解决残留盆地展布、烃源岩及储集条件、成藏规律等基础石油地质问题。加强重磁电震一体化研究，开展高精度MT、重磁等数据采集，开展重磁电震联合处理解释，搞清三大克拉通盆地的基底结构，优选有利勘探区带。加强地质指导下的深层构造解释和储层预测技术研究，着力发展适合中国深层低孔渗碎屑岩、强非均质碳酸盐岩和岩性复杂火成岩油气藏的地震精细描述技术和测井定量预测技术，推动中国深层油气勘探再上新台阶。

—— 参考文献 ——

［1］杜小弟，姚超. 深层油气勘探势在必行［J］. 海相油气地，2001，6（1）：1–5.

［2］赵文智，胡素云，李建忠，等. 我国陆上油气勘探领域变化与启示——过去十余年的亲历与感悟［J］. 中国石油勘探，2013，18（4）：1–10.

［3］胡文瑞，鲍敬伟，胡滨. 全球油气勘探进展与趋势［J］. 石油勘探与开发，2013，40（4）：409–413.

［4］孙龙德，邹才能，朱如凯，等. 中国深层油气形成、分布与潜力分析［J］. 石油勘探与开发，2013，40（6）：641–649.

［5］Dyman T S, Crovelli R A, Bartberger C E, et al. Worldwide estimates of deep natural gas resources based on the US Geological SurveyWorld Petroleum Assessment 2000［J］. Natural Resources Research，2002，11（6）：207–218.

［6］ 孙龙德，撒利明，董世泰. 中国未来油气新领域与物探技术对策［J］. 石油地球物理勘探，2013，48（2）：317–324.

［7］ Kearey，P.，Brooks，M. An Inteoduction to Geophysical Exploration，2nd Ed.，Blackwell Scientific Publications，Oxford，1991.

［8］ 罗志立，孙玮，代寒松，等. 四川盆地基准井勘探历程回顾及地质效果分析. 地质勘探，2012，32（4）：9–12+118.

［9］ 杜金虎，邹才能，徐春春，等. 川中古隆起龙王庙组特大型气田战略发现与理论技术创新［J］. 石油勘探与开发，2014，41（03）：268–277.

［10］ 邹才能，杜金虎，徐春春，等. 四川盆地震旦系—寒武系特大型气田形成分布、资源潜力及勘探发现［J］. 石油勘探与开发，2014，41（3）：278–293.

［11］ 王招明，谢会文，李勇，等. 库车前陆冲断带深层盐下大气田的勘探和发现［J］. 中国石油勘探，2013，18（03）：1–11.

［12］ 王招明，于红枫，吉云刚，等. 塔中地区海相碳酸盐岩特大型油气田发现的关键技术［J］. 新疆石油地质，2011，32（3）：218–223.

［13］ 周新源，杨海军，韩剑发，等. 中国海相油气田勘探实例之十二 塔里木盆地轮南奥陶系油气田的勘探与发现［J］. 海相油气地质，2009，14（4）：67–77.

［14］ 钟启刚，梅江，严世才，等. 大庆北深层天然气勘探开发工程技术进展及今后攻关方向［J］. 石油科技论坛，2010，29（6）：23–27+71–72.

［15］ 何文渊，郝美英. 油气勘探新技术与应用研究［J］. 地质学报，2011，85（11）：1823–1833.

［16］ 杜金虎，赵邦六，王喜双，等. 中国石油物探技术攻关成效及成功做法［J］. 中国石油勘探，2011，16（Z1）：1–7+171.

［17］ 杜金虎，熊金良，王喜双，等. 世界物探技术现状及中国石油物探技术发展的思考［J］. 岩性油气藏，2011，23（4）：1–8.

［18］ 孙龙德，撒利明，董世泰. 中国未来油气新领域与物探技术对策［J］. 石油地球物理勘探，2013，48（2）：317–324.

［19］ 刘振武，撒利明，张少华，等. 中国石油物探国际领先技术发展战略研究与思考［J］. 石油科技论坛，2014，33（6）：6–16+35.

［20］ 刘振武，撒利明，董世泰，等. 地震数据采集核心装备现状及发展方向［J］. 石油地球物理勘探，2013，48（4）：663–676+506.

［21］ 陶知非，赵永林，马磊. 低频地震勘探与低频可控震源［J］. 物探装备，2011，21（2）：71–76.

［22］ René–Edouard Plessix，Guido Baeten，Jan Willem de Maag，et al. Application of Acoustic Full Waveform Inversion to a Low–frequency Large–offset Land Data Set［C］. Denver：SEG Extend Abstract，2010.

［23］ 何展翔，吴迪，吴磊. 我国大功率可控源电磁仪器的现状与发展方向［J］. 物探装备，2012，12（6）：351–355.

［24］ 袁桂琴，熊盛青，孟庆敏，等. 地球物理勘探技术与应用研究［J］. 地质学报，2011，85（11）：1744–1085.

［25］ 文百红，杨辉，张研. 中国石油非地震勘探技术应用现状及发展趋势［J］. 石油勘探与开发，2005，32（2）：68–71.

［26］ 杨辉，文百红，戴晓峰，等. 火山岩油气藏重磁电震综合预测方法及应用［J］. 地球物理学报，2011，54（2）：286–293.

［27］ 赵邦六，何展翔，文百红. 非地震直接油气检测技术及其勘探实践［J］. 中国石油勘探，2005，10（6）：29–37.

［28］ 杨长福，徐世浙. 国外大地电磁研究现状［J］. 物探与化探，2005，29（3）：243–247.

［29］ 何展翔，余刚. 海洋电磁勘探技术及新进展［J］. 勘探地球物理进展，2008，31（1）：2–9.

［30］ 王喜双，文百红，王晓帆，等. 中国石油近年来非地震勘探技术应用实例及展望［J］. 中国石油勘探，2005，10（5）：34-40.

［31］ Constable S. Ten years pf marine CSEM for hydrocarbon exploration. Geophysics，75（5）：67-81.

［32］ 赵文智，邹才能，冯志强. 松辽盆地深层火山岩气藏地质特征及评价技术［J］，石油勘探与开发，2008，35（2）：129-142.

［33］ 杨辉，张研，邹才能，等. 松辽盆地北部徐家围子断陷火山岩分布及天然气富集规律［J］，地球物理学报，2006，49（4）：1136-1143.

［34］ 杨辉，张研，邹才能，等. 松辽盆地深层火山岩天然气勘探方向［J］，石油勘探与开发，2006，33（3）：274-281.

［35］ 杨辉，张研，邹才能，等. 火山岩岩性宏观预测方法［J］，2007，石油勘探与开发，34（2）：150-196.

［36］ 杨辉，文百红，张研，等. 准噶尔盆地火山岩油气藏分布规律及区带目标优选［J］，石油勘探与开发，2009，36（4）：419-427.

［37］ 孙卫斌，杨书江，王财富，等. 三维重磁电勘探技术发展及应用［J］. 石油科技论坛，2012，2（3）：11-15.

［38］ 李德春，杨书江，胡祖志，等. 三维重磁电资料的联合解释——以库车大北地区山前砾石层为例［J］. 石油地球物理勘探，2012，47（2）：353-359.

［39］ 李振春. 地震偏移成像技术研究现状与发展趋势［J］. 石油地球物理勘探，2014，49（1）：1-21+300.

［40］ 符力耘，肖又军，孙伟家，等. 库车拗陷复杂高陡构造地震成像研究［J］. 地球物理学报，2013，56（06）：1985-2001.

［41］ 尚新民. 地震资料处理保幅性评价方法综述与探讨［J］. 石油物探，2014，53（2）：188-195.

［42］ 陈宝书，汪小将，李松康，等. 海上地震数据高分辨率相对保幅处理关键技术研究与应用［J］. 中国海上油气，2008，20（3）：162-166.

［43］ Yilmaz，O. Seismic Data Processing，Society of Exploration Geophysicists，1987.

［44］ 杨平，孙赞东，梁向豪，等. 缝洞型碳酸盐岩储集层高效井预测地震技术［J］. 石油勘探与开发，2013，40（4）：502-506.

［45］ 徐礼贵，夏义平，刘万辉. 综合利用地球物理资料解释叠合盆地深层火山岩［J］. 石油地球物理勘探，2009，44（1）：70-74+97+130+3.

［46］ Lambert G. Attenuation and dispersion of P-waves in porous rocks with planar fractures：Comparison of theory and numerical simulations［J］. Geophysics，2006，71（3）：41-45.

［47］ 孙龙德，等. 地球物理技术创新实践—以中国陆上深层油气勘探开发为例［J］，石油勘探与开发.

［48］ 高航. 我国石油测井装备研发现状及发展的思考［J］. 中国石油和化工标准与质量，2014（03）：23~28.

［49］ 郭洪波，居大海，曹江宁，等. 远探测声波反射波成像测井在哈拉哈塘地区的应用与评价［J］，石油天然气学报，2014（08）：35~42.

［50］ Chai，H.，Li，N.，Xiao，C.，Liu，X.，Li，D.，Wang，C.，Wu，D.，Automatic discrimination of sedimentary facies and lithologies in reef-bank reservoirs using borehole image logs［J］. Applied Geophysics，2009，6，01，17-29.

［51］ Payenberg，T. H.，Lang，S. C.，Koch，R.，A Simple Method for Orienting Conventional Core Using Microresistivity（FMS）Images and a Mechanical Goniometer to Measure Directional Structures on Cores［J］. Journal of Sedimentary Research Journal of Sedimentary Research，2000，70，2，419-422.

［52］ Tilke，P. G.，Allen，D.，Gyllensten，A.，Quantitative analysis of porosity heterogeneity；application of geostatistics to borehole images［J］. Mathematical Geology，2006，38，2，155-174.

［53］ Williams，J. H. Johnson，C. D.，Acoustic and optical borehole-wall imaging for fractured-rock aquifer studies［J］. Journal of Applied Geophysics，2004，55，1-2，151-159.

［54］ 李宁，肖承文，伍丽红，等. 复杂碳酸盐岩储层测井评价：中国的创新与发展［J］. 测井技术，2014.

［55］ 徐春春，沈平，杨跃明，等. 乐山—龙女寺古隆起震旦系—下寒武统龙王庙组天然气成藏条件与富集规律［J］.

天然气工业，2014，34（3）：1-7.

［56］ 李亚林，巫芙蓉，刘定锦，等. 乐山—龙女寺古隆起龙王庙组储层分布规律及勘探前景［J］. 天然气工业，2014，34（3）：61-66.

［57］ 杜金虎，邹才能，徐春春，等. 川中古隆起龙王庙组特大型气田战略发现与理论技术创新［J］. 石油勘探与开发，2014，41（3）：268-277.

［58］ Brandon M. Anderson, Jacob M. Taylor, and Victor M. Galitski. Interferometry with Synthetic Gauge Fields. Physical Review A. 2010, 83（3）：1602.

［59］ Viriglio M, De Stefano M, Re S, et al. Simultaneous joint inversion of seismic and magnetotelluric data for complex sub-salt depth imaging in Gulf of Mexico［C］. Progress In Electromagnetics Research Symposium Proceedings, Cambridge, USA, July 5-8, 2010.

［60］ De Freitas M, Florez I, Mora A. 东哥伦比亚地区拉诺斯前陆盆地的地球物理地质及地球化学综合勘探——从勘查到野外调查及隐蔽圈闭勘探［J］. 海洋地质，2013（1）：18-19.

［61］ Ali M Y, Sirat M, Small J. Integrated gravity and seismic investigation over the Jabal Hafit structure: implications for basement configuration of the frontal fold-and-thrust belt of the Northern Oman mountains［J］. Journal of Petroleum Geology, 2009, 32（1）：21-38.

［62］ Alrefaee H, Keller G R, Marfurt K J. Integrated geophysical studies on the basement structure of the Arkoma Basin, Oklahoma and Arkansas［C］. AAPG Annual Convention and Exhibition, Long Beach, California, April 22-25, 2012.

［63］ Tartaras E, Masnaghetti L, Lovatini A, et al. Multi-property earth model building through data integration for improved subsurface imaging［J］. First Break, 29, April 2011：83-88.

［64］ 余春昊，李长文. LEAD 测井综合应用平台开发与应用［J］. 测井技术，2005，29（5）：396-398

［65］ 王宏建，朱有清，等. GeoFrame Petrophysics 软件包的开发与应用［J］. 测井技术，2000，24（增）：531-535.

［66］ 李宁，王才志，等. 基于 Java-NetBeans 的第三代测井软件 CIFLog［J］. 石油学报，2013，34（1）：192-200.

［67］ Cassiani S M（editor）. Exploration Technology: Working Document of the NPC Global Oil & Gas Study［R］. July 18, 2007.

［68］ 管志宁，郝天珧，姚长利. 21 世纪重力与磁法勘探的展望［J］. 地球物理学进展，2002，17（2）：237-244.

［69］ 魏文博. 我国大地电磁测深新进展及瞻望［J］. 地球物理学进展，2002，17（2）：245-254.

ABSTRACTS IN ENGLISH

Comprehensive Report

Development Report of Deep Petroleum Geology Discipline (2014-2015)

With the rapid development of national economy, the stress and risk of energy security in China are increasing. Therefore, the substitute of deep oil and gas resources for traditional petroleum resources has become a key constraint to the energy security capabilities of China. Studying the development of the deep petroleum geology in China has an important theoretical significance and social economic value.

I Strategic position in the sustainable development of oil and gas industry

The oil and gas-bearing basins of China are dominated by superimposed basins and deep strata are in the lower part of the superimposed basins. Compared with the middle-shallow strata, the deep strata have experienced several major tectonic episodes. Because of the significant changes in basin background, tectonic setting and thermal system, the hydrocarbon generation, migration, accumulation and distribution of the deep strata are particular and complex. Therefore, previous petroleum geology theory and recognition formed based on the middle-shallow strata are difficult to guide the exploration of the deep strata of the superimposed basins with features of multi-phased hydrocarbon generation and accumulation.

The future development of China's oil industry largely depends on whether large and medium-sized oil and gas fields can be found, and large amount of new oil and gas reserves can be discovered in the deep strata of superimposed basins. Global deep oil and gas exploration and development have entered a rapid development period. Recently, a number of significant onshore exploration breakthroughs and discoveries have been obtained in the deep strata of China, such as the deep strata of the Tarim, Sichuan, Ordos, Songliao and Bohai Bay basins, forming a series of prospective regions with large scaled reserves. In addition, abundant remaining oil and gas resources are left in the deep strata of the oil and gas-bearing basins of China, with proved reserve of only 9%, showing prospective exploration potential in future. Thus, the deep strata have become an important field for the exploration breakthroughs and increasing the onshore oil and gas reserves of China.

II   Development status and major progress

Deep strata are not only a depth concept but also a stratigraphic chronology concept. From the perspective of depth, for the eastern region, deep strata refer to the strata with buried depth of greater than 3500m and the ultra deep strata refers to the strata with buried depth of greater than 4500m; for the western region, deep strata refer to the strata with buried depth of greater than 4500m and ultra deep strata refers to the zone with buried depth of greater than 5500m. From the perspective of stratigraphic chronology, deep strata refer to the old layer series in the lower part of superimposed basins, typically including Paleozoic – Precambrian strata.

Deep strata petroleum geology science is a discipline with strong production applicability. Its formation and development are closely linked to the oil and gas exploration practice of China. It has gone through three development stages, including early bud germination, discipline start and discipline springing up. After half a century, the deep petroleum geology has obtained fruitful results in development.

1. New progress in the study of deep strata source rocks

The primary challenge faced by the exploration of deep strata is how to objectively evaluate the potential of deep oil and gas resources. Compared with middle-shallow strata, deep strata have experienced significant change in temperature and pressure. Therefore, the hydrocarbon generation process of deep strata is different from traditional Tissot hydrocarbon generation pattern. Recently, through the study on the hydrocarbon generation mechanism and hydrocarbon accumulation model of deep source rocks, a series of theoretical and technological achievements are obtained, which have important guiding significance to evaluate the hydrocarbon generation potential of deep source rocks.

(1) Study on the hydrocarbon generation mechanism of deep source rocks: The "successive gas generation" theoretical model of high-over mature source rocks, the "bimodal" theoretical model of ancient source rocks, the multi-element hydrocarbon generation theoretical recognition of marine source rocks, the cracking gas generation geological model and gas generation amount calculation model of liquid hydrocarbons have provided effective support for evaluating the hydrocarbon generation potential of deep source rocks. The hydrocarbon generation simulation experiment jointly controlled by temperature and pressure reveals that pressure has limited the conversion of organic matters, and that progressive burying and annealing heating can make liquid window be preserved for a long time. These views are beyond traditional recognitions and have expanded the lower limit of preservation and exploration scope of deep oil and gas reservoirs.

(2) Hydrocarbon generation history recovery technologies of deep source rocks: Firstly, to recover the thermal history by taking use of organic matter maturity indicators, fluid inclusions, clay mineral conversion relationship and mineral fission track; Secondly, to recover the thermal history by taking use of the thermodynamic model of basin evolution. These technologies can reveal the hydrocarbon generation, migration and accumulation process of deep strata and provide geological basis for the evaluation and selection of oil and gas enrichment units.

(3) Hydrocarbon generation simulation technology: ① Gold tube hydrocarbon generation simulation experiment system has preliminarily solved the technical problems in the gas generation dynamics and carbon isotope fractionation of deep strata as well as the potential evaluation of the crude oil that can crack into gas. ② PVT hydrocarbon generation simulation instrument has provided effective technical means to reveal the influence of lithostatic pressure, fluid pressure and water phase on hydrocarbon generation under high temperature and pressure environment in deep strata. ③ High temperature and high pressure diamond anvil cell microscopic imaging hydrocarbon generation simulation technology has preliminarily achieved visualization in hydrocarbon generation process; ④ Catalytic hydrogenation pyrolytic technology has preliminarily solved the difficulties in the hydrocarbon generation efficiency of high-over mature organic matters.

2. New progress in the study of deep strata structures

(1) New progress in the study of regional tectonics: From global tectonic perspective, combined with the tectonic movement of internal basin and plate tectonic theory, the basin tectonic

movement and regional unconformity are explained through geodynamics. Moreover, the influence of tectonic migration track and denudation amount on hydrocarbon accumulation are studied in order to propose the basin type division scheme based on plate boundary types and dynamic mechanics.

(2) New progress in the study of basin prototype recovery: The concept of prototype basin is proposed. It is considered that in different geological periods or stages, since the tectonic and depositional environment and the thermal state of the basin are different, the depositional filling, deposition mechanism and tectonic deformation style are different. Thereby, the occurrence environments, depositional rate and preservation conditions of organic matters are different, too. The recovery method and evolution sequence for prototype basins are constructed and the new recognitions that passive margin, foreland, arc and fore-arc basins are predominantly formed in Cenozoic, rift basins are predominantly formed in Mesozoic and intra-craton basins are predominantly formed in Late Palaeozoic are proposed.

(3) New progress in the physical modeling and numerical simulation technology of deep strata structures: ① Physical modeling technology has developed from qualitative description to semi-quantitative to quantitative analysis. Experimental operation has achieved automatic control, quantitative force application and digital image automatic acquisition. The update of experimental material has shortened the distance between the experimental and geological conditions. ② Mathematical modeling technique has gradually become an important method to study tectonic evolution and genetic mechanism. 3D paleostress field numerical simulation technology has played an important role in revealing the coupling relationship between various displacement values and displacement rates as well as the migration of subsidence centers in basin-and-range activity by taking full consideration of temperature field variation and rock ductility softening.

3. New progress in the study of the deposition and reservoir of deep strata

The study of the deposition and reservoir of deep strata has made significant progress in regional lithofacies paleogeography, deep depositional system and the formation and distribution of deep-ultra-deep reservoirs and made important contributions for the deep oil and gas exploration and development.

(1) New progress in the study of regional lithofacies paleogeography: Based on basin tectonic paleogeomorphology evolution, provenance and climate change as well as rock and mineral geochemical features, the paleoclimate and paleogeographic patterns of different geological

periods are re-constructed and a "trinity" lithofacies paleogeography reconstruction technology involving paleobiostragraphy, sequence stratigraphy, outcrop-drilling-seismic are formed, which can well solve the technical difficulties in lithofacies paleogeographic reconstruction of deep strata.

(2) New progress in the study of the depositional system of deep strata: ① For the depositional system of clastic rocks, the alluvial fan depositional model of foreland basin, rift basin and craton basin are established; the division scheme of beach bar sandbodies are proposed; the shallow delta growth pattern of large flow rifted lake basin, the sandy debris flow depositional model and organic matter-rich shale development model of lake basin center are established; ② For the depositional system of carbonate rocks, the carbonate platforms are divided into rimmed platform and ramp. It is proposed that reef is an important reservoir type for the occurrence of large marine oil and gas fields in deep strata. The bioherm development model and grain bank classification scheme are proposed. Water conditions, topography and paleo-climate are key factors for the development of reefs.

(3) New progress in the study of reservoir geology of deep strata: ① For deep clastic reservoirs, it is proposed that the shallow burial of early stage, the rapid deep burying of late stage, salt rock lifting and dissolution of late stage result in effective reservoirs in the ultra-deep strata at the depth of below 6000m; ② For deep volcanic reservoirs, it is proposed for the first time that volcanic reservoirs can be divided into primary and secondary weathering types and their development are mainly affected by volcanic cycle, volcanic facies and diagenesis weathering erosion, tectonic fracturing, among which, volcanic cycle and volcanic facies control the vertical and lateral distribution of reservoirs; ③ For deep carbonate reservoirs, it is clarified that provenance, dolomitization, fracturing and karstification are the controlling factors for the formation of high-quality carbonate reservoirs. It is proposed for the first time that high-quality reservoirs can develop in deep strata since the pores formed in the early stage can be preserved or even improved under constructive diagenesis.

(4) New technologies and methods for the sedimentary reservoirs of deep strata: ① Seismic sedimentology analysis technology is widely used in reservoir identification; ② Numerical simulation technology is widely used in sedimentary facies modeling; ③ Significant progress has been made in digital outcrop study technology, and microscopic and quantitative study of sedimentary reservoirs; ④ Digital core analysis technology is widely used in quantitative characterization of deep tight reservoirs; ⑤ Fracture evaluation prediction technology and carbonate reservoir characterization technology are widely used in carbonate reservoir evaluation.

4. New progress in the study of hydrocarbon accumulation in deep strata

There are significant differences in the formation and distribution of the hydrocarbon accumulations of deep strata and middle-shallow strata. Recently, a series of theoretical recognitions are formed in the hydrocarbon accumulation conditions, mechanism, model, threshold and process of deep strata, which are of important guiding significance for exploration and production.

(1) Hydrocarbon accumulation condition: It is proposed that for the oil and gas-bearing basins of China, conventional source rock and liquid hydrocarbon cracking source rock are developed in the deep strata, both of which can provide scaled hydrocarbons; it is proposed that scaled high quality reservoirs can form in deep strata. The hydrocarbon accumulation of deep strata has features of multi-phased formation and multi-phased adjustments. The balance between preservation and structure destruction determines the effectiveness and multi-layer accumulation of hydrocarbon.

(2) Hydrocarbon accumulation threshold and mechanism: There are three thresholds that control hydrocarbon accumulation, including lower limit of buoyancy accumulation, lower limit of hydrocarbon accumulation and lower limit of hydrocarbon generation. Based on the hydrocarbon generation simulation experiment conducted under underground environment (jointly controlled by temperature and pressure), it is proposed that hydrocarbon generation and expulsion peak of some old source rocks in deep strata delays under the coupling "progressive burying" and "annealing heating". Thereby, the hydrocarbon accumulation pattern of deep strata crossing tectonic phases is established.

(3) Hydrocarbon accumulation and distribution: The "multi-composition, process superimposition" hydrocarbon accumulation model of the deep strata of superimposed basins is established; the slope-hub hydrocarbon accumulation model is established. It is proposed for the first time that the hydrocarbon accumulation of craton basins are controlled by "hydrocarbon generation depression, paleouplift, unconformity and karstification, and preservation of late stage"; the deep strata of superimposed basin has multiple exploration "golden belts" and the paleo-uplift, paleo-slope, paleo- platform margin and multi-phased inherited fault zones control the hydrocarbon distribution of "golden belts".

5. New progress in the geophysical technology of deep strata

Aimed at the exploration of the complex reservoirs in deep strata, the geophysical technology of deep strata has made significant progress in the research and development of high-end technology, especially in high-density seismic, digital seismic, multi-wave technology and onshore low-frequency focus and a complete set of gravity and magnetic, seismic and well logging technologies are formed, which have achieved good application in the exploration of the deep strata in the Tarim, Sichuan, Ordos, Junggar, Songliao Basin.

(1) Gravity magnetism and electricity technology: The instrument and equipment are updated; the study on inversion method gets more attention; the processing and interpretation system of gravity and magnetic electricity data are improved, to reduce the ambiguity of the data. Aimed at the complex surface and subsurface geological conditions of China, gravity, magnetism and electricity matching technology series are established.

(2) Seismic technology: ① For data acquisition, aimed at the disadvantages of the seismic data of deep strata, namely low reflection energy and signal to noise ratio, the date acquisition technology with large excitation energy and long arrangement are established; ② For data possessing, in order to improve the signal to noise ratio and the imaging accuracy of the seismic data of deep strata, the pre-stack depth migration technology aimed at improving the weak signals and velocity modeling accuracy are established; ③ For data interpretation, aimed at the complex exploration targets of deep strata, the trap evaluation technology based on high-precision structural interpretation and seismic facies belt prediction technology focused on complex reservoir characterization are established.

(3) Well logging technology: Aimed at the oil-bearing property identification of the deep tight clastic rocks, complex carbonate rocks and igneous rocks and the quantitative prediction of reservoir parameters, the fractured low porosity and low permeability sandstone reservoir evaluation and recognition technology, carbonate reservoir effectiveness and fluid identification technology focused on imaging logging and the volcanic lithology and fracture quantitative identification technology based on imaging logging and acoustic logging are established.

III Development trend and key direction

1. Development trend of the deep petroleum geology

Compared with the petroleum geology of middle-shallow strata, the petroleum geology of deep strata is imperfect and its development is unbalanced. There are three features in future development trends: the trend of multidisciplinary cross connection is obvious, the disciplinary study transits from qualitative to quantitative, the disciplinary development is closely related with the petroleum geology of the deep strata in China.

2. Key development direction for the deep petroleum geology

(1) Deep structural geology: The geodynamic processes of the formation and evolution of superimposed basin, the recovery technology of prototype basin, the study on basin –range coupling and deep-shallow strata coupling; 3D fine description and basin structure simulation technology of all types of structures in deep strata; the study on the coupling of temperature, pressure and stress field.

(2) Deep source rock geology: Development mechanism and spatial and temporal distribution of Precambrian old source rocks; the study on the organic matter occurrence pattern and hydrocarbon generation and expulsion in high temperature and pressure environment; organic - inorganic gas generation mechanism under supercritical conditions; the study on the multiphase tectonic superimposition, and generation and evolution of deep oil and gas.

(3) Deep sedimentary geology: The study on sedimentary facies paleogeography of major tectonic episode and event; the study on the dynamic mechanism of continental sedimentary basins; the study on the sedimentary pattern of the micro-massif of carbonate rocks; the study on the fine-grained and mixed sedimentary system; the study on multi-scaled geological modeling and standardization.

(4) Reservoir geology of deep strata: The study on the coupling and diagenetic evolution of temperature field, pressure field, fluid field and stress field of deep strata; the study on the formation and preservation mechanism and distribution evaluation prediction of the effective carbonate reservoirs of deep strata; the study on the formation and preservation mechanism and distribution evaluation prediction of the effective clastic rocks, igneous rocks and metamorphic rocks.

(5) Hydrocarbon accumulation geology of deep strata: deep fluid physical properties and rock mechanical properties: Hydrocarbon accumulation mechanism and lower limit of deep strata; hydrocarbon accumulation process and model of deep strata crossing tectonic episodes; hydrocarbon distribution and controlling factors of deep strata.

(6) Geophysical exploration technology of deep strata: Seismic exploration technology mainly includes wideband digital acquisition and high resolution amplitude preserving imaging, quantitative prediction of complex reservoirs, intelligent seismic reservoir integrated interpretation, domestic seismic acquisition, processing and interpretation software development; non-seismic exploration technology mainly includes gravity, magnetic, electricity and seismic integrated acquisition, high-resolution gravity, magnetic, electricity and seismic combined

inversion and 3D gravity, magnetic and electricity technology; well logging technology mainly includes complex lithology and reservoir log processing and interpretation software platform construction.

IV Development ideas and suggestions

1. Development ideas

Taking the key laboratory establishment of state, Ministry of Education and oil companies as foundation, relying on national oil and gas projects, the major science and technology projects of oil companies and enterprises, based on large superimposed oil and gas-bearing basins, through innovating the recognitions on deep strata petroleum geology and developing the exploration evaluation technology, the theoretical recognitions and evaluation technical system of deep strata petroleum geology are constructed, in order to provide effective theoretical guidance and evaluation technical support for achieving deep oil and gas exploration strategic breakthrough, increasing oil and gas reserves and enhancing deep oil and gas production proportion and promote the sustained and effective development of the oil and gas exploration of deep strata.

2. Development strategies and suggestions

(1) Strengthening the construction of national key laboratory, strengthening experiment simulation method and capability; (2) Strengthening the joint research of industry, academia and research institutes; integrating advantaged force and achieving breakthroughs; (3) Strengthening the research and development of geophysics and drilling technology series, along with the oil and gas drilling capacity of deep strata; (4) Strengthening personnel training jointed with technological advancement.

Reports on Special Topics

Petroleum Geochemistry of Deep Source Rocks

Deep hydrocarbon source rocks include not only the organic-rich shale, but also the early-generated liquid hydrocarbon, and also called "source oven". The geochemistry of source rocks is crucial to the geological research of deep oil and gas. It is significant in determining the source rocks occurrence, evolution mechanism and exploration prospects. Compared with traditional petroleum geochemistry, the chemical reactions are more active, including frequent organic-inorganic interactions, and water and minerals play positive role on oil and gas generation.

Since this century, major progress was made in deep hydrocarbon source rock geochemical study. First of all, it was basically determined that the mechanism of deep source rock development. In China, the continental hydrocarbon source rock of deep oil and gas mainly came from coaly and ancient marine source rocks. They were widely distributed with large thickness, high abundance of organic matter and high evolution degree, providing abundant sources for deep oil and gas. Worth noticing was that high-quality hydrocarbon source rocks were well developed in the Neo- and Meso-proterozoic strata, which were controlled by the ancient climate and marine environment. The organic maters were mainly bacteria with some contribution of eukaryotes. Secondly, it was established that the generation mechanism of kerogen and liquid hydrocarbon during high maturity stage. Both kerogen and early-generated liquid hydrocarbon were important sources, whose evolution appeared to be multi-phased. Oil-type kerogen mainly generated oil and the oil generation period was prior to gas generation period. At over mature stage, only a little gas was generated from the oil-type kerogen. Whereas the coal-type kerogen still had certain gas potentials at over mature stage, whose upper limits could be as high as 5.0% Ro. During over mature stage the coal-type kerogen could generate 30% of the total gas. Liquid hydrocarbon cracking were controlled by its components. Light hydrocarbons generated more gas, but the cracking temperature was high; resins and asphaltenes had low cracking temperature but less gas production. The early-generated liquid hydrocarbon had multiple forms of occurrences in the strata. During "oil-window", the residue hydrocarbon in the source rocks was 50% of the total amount, which were the major source for shale gas and some deep natural gas reservoir. The expulsed hydrocarbons could generate more gas by cracking, and they were the major source for most marine natural gas. Thirdly, it was studied that the mechanism of the deep organic-inorganic chemical reactions. Water took part in the thermal evolution of organic matter by providing hydrogen which affected both gas compositions and isotopes. Sulfate reduction reaction reduces the thermal stability of crude oil, promote the secondary cracking. Since the content montmorillonite in the clay, the major catalysts for oil generation, was much less in the deep, the catalyst effect was less important. Uranium, however, was usually accompanied with oil and gas, which might be an important factor for hydrocarbon generation for it could promote the development of organic matter and could be a catalyst to oil and gas generation.

Compared with the foreign studies, we were advanced in identification of natural gases of different origin. In the research on hydrocarbon generation kinetics and source of organic materials, we synchronized with foreigners. On the organic-inorganic interactions, we focused on simulation experiments, while the chemical mechanism mainly interpreted by using of foreign scholars' view.

The future study will focus on the formation mechanism of ancient source rocks, interaction between organic- inorganic matters, scale and recoverability of resources. Besides continual research on these areas, we advised scientific drilling for deep source rocks to obtain direct samples and data.

Structural Geology of Deep Strata

Structural geology to study the deep sedimentary basins, is to apply the theory of modern earth system sciences and to utilize the comprehensive methods of geophysics, geochemistry, and geology to study the material composition, geological structure, processes for formation and evolution of deep-layers of sedimentary basin, and to explore the structural controls upon its energy deposit and resource distribution. The sedimentary basins in China are in nature predominated by the superimposed basins. As far as the deep-layers of sedimentary basin is concerned, its proto-type, evolution of tectono-paleo-geography, dynamic processes for formation and modification, and controlling of tectonic evolution on the conditions of deep-seated oil and gas pool-formation are the key study area for petroleum structural geologists. After more than a half century of exploration, researchers in China made lots of important advances in the above-mentioned areas. They recognized four basic types of superimposed basins such as foreland-, depression-, faulted-sag-, and strike-slip-types, restored the proto-type sedimentary basins of different ages, reconstructed the tectono-paleo-geographic evolution, explored the relationships between the basins and the adjacent orogenic belt and its key controls on the structure and framework of the deep basins, built the 3-D structure models by analysis of the multi-period of structural superimposition, and studied the stress-field, the geo-temperature field, the geo-pressure field and their interactive processes. The structural geology on deep basins made progresses in the study thinking, the research methodology and the according technologies and got to a mature science. Looking back on the study history and making a compare between home and aboard, the structural geology on deep basins in China has a marked lag than western countries on theories and practical needs, is need to explore heavily on the tectonic setting and deep regime for basin development, the processes for basin formation and evolution, and the basin tectonics and structures, and hope to make definite breakthrough on the 'mobile' tectono-paleo-geography, 3D structural restoration, rock rhelogy, and 4D dynamic basin modeling, etc.. By cultivating lots of researchers and scholars entitled of renewing, choosing the important study area for breakthrough, reforming the technology and tools, and making lots of case studies through the world, the structural geology on deep basins is hopeful to make important advances in the coming years.

Deep Sedimentary Geology

Deep strata in petroliferous basins of China are complex and superimposed. They have features including huge time span, multiple significant tectonic changes, various lithology and depositional types, great burial depth for profitable exploration (over 8000m), different geological background from abroad deep basins. Along with the rapid development of deep oil and gas exploration and exploitation, progress has been made in sedimentary theory of deep strata. Coarse sediment of alluvial fan and fan delta model is established for foreland thrust belt; shallow water delta and sandy debris flow deposition model is set up in large depression lacustrine basins; beach bar component types and distribution are studied in various basin types; Sandy debris flow (density flow) and its depositional model, microbial rock and hybrid sedimentary rock depositional model, distribution model of fine grained deposition and shale with rich organic matter, slope break zone of small craton basins, reef/beach complex and gentle slope type platform sedimentation model are proposed; theory and methodology of seismic sedimentology are improved. The above developments provide effective guidance for exploration and discovery of giant oil/gas fields.

With the rapid development of China's deep oil and gas exploration, deep strata sedimentology has met some problems in important theories and research methods, including deep sedimentary dynamics, the material balance of global system, sedimentary features of multiphase structure changed prototype basin, sedimentary process and event sedimentation, fine grained and organic matter deposition, tectonic activities/differentiated biological sedimentation and carbonate platform buildup, biological role in the process of sedimentation and diagenesis, deep multi-scale sequence stratigraphic framework and its relation with depositional systems, quantitative palaeogeographic research in sparse well block, etc.. Aiming at the existing inadequate research of deep sedimentary system in petroliferous basins, important realms and development trend of future research will be focused on the following aspects: (1) Research of deep sedimentary dynamics, lithofacies paleogeography of major tectonic stages and major event sedimentations. (2) Research of sedimentary processes, event sedimentations, and sedimentary dynamics mechanism of terrestrial basins. (3) Construction and destruction of ancient giant carbonate platforms, biological differentiated deposition and carbonate micro-massif sedimentary models. (4) Research of fine grained sedimentation and hybrid sedimentation system. (5) Research of sedimentary process and biological function, technology of sedimentary simulation and quantitative prediction. (6) Multi-scale geologic modeling and standardization study. In combination with comprehensive study of China's deep geological characteristics, deep sedimentary geology theory with Chinese characteristics will be improved rapidly, and will play an important role in solving practical problems in oil and gas exploration of deep strata.

Deep Hydrocarbon Reservoir Geology

Deep hydrocarbon reservoir geology derived from hydrocarbon reservoir geology recently, but it is not derived from simple, liner hydrocarbon reservoir geology. In petroliferous basins of China, deep hydrocarbon reservoir is of great significance in deep hydrocarbon accumulation. Geologic environment and geologic process differs from shallow strata. The formation of the geological environment are facing several important theoretical issues. Therefore, deep hydrocarbon reservoir geology has become the key discipline of deep hydrocarbon geology.

Plentiful achievement and acknowledgment have been achieved in deep reservoir research of China. Mainly three points are as follows. (1) Realized that the development scale of deep available reservoir, the heterogeneity of reservoir is strong and the genesis of formation and evolution is very complex. It also realized that deep reservoir shows inheritance and subjects to shallow reservoir. However, thermal environment, geologic structure and fluid geological environment of deep reservoir are significantly differs from the diagenesis specificity of shallow reservoir. It is precisely the specificity that led to the strong heterogeneity of deep reservoir. (2) This report effectively discusses genetic mechanism of deep reservoir pore space. Moreover, this report also makes it clear that sedimentary environment and products of sedimentary rocks are the base of the distribution of deep-scale effective reservoir, of which the key point is superposition and reconstruction of diagenesis. The intensity of superposition and reconstruction of diagenesis reformation is determined by basin dynamic environment and its evolution, while the formation of deep-scale effective reservoir distribution is determined by volcanic eruption environment and its product. (3) This report is to actively explore fluid diagenesis of deep reservoir and its storage effect. By geochemical analysis and experimental analysis of high temperature and high pressure, the research on diagenetic environment of carbonate diagenesis and the interaction of fluid and rock has made advances.

Hence, this report puts forward some new knowledge as follows: Supergene environment (low-temperature and low-pressure environment) is the main place large-scaled corrosion of carbonate rocks; Fluid flowability determines the beneficiation and dilution of preexisting pores. It also introduces compaction effect of clastic rock fluid.

By contrasting the developments of both domestic and overseas hydrocarbon reservoir geology, there are two obvious differences as follows: (1) overseas study on genesis of carbonate reservoir maintains dominant position in general, especially the research on formation mechanism and its process that keeps ahead of our country, while domestic research in this field is generally in tracking study. The research of this kind include dolomite formation origin and its process and mechanism of dissolution and precipitation, and geochemical genesis distinguishing of carbonate reservoir. In genesis study on clastic rock reservoir formation, domestic research has its competitive advantage, which delves into the relationship between basin dynamic environment and clastic rock diagenesis, and which puts forward the thought of clasolite dynamicdiagenesis, and which breaks through the traditional burial diagenetic theory. (2) overseas study on effects of fluid and rock keeps its leading position in general, which include material & energy migration in diagenetic process, interaction behavior of fluid and rock and diagenetic effects, as well as the establishment of fluid &rock reaction simulation software based on the principle of chemical thermodynamics. Accordingly, domestic research has also made new progress recently through carrying out many research on effects of fluid and rock, and setting up experimental model of carbonatite chemical reaction. Moreover, by physical simulation experiment of high-temperature and high-pressure dissolution kinetics, new thoughts are put forward that dissolution rate of carbonate rocks with preexisting pores does not increase with rising temperature, and petrographic composition and pore types determine the effects of corrosion.

Deep hydrocarbon reservoir geology demonstrate four developing trends: (1) Effect of fluid & rocks and effect of storage & accumulation are the core of deep hydrocarbon reservoir geology research. Fluid interaction runs throughout rock-forming and reservoir-forming process, in which fluid in deep reservoir requires much longer evolution than that in shallow one. Therefore, primary task is to distinguish the character and activity of paleo-fluid. The second task is to discriminate fluid activity and pace-time zonality, while the third is to differentiate for types, process and boundary of fluid and rock, as well as storage& accumulation effect. (2) the mechanism of stress & strain and the formation of reservoir distribution are the key points of deep hydrocarbon reservoir geology research. Stress & strain mechanism is the most important mechanism for the formation and evolution of deep reservoir, so it is quite important to explore deep diagenesis power source and driving mechanism, and dynamic strain and storage and accumulation effect. (3) Rock-forming & reservoir-forming dynamic process and system evolution are key problems for deep hydrocarbon reservoir geology research. Through long-period multi-source dynamic effects, superposition and reconstruction of rock-forming & reservoir-forming of deep reservoir becomes very complex, so restoring its evolution process is correspondingly difficult. But having objective understanding of this process is the requirement of both understanding discipline development and getting deep hydrocarbon accumulation regularity. (4) Diagenetic boundary and quantitative reservoir prediction are the purpose of deep hydrocarbon reservoir geology research. With no doubt, the confirmation of diagenetic boundary is facing large challenges, but it is geological foundation of reservoir prediction. Therefore, identifying diagenetic boundaries in different scales and exploring controlling factors of boundary distribution present its great importance.

The development countermeasures of deep hydrocarbon reservoir geology is to construct theoretical system of deep hydrocarbon reservoir geology, and to explore reservoir development mechanism and regularity in large-scale diagenetic dynamical system from the aspects of multi-technology and multi-disciplinary and based on evolution regularity of deep reservoir pore space.

Geology of Hydrocarbon Migration Accumulation in Deep Burial Formations

Geology of hydrocarbon migration and accumulation in deep buried formations aims to study the geological backgrounds, physic-chemical conditions, and the petroleum geological factors and processes, during the evolution of basins that are presently deeply buried. Attentions are focused on the principal petroleum factors, such as hydrocarbon sources, effective reservoirs, sealing and traps, and on the dynamical processes that associated all the factors in the deep petroleum systems, such as source generation, migration and accumulation, reservoir evolution. And the final objects are to recognize the hydrocarbon distribution in deeply buried formations, to assess the exploration prospects and to predict economical scale of hydrocarbon accumulations.

Comparing to shallow and middle burial formations, the formations buried now in deep basins (>4500m) have experienced complex basin evolution processes and deeply buried history, and the formations lie currently in high temperature and high pressure environments. That makes the hydrocarbon migration and accumulation conditions be specific. The hydrocarbon sources may be offered by multiple possibilities, including generation in high maturated source rocks, cracking of liquid hydrocarbons, oil and/or gas overflowing from accumulated traps, long distance migration from other systems, etc. The reservoirs may seriously be redeveloped by various diagenesis factors, and become very heterogeneous. So that the effective reservoirs may even be met at 8000m or deeper. Some migration driving forces may become important in migration and accumulation processes, such as fluid expansion resulted from organic matter cracking, or high overpressures associated with deep fluid activities, tectonic stress, and fault transmission. Hydrocarbon may flow into smaller pores and throats in tight reservoirs. The recovered deep buried hydrocarbon accumulations seem be located near the large faults, and most of them have been readjusted, transformed, or even damaged and re-accumulated. In order to understand such complex hydrocarbon migration and accumulation processes, quantitative measuring technologies and analyzing methodologies are required.

In recent years, a series of important exploration discoveries have been achieved in many deep basins in China. Based on theoretical developments on basin dynamics, hydrodynamics, and sedimentary, national researchers acquired many progresses on migration and accumulation in deep formations, in which the important breakthroughs include dynamics of hydrocarbon accumulation in deep buried carbonate reservoir, composite hydrocarbon accumulation modes in deep buried tight detrital reservoirs, and the understanding of pathways and hydrocarbon accumulations in heterogeneous reservoirs. Based on synthetic analysis on discovered accumulations in deep buried formations, some representative hydrocarbon accumulating modes were proposed and played important roles in actual explorations: 1) the condensate gas accumulating mode in foreland basins in the Northwest China; 2) the gas accumulating mode on paleouplifts in the central cratonic area of the Tarim Basin; 3) gas accumulating mode in deep buried rift basins; and 4) hydrocarbon accumulation mode in burial hills in/near deep buried rift basins.

In future, the problems that may be met in studies on deep buried formations will be more complex. The heterogeneities of source, reservoirs and traps in deep buried basins will must be attached great importance to hydrocarbon migration and accumulation studies in the deep buried basins. The qualitative and statistic analysis methods seem not be enough to solve the problems. The important research aspects in the future years will be: (1) temperature and pressure systems in deep basins and their evolutions; (2) organic matter forming and enriching environments in paleo-marines; (3) phase behavior, physic-chemical properties and percolation mechanism of fluids in deep basin conditions; (4) availability of reservoirs and carriers in deep basin conditions; and (5) dynamics of migration and accumulation of hydrocarbons in deep basins.

Geophysical Exploration Technology for Deep Strata

This report introduces the role, status and challenges of geophysical exploration technology in deep oil and gas exploration. Comparing the present situation, development tendency of the deep geophysical exploration technology in China with those in western countries, this report puts forward suggestions on the development strategy for deep geophysical prospecting technology in China. Deep geophysical prospecting technology, including the gravity exploration, magnetic exploration, electrical-magnetic exploration, seismic exploration and logging technology, is the key technology that observes deep geologic targets, determines deep geological structures and traps, predicts reservoir rock and hydrocarbons, optimizes drilling targets, and reduces costs and risks of the deep hydrocarbon exploration. Gravity and magnetic exploration technologies are mainly used to identify deep basin structure and favorable target zones, seismic exploration technology is mainly used for zone exploration and reservoir evaluation, and well logging is mainly used for evaluation of hydrocarbon reserves and the quality of drilling engineering.

Compared with shallow oil and gas exploration, deep reservoir exploration faces more complex issues: firstly, the exploration strata is more ancient, structure and lithology are more complex; Secondly, the exploration depth is deeper with lower signal to noise ratio of seismic data, which increases the difficulty of the structure imaging, reservoir prediction and hydrocarbon detection; high temperature and high pressure in deep restricts the effectiveness of the logging imaging equipment and technology application; and the volume effect of gravity-magnetism information increases the uncertainty of interpretation. According to the characteristics of the deep layer, gravity-magnetism joint inversion and integrated interpretation technologies are adopted in order to reduce the interpretation uncertainty; Seismic technology aims to improve reflection energy, SNR and imaging quality, and focuses on development of trap evaluation technology based on the high-precision structural interpretation and seismic facies prediction technology taking complex reservoir description as the core; Well logging technology mainly promotes imaging logging, complex lithology recognition and reservoir parameter quantitative interpretation technology adapting to the environment of high temperature and high pressure. The geophysical prospecting industry in our country is developing very fast with high degree of internationalization, and it basically synchronizes with technology development in western countries. In recent years, with the deep hydrocarbon exploration work increasing, intensify deep geophysical technology research, detection ability and detection accuracy for deep reservoirs have been significantly improved, and the technology series of gravity, magnetism, seismic and log technology are formed preliminaryly, which basically meets the demands of deep complex structure, dolomite and volcanic reservoirs exploration in China.

According to the demands of deep reservoirs exploration in China, strategies and proposals in deep geophysical exploration technology development are provided as the following: 1. 3D GME exploration technology should be prioritized; Long array, wide azimuth, broad band and high-density seismic acquisition, processing and interpretation technology should be developed primarily for seismic exploration; The imaging logging technology adapting to the high temperature and high pressure environment should be prioritized. Strengthen the integration research of GME, seismic and logging, and focus on the development of geophysical fine description and quantitative prediction technology which is suited for deep low permeability classic, strong heterogeneous carbonate and complex lithologic (igneous) reservoir in China. 2. Strengthen the support for domestic geophysical exploration equipment and software R&D. 3. Aimed at lower Paleozoic-Precambrian exploration regions in three Craton Basins (Tarim, Sichuan and Ordos), new round of evaluation of basins, zones and traps should be carried out to solve the basic petroleum geological problems of residual basin distribution, hydrocarbon source rock and reservoir accumulation conditions, reservoir-forming regularity, and so on, and to push China deep oil-gas exploration to a new level.

索　引